中山大学传播学人文库

视觉手势用户界面：
理论、方法和应用

武汇岳◎著

Vision–Based Gestural Interfaces:
Theory, Methods, and Applications

中山大學出版社
SUN YAT-SEN UNIVERSITY PRESS
·广州·

图书在版编目（CIP）数据

视觉手势用户界面：理论、方法和应用/武汇岳著.—广州：中山大学出版社，2019.10

（中大传播学人文库）

ISBN 978 - 7 - 306 - 06688 - 6

Ⅰ.①视…　Ⅱ.①武…　Ⅲ.①人机界面—程序设计—文集　Ⅳ.①TP311.1 - 53

中国版本图书馆 CIP 数据核字（2019）173654 号

出　版　人：王天琪
策划编辑：金继伟
责任编辑：黄浩佳
封面设计：曾　斌
责任校对：梁嘉璐
责任技编：何雅涛
出版发行：中山大学出版社
电　　话：编辑部 020 - 84110771，84113349，84111997，84110779
　　　　　发行部 020 - 84111998，84111981，84111160
地　　址：广州市新港西路 135 号
邮　　编：510275　传　　真：020 - 84036565
网　　址：http://www.zsup.com.cn　E-mail：zdcbs@mail.sysu.edu.cn
印　刷　者：广东虎彩云印刷有限公司
规　　格：787mm×1092mm　1/16　17.25 印张　385 千字
版次印次：2019 年 10 月第 1 版　2023 年 2 月第 2 次印刷
定　　价：48.00 元

序　言

    手是人类最灵活的肢体部位，经常被用来在物理世界中完成各种操作任务。具有高效运动和操作技能的人手常常被训练成为不同模态的手势来执行信息空间中各种复杂的人机交互任务，使人机交互朝着更加自然、高效和智能化的方向发展。视觉手势是人们最熟知的一种模态。近年来，自然人机交互技术、非接触传感器技术、无标记运动捕获技术和生物控制技术的不断发展，为视觉手势交互技术提供了更大的发展空间。因此，视觉手势交互技术迅速成为目前主动式自然用户界面的主流方式之一，同时也是自然人机交互的核心和热点问题之一，受到了国内外广泛的关注，许多国际顶级的学术会议像 CHI、IUI、UIST、ICCV 以及国际顶级期刊像 IJHCS、PAMI 和 IJCV 等都将视觉手势列为一个重要的议题。

    与传统的 WIMP 交互方式相比，视觉手势交互技术能够使用户摆脱鼠标、键盘或操纵杆等硬件设备的束缚而采用一种更加自然、无约束的交互方式，从而提供给用户更大的交互空间、更多的交互自由度和更逼真的交互体验。因此，视觉手势界面被一致认为是广泛使用的自然用户界面，可应用于虚拟现实、增强现实、普适计算、智能家庭以及互动娱乐游戏等多个不同领域，是未来人机交互的主流发展方向之一。

    尽管视觉手势交互在学术界和工业界都得到了广泛的关注，但是，目前关于视觉手势交互和界面设计的专著并不多见。因此，出版一本关于视觉手势界面理论、方法和应用的专著十分必要。本书凝聚了作者在视觉手势交互领域多年的科研成果，内容包含了视觉手势用户界面的理论、方法、开发平台和应用实体，希望本书的出版能够为视觉手势交互领域的科研从业人员提供理论和实践引导，吸引更多的学者开展视觉手势交互相关研究，加速我国自然人机交互的发展。

戴国忠

北京，中国科学院软件研究所

2019 年 5 月 7 日

前　言

　　视觉手势交互是自然人机交互的研究热点，在很多领域都有着广泛的应用，例如虚拟/增强现实、普适计算、可穿戴计算、智能家居和游戏娱乐等。但是目前，用于指导基于视觉手势的交互系统设计与开发的相关专著却并不多见。本书笔者在这一领域深耕多年，在研究过程中深感需要一本全面介绍和讨论视觉手势用户界面的专业书籍，以适应自然人机交互领域快速发展的需求。现将本书笔者多年来对视觉手势用户界面的研究成果加以归纳总结，从视觉手势界面基本理论、手势设计方法、手势识别和交互技术、手势开发平台以及手势系统的可用性评估等几个方面进行深入探讨，以供自然人机交互领域相关研究人员和从业者们参考。

　　全书共分为4大部分11章，按照由浅入深、深入浅出的思路进行内容的组织和编写。第一部分是基本概念，包括第1～3章，主要内容包括视觉手势界面概述、视觉手势界面当前的研究进展以及视觉手势界面模型等相关理论基础。第二部分是手势设计的理论和研究方法，包括第4～5章，主要论述了手势设计中的手势分歧问题和遗留偏见问题，在此基础上提出了用户参与式手势设计的创新方法。第三部分是手势识别与交互技术，包括第6～9章，提出了一种通用的视觉手势识别框架，在此基础之上深入讨论了基于模板匹配的手势识别方法、基于统计推理的手势识别方法以及基于小样本学习的手势识别方法，比较和讨论了各种不同识别方法的优缺点和应用范围。第四部分是手势开发平台及应用案例，包括第10～11章，介绍了基于视觉手势的个性化设计开发平台，并在此基础上详细介绍了一个综合应用案例，将本书所介绍的方法进行了验证。

　　本书凝聚了笔者在视觉手势交互领域多年的研究成果，既可以作为高等院校相关专业的本科或研究生认识并快速进入这一领域的教材，也可以作为人机交互相关领域从业人员的工具参考书。

　　本书的完成要感谢我的博士生导师戴国忠研究员以及美国宾夕法尼亚州立大学信息科学与技术学院的张小龙副教授，他们在研究方向和内容写作等方面对本书提出了非常宝贵的意见。感谢中山大学出版社的各位编辑，没有你们的鼎力相助，就不会有本书的快速问世。

最后，特别感谢我的爱人王宇。本书有几章的设计思想，是在跟她不断地讨论之中产生的。作为一个工作在一线的医务工作者，她竟然有着如此浓厚的兴趣与我讨论自然人机交互的相关话题并促使我不断地理清思路。本书能顺利出版，与她的大力支持是分不开的。

本书的顺利出版还要感谢我主持的两个国家自然科学基金项目（61772564、61202344）以及中山大学 2018 年本科教学质量工程项目建设（17000－18832607）的资助。

限于本人的学识和精力，书中还有很多不足与疏漏之处，我将诚恳地吸取广大读者的批评和建议，争取在本书的再版中予以修正和提高。

武汇岳

广州，中山大学

2019 年 4 月 28 日

目　　录

第一部分　理论基础

第四部分 手势开发平台

第一部分

理论基础

第1章 视觉手势用户界面概述

随着人机交互技术的发展，各种新的交互手段不断涌现，使人机交互朝着更加自然、高效和智能化的方向前进。基于视觉的用户界面（VBIs，vision-based interfaces）或基于摄像头的用户界面（CBUIs，camera-based user interfaces）就是近年来出现的新型交互技术之一（Wu et al.，2010），并且受到了国内外的广泛关注。VBIs 是建立在计算机视觉技术基础上的，它使计算机可以感知到用户的位置、姿态、朝向甚至目光、手势和表情等等。通过基于视觉的交互方式，用户可以按照自身行为习惯完成交互动作，由摄像头感知用户的动作和行为，并由计算机进行视频数据的分析与理解，然后自动地完成交互任务，整个过程甚至可以忽略计算机与摄像头的存在。由于有了视觉感知能力，计算机将会变得更加容易使用和有趣，例如在基于视觉的计算机游戏中，用户通过肢体动作控制游戏中的化身（avatar）或者其他对象，比传统的键盘鼠标式操作更容易激发玩家的兴趣，同时增强其身临其境的感觉；通过手势向机器人发送命令，则可以更容易地控制机器人完成各种操作任务。基于视觉的交互在虚拟/增强现实、普适计算等领域越来越受到研究人员的重视，并逐渐成为主流的交互方式之一。

1.1 用户界面的发展历程

人机交互（HCI，human-computer interaction）是一门研究人（或者称为用户）与具有计算能力的系统之间的交互关系的交叉性学科。在实践中，人机交互涉及系统的设计、实施、评估和其相关的主要现象（Dix et al.，1998）。

作为人机交互的关键组成部分，用户界面被认为是计算机可以与用户交互的接触点。Shneiderman（Shneiderman，2004）提出了 5 条人性因素来指导和评估用户界面：

● 学习时间。
● 系统的性能（速度）。

● 用户的出错率。

● 潜伏期。

● 用户主观满意度。

用户界面有许多的定义，每一个定义都试图包含界面所有的特征。但一个界面最基本的特征就是提供一种使得用户能够与计算机相互交流信息的手段（Schofield et al.，1980）。这些信息根据交互界面的不同可以包含不同种类，如果是文本界面，那么人机交互时就可通过输入并显示文字或者数字命令以及信息；如果是图形界面，那交互信息将更加丰富。实质上，这些都取决于信息的呈现内容以及设计者如何构建一个界面并将这些内容最佳化显示，这样用户能够容易辨识并易于使用。其实，界面的概念可以被扩展为包含计算机与用户交互的所有部分，包括物理的以及概念上的（Moran，1981），它仅仅是从用户的观点（概念模型）来阐述的概念组织形式。概念模型是用户用来理解一个系统如何工作以及如何产生功效的领域知识。

大多数用户都已经习惯于基于传统的键盘鼠标的标准图形用户界面（GUIs，graphical user interfaces）的人机交互方式，相信很多人都会享受到这种可视化交互方式给我们的生活所带来的便利。但是，我们不应该忘记当前的人机界面是由计算能力的持续稳定增长所驱动而进化而来的结果，而这种进化仍然会持续若干年。

20世纪五六十年代，正处于计算机科学的发展初期，那时候没有真正的交互范式——仅仅有少数的专家/科学家才有能力通过复杂的编程与计算机进行交互，全部的编程都是通过手工来完成的，数据都是通过穿孔卡片输入到计算机中进行处理。这种情况在键盘和显示器出现以前曾经持续了很长一段时间。

70年代开始出现"typewriter"交互范式，这种进化过程是人机界面逐渐向"友好性"过渡的一个重要转折点。在这种范式下，人机交互方式通过键盘输入文本命令来完成。但是这种交互方式只能通过文本命令方式，交互过程局限于严格的命令协议规范，大大限制了人机交互过程。

80年代可以看作个人计算机朝向非专家化、多用途化发展的一个重要演变时段。在这个过程中，人机交互以"桌面"范式为代表，交互过程基于WIMP（window、icon、menu和pointing device）的图形用户界面来完成。这种直接的交互方式大大简化了操作过程，为普通用户熟练地使用计算机提供了极大的便利。目前，桌面范式仍然是一种普遍流行的人机交互方式。

虽然WIMP范式提供了一种通用的人机接口，但是它还是无法满足用户日益增长的需求（Turk et al.，2003），例如自动化或者移动计算等新的应用场景中，许多传统的用户交互方式已变得不可行。我们正在步入一个新的时代，届时计算机将被嵌入到环境或者日常工具中去，"计算机本身将从人们的视线中消失，逐渐地变为我们日常生活的一部分，人们的注意力也回归到所要完成的任务本身"（Weiser，1993）。因此，更加自然舒适和直觉的人机交互方式成为广大计算机科研工作者所追逐的目标。从这个角度讲，我们可以这么认为，如果说 WIMP 范式统治了过去将近 40 年的人机交互领域的话，那么 21 世纪的人机交互范式将会以"Post-WIMP"或者"Non-WIMP"的自然交互（naturalness）方式为特征（Turk et al.，2003），届时计算机将具备"感知"能力自动获取用户及其周围环境的信息进而与用户交互，计算机能够"听得见""看得懂"和"感受得到"人们所传递出来的信息并实时地做出反馈。在这种交互范式下，人与计算机之间的交互能够像人与人之间的交流那样自然和不受约束。

表 1.1 **用户界面范式的演化**（Turk et al.，2003）

时　间	用户界面	范　式
20 世纪 50 年代	穿孔卡片 Switches, punch cards, lights	无 None
20 世纪 70 年代	命令行 Command-line interfaces	打字机 Typewriter
20 世纪 80 年代	图形用户界面 Graphical user interfaces	WIMP 范式 WIMP paradigm
21 世纪	可感知用户界面 Perceptual interfaces	Naturalness Post-WIMP / Non-WIMP paradigm

可感知用户界面（PUIs, perceptual user interfaces）集成了多媒体、感知和多通道等多种特征使人机交互更加自然和有效。PUIs 力图使计算机能够感知到用户及其周围的交互环境，并同时使用多媒体方式与用户产生交互（Pentland，2000）。可感知界面已经成为人机交互发展过程中的关键阶段。

可感知用户界面主要有两个重要特征：

● 高效的交互性。传统的用户界面需要被动地接收用户显性的输入命令然后才能触发一定的系统行为，而可感知用户界面则能够主动地感知到用户及其周围环境的变化，并且通过不同层次上的目标和知识推理出用户的意图，从而自发执行特定的交互命令完成相应的交互任务。

● 多通道。它充分利用了视觉、听觉和触觉等多种感知通道。可感知用户界面的通用模型就是模仿了人－人交流时的情形，如图1.1、图1.2所示。

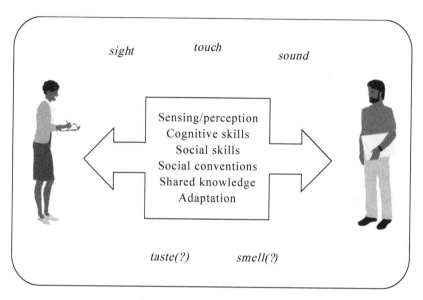

图 1.1　人－人交流模型

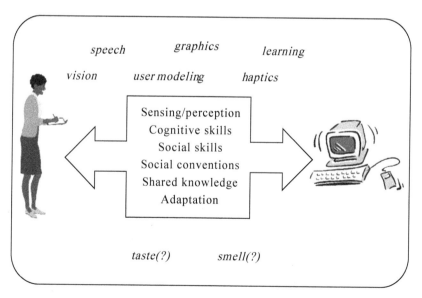

图 1.2　可感知用户界面下的人－机交互模型

可感知用户界面的目标是提供给用户一种更加自然和直观的体验，更好地匹配用户的交互能力。在许多应用领域，可感知用户界面正逐渐发展成熟起来。例如，计算机游戏就是一个引人关注的应用领域。计算机游戏的发展是全世界范围的，其用户众多并且这些用户大多都能较为容易地接受新事物的刺激，因此能够主动感知用户的身份、身体运动以及语音，可感知游戏界面更能够为广大玩家所接受而变得更加流行。另一类能够从可感知用户界面发展中受益的就是那些身体残疾的用户，PUIs 不必要求用户必须通过移动鼠标或者敲键盘来进行操作，而是允许他们通过直观的身体语言与计算机交流，其更容易被这部分用户所接受。还有一些其他的领域，例如娱乐业、机器人应用领域、多媒体学习和生物测定领域等都会不同程度地从 PUIs 的不断发展中受益。

如图 1.1 所示，人与人之间的交流主要利用了视觉、听觉、味觉、嗅觉和触觉等不同的感知通道，而在这些通道之中视觉通道是最主要也是最重要的一种通道。物体的颜色、大小、形状轮廓、纹理材质、远近高低和运动信息等都是通过视觉通道提供给大脑的，大脑在接收到这些信息之后通过手等身体部位做出相应的操作和反馈。计算机视觉作为一种输入通道或感知通道有很多的优点。在人 - 人交流过程中，大部分的信息都是通过视觉通道获得的，比如可以通过个人身份、面部表情、手势、姿势和其他可视化的线索来表达一些视觉的信息。通过摄像头感知和获取到这些信息并正确地传输到交互环境中能够引发相应的交互。视觉是一种最有潜力、用途最为广泛的输入通道，能够通过该通道获取到大量的信息。但是当前的人机界面本质上都是盲的（blind），因为这些界面根本没有有效地利用好视觉通道。因此，基于视觉的用户界面作为可感知用户界面的一个重要研究分支受到了广泛的关注。

1.2　基于视觉的用户界面定义及关注的问题

视觉能够支持许多人类任务的完成，包括识别、漫游、平衡、阅读和交流等。在可感知用户界面中，计算机视觉的主要任务就是用来检测和识别有意义的视觉线索——比如说观察用户并且判断他们的位置、表情和手势等等。

基于视觉的用户界面是将视觉通道作为第一通道的交互界面和交互技术，Turk（Turk et al.，2003）将基于视觉的用户界面定义为："在人机交互上下文环境中，使用计算机视觉技术来感知用户称为基于视觉的交互，或者基于视觉的用户界面（VBIs，vision-based interfaces）。"

VBIs 试图解决的问题包括以下几方面：

● 存在和位置——有人在那里么？有多少人？他们在哪里？（人脸检测、身体检测、头部和身体跟踪）

● 身份——他们是谁？（人脸识别、步态识别）

● 表情——用户正在微笑、皱眉、大笑还是说话？（面部表情识别、表情建模和分析）

● 注意焦点——用户正在看什么？（头部/面部跟踪、目光跟踪）

● 身体姿势和运动——用户的整体姿势和运动是什么？（身体建模和跟踪）

● 手势——用户的头部、手、身体的运动表达了什么样的语义信息？（手势识别、头部跟踪）

● 行为——用户正在做什么事情？（人体运动分析）

就是说，VBIs 试图自动获取用户的信息来描述其外在或隐含的"自然"的身体运动命令。

1.3　基于视觉的用户界面分类

（1）根据交互过程中主要完成的功能可以将 VBIs 分为两类（Turk，1998）。

● 控制：当 VBIs 能够将用户的行为理解为特定的命令时（例如，头部姿势、手势），就可以认为界面具备解释器功能，能够将用户的指令转换成目标行为。例如，一个特定的手势可能表明要关闭当前的文档。

● 感知：如果一个 VBIs 能够自动推理出用户行为中包含的非直接的信息，从某种意义上说，VBIs 便具备了感知能力。不需要清晰的交互命令，而是能够根据特定的情形和操作序列来进行推理。例如，智能管理中心"看到"系统发生错误时用户正在朝别处看，便自动发出某种声音来吸引用户的注意力回归。可感知的 VBIs，利用视觉感知能够对 software agents 的实现带来很大的帮助（Bradshaw，1997）（通常，这些 agents 能够辅助人机交互）。

（2）另外一种基于功能的 VBIs 分类方法如下（Crowley et al.，2000）。

● 检测：其目的是确定是否某个实体或者现象的存在。这类问题包括：这里有一只手么？这只手是移动的么？

● 识别：在这个阶段，VBIs 识别特定的实体或者现象。例如，试图回答用户正在做一种什么样的手势或者他/她正在朝哪里看的问题。

● 跟踪：一旦实体或者现象被检测到或者识别出来，就有必要跟踪上它以期望能够持续地获取到它位置的变化。例如，VBIs 试图解决某只手当前正在哪里的问题。

（3）根据不同的应用可以将视觉交互界面归为以下几类（Turk，1998）。

● 头部跟踪：用户的头部位置可以被用来提供某种形式的输入。例如，触发窗口上的滑动条或者将输入焦点从一个窗口切换到另一个窗口。

● 人脸/面部表情识别：有些系统出于个性化目的而试图识别计算机屏幕前的用户，如果能够在不同的人脸之间进行区分则能够使得界面更加"人性化"，例如当用户正从事某项工作时可以使用脸部识别技术。

● 目光跟踪：对于伤残人士来说，鼠标键盘的使用是困难的，而利用检测到的用户的目光方向进行输入能够帮助他们有效地参与人机交互。同时，目光标定可以作为头部跟踪或者脸部识别的有效辅助和支持。

● 手势识别：手势/手部运动可以作为一种有效的人机输入方式，尤其是当需要传达的信息本质上是可操纵的或需要某种形式的空间位置独立的情况。并且，手势可以作为一种字母表用来规范交互命令。

（4）根据应用场景和交互任务的不同，有时候需要跟踪整个人体，或者是跟踪细节（例如肢体、单个的手，甚至是用户手持的某一个人造物体道具）。针对不同的身体部分和特征所设计的 VBIs 技术能够以许多种方式实现和设计（Turk et al.，2003）。

● 由粗到精：这一类中，跟踪的结果是逐渐细化，每一个状态的跟踪都会从上一个状态的结果中受益。例如，全身检测能够大体限定人脸检测的搜索空间；人脸检测一旦成功，人脸的特定区域特征例如眼睛等就可以被限制到一个很小的搜索区域了。一旦眼睛被识别出来，那么接下来就可以分析目光的注视方向了。

● 由精到粗：这种方法与前面的方法正好相反。根据大量的被检测出的局部的特征线索，一个大的对象的最有可能的位置就是包含所有这些特征的区域。例如，基于特征的人脸识别就可以使用这种方法：首先检测出图像中主要的局部特征（例如眼睛、鼻子和嘴巴等，或许有时候某一部位的特征会检测出错误的结果），接着根据人们对这些特征的相关知识就可以很容易地检测出人脸的位置。并且，给定一个人脸的位置，那么对于肢体、手和整个身体的搜索也变得相对容易起来。

● 通过更多知识的帮助：一个场景建模越多的元素，在处理交互识别时就变得越容易。例如，如果一个头部跟踪的系统也能在图像中实时跟踪手的运动，那么即使在被手遮挡的情况下，系统也能计算出头部的位置。

1.4　基于视觉的手势用户界面

在 VBIs 中，输入的视觉信息按照来源的不同可分为手势、目光等可视化信息，我们称之为视觉通道下的子通道（sub-modal），例如手势通道、目光通道等等。这些子通道可以作为输入通道单独存在，也可以与其他子通道结合成为更复杂的视觉通道，例如表情通道和体姿（body gesture）通道进行结合。其中，手势通道是一种应用较为广泛的输入通道。Porta（Porta，2002）指出，"VBIs incorporating gesture recognition represent perhaps the most natural evolution of current GUIs"。在我们的日常人人交流过程中，使用手势能够使我们更好地表达我们的思想，从而有助于交流。在人机交互中利用视觉手势可以有效地完成以下任务（Porta，2002）：

- 代替鼠标完成指点和勾画任务。
- 虚拟环境中漫游以及操纵虚拟对象。
- 控制家电设备（例如电视、CD 播放机等等）和指挥机器人。
- 通过手语进行交流。

相比于其他的视觉通道，手势交互的优势体现在以下两个方面：

- 从用户的角度来说，手势使用起来方便而表达能力又非常强。
- 从计算机的角度来说，也比较容易实现。

因此，基于视觉的手势用户界面受到了国内外研究人员的广泛关注。本书主要聚焦的研究范畴为基于视觉的手势用户界面理论、方法和技术应用。本书的研究受到了国家自然科学基金项目"沉浸式环境下自然手势交互理论、方法与关键技术的研究"（No. 61772564）和国家自然科学基金项目"基于视觉注意的手势交互技术研究"（No. 61202344）的资助。

1.5　主要的研究机构和学术组织

1.5.1　国内外的主要研究单位

目前，基于视觉的用户界面研究得到了国内外越来越多的研究机构和研究人员的关注。ACM SIGCHI 2005 的 Workshop "Future user interface design tools" 提出 "camera-based user interfaces（CBUIs），tangible user interfaces（TUIs）和 haptic user interfaces（HUIs）三类用户界面代表了自然、和

谐的人机交互技术和用户界面的发展方向"。基于视觉的用户界面能够得到迅速发展得益于两个基本条件：

（1）从硬件上讲，摄像头是一种非接触式的输入工具，能够解决 WIMP 界面中完全依赖鼠标和键盘的交互方式，并且其价格也越来越便宜，便于引进到家庭和办公环境中。

（2）从软件技术上讲，人脸识别、目光跟踪和手势识别技术得到了世界各地研究者的高度重视并取得了许多研究成果，这为基于视觉的交互提供了技术基础。

目前，国内外很多的研究单位对基于视觉的交互技术进行了大量研究，开发出了不少原型系统。典型的代表机构有：美国的麻省理工学院在基于体姿态的视觉应用和基于人脸以及面部表情识别应用等方面开发了一系列应用系统；索尼公司开发了一系列基于人体运动的视觉游戏产品并取得了巨大的成功；微软和 IBM 等公司利用摄像头跟踪用户头部运动实现了简单自然的人机交互，能够使用户的双手解放出来从事其他的任务；波士顿大学的研究人员开发了一系列基于摄像头的目光跟踪系统如 EagleEyes，Camera Mouse 等，帮助身体严重残疾的用户实现与计算机的交互；UCSB 的 Matthew Turk 等研究人员将视频手势应用于 VR（virtual reality）以及 AR（augmented reality）中，通过与系统命令之间建立映射，可以完成例如拾取、移动和旋转等一系列的对象交互任务。

国内也有很多这方面的研究机构，例如中科院软件所人机交互与智能信息处理实验室深入研究了静态和动态手势识别算法，并开发了一个支持非专家用户个性化手势设计开发的工具平台；中科院计算所的 JDL 实验室在基于视觉的中国手语识别方面进行了大量的研究；中科院自动化所模式识别国家重点实验室针对人运动的视觉分析进行了研究并着力开发基于视频的家庭互动游戏；清华大学智能技术与系统国家重点实验室开发了一个基于计算机视觉的智能环境系统 Smart Classroom；北京大学三维视觉与机器人实验室在主动视觉与跟踪、复杂环境下机器人的环境理解与定位跟踪方面做了大量的工作。

除了以上这些研究单位以外，其他的主流计算机公司如 Siemens、Toshiba 等也都开始越来越多地关注视觉交互的研究。

1.5.2　相关的国际学术组织

最近几年，有许多的国际组织都开始关注基于视觉感知的研究领域，其中比较典型的包括：

（1）Journal。

● International Journal of Human-Computer Studies（IJHCS）

● International Journal of Human-Computer Interaction（IJHCI）

● Journal of the ACM（JACM）

● International Journal on Computer Vision（IJCV）

● Computer Vision and Image Understanding（CVIU）

● Pattern Recognition（PR）

● Behaviour & Information Technology（BIT）

● IEEE transactions on human-machine systems

● Multimedia Tools and Applications（MTAP）

● Visual Computer（TVCJ）

● Journal of Ambient Intelligence and Smart Environments（JAISE）

（2）Transactions。

● ACM Transactions on Computer-Human Interaction（TOCHI）

● IEEE Transactions on Pattern Analysis and Machine Intelligence（PAMI）

（3）Magazines。

● Communications of the ACM（CACM）

● Interactions

（4）Conference。

● Proceedings of the SIGCHI Conference on Human Factors in Computing Systems（CHI）

● International Conference on Intelligent User Interfaces（IUI）

● Symposium on User Interface Software and Technology（UIST）

● International Conference on Multimodal Interfaces（ICMI）

● IEEE Computer Society Conference on Computer Vision and Pattern Recognition（CVPR）

● IEEE International Conference on Computer Vision（ICCV）

（5）Workshop。

● Workshop on Perceptual/Perceptive User Interface（PUI）

1.6 本书组织结构

全文分为四个部分共 11 章。第一部分是理论基础，包括第 1～3 章；第二部分是手势设计方法，包括第 4～5 章；第三部分是手势识别技术，包括第 6～9 章；第四部分是手势开发平台及应用案例，包括第 10～11 章。

第 1 章：视觉手势用户界面概述。

首先介绍用户界面的发展历程，随后给出视觉用户界面 VBIs 的定义以及主要关注的问题，接下来介绍 VBIs 的不同分类方法，强调本书的研究范畴聚焦于基于视觉的手势用户界面，在此基础上给出国内外主要的研究机构和学术组织，最后阐述本书的组织结构。

第 2 章：视觉手势用户界面研究进展。

对视觉手势用户界面的研究进展进行综述，讨论了这种新的用户界面主要关注的几个研究问题，即"界面范式""交互隐喻""界面模型"和"界面框架"的研究现状，最后对视觉手势界面开发过程中的支撑工具和开发平台以及典型的应用系统进行了讨论。

第 3 章：视觉手势用户界面模型。

在活动理论的基础上提出一种以用户为中心、面向任务和基于事件驱动的用户界面模型 UIDT，并详细描述该模型的组成结构和它们之间的相互关系，为后续章节的研究提供了理论基础。

第 4 章：视觉手势设计中的手势分歧问题。

尽管基于手势的交互技术得到了广泛的关注并被应用到了很多不同领域，但是传统的手势交互系统大都由专业人员设计开发，用户很少有机会参与手势设计，因此大多手势系统面临着可用性不高和用户满意度低等问题。本章面向车载信息交互系统、虚拟现实交互系统和数字电视交互系统三个典型的应用领域设计了一系列的用户实验，并深入讨论了视觉手势设计中的手势分歧问题。我们的研究结果为视觉手势的研究和设计提供了有益的参考。

第 5 章：基于沉浸式 VR 购物环境的用户自定义手势设计。

在传统的用户参与式手势设计研究中，除了手势分歧问题之外，遗留偏见问题也是影响手势集可用性的重要因素之一。本章提出了一种新的用户参与式手势设计方法，将这种方法应用于沉浸式 VR 购物系统并进行了验证。研究结果表明，我们的方法能够有效解决传统用户参与式手势设计中的手势分歧和遗留偏见问题，最终设计出可用性和用户满意度更高的手势集。

第 6 章：视觉手势识别框架。

由于视觉手势交互本身具有非接触性和模糊性等特点，因此目前对视觉手势的识别仍然是十分困难的。本章将手作为一种抽象的视觉输入设备，在 Buxton 提出的接触型设备交互状态转移模型的基础上提出了一种可扩展的非接触型设备交互状态转移模型，用于描述视觉手势的交互特征。接下来，在这一模型的基础上提出一个通用的视觉手势识别框架。实验结果表明，本章所提出的视觉手势状态转移模型及识别框架能够很好地解决手势的非接触性和模糊性等问题，在实践中取得了满意的效果。

第 7 章：基于视觉注意的手势识别方法。

本章从认知心理学角度出发，模拟人类的视觉注意机制构建了一个基于"what-where"通路的视觉注意模型，并以此为基础设计和实现了相关手势交互技术，为解决视觉手势交互中存在的"Midas Touch"问题提供了一种新的解决思路。本章方法对其他的非接触类型的人机交互技术应用亦有一定的借鉴意义。

第 8 章：基于隐马尔科夫模型和模糊神经网络的手势识别方法。

传统的手势识别方法只能识别静态手势或者简单的动态轨迹手势。本章提出了一种隐马尔科夫模型＋模糊神经网络的混合模型来进行连续的复杂动态手势识别，该模型充分利用了隐马尔科夫模型的时序建模能力和模糊神经网络的模糊推理能力。我们还构建了阈值模型并嵌入到该混合模型中用以进行时空关键手势分割，大大降低了系统的计算负载并提高了手势识别率。

第 9 章：基于小样本学习的 3D 动态手势识别。

传统的基于隐马尔科夫模型或神经网络等的手势识别方法尽管能取得较高的识别率，但是在实践过程中需要大量的训练样本，对于普通的界面开发人员来说使用起来门槛过高。本章提出了一种基于小样本学习的 3D 动态手势识别方法，大大降低了视觉手势的设计开发门槛，在保持较高识别率的同时大大降低系统计算资源和计算时间的消耗，取得了满意的实验效果。

第 10 章：基于视觉手势的个性化设计开发平台 IEToolkit。

针对基于视觉手势的交互系统开发过程中缺乏便捷、有效的开发工具问题，本章设计开发了一个面向互动娱乐的便携式手势设计开发工具 IEToolkit。该系统能够支持非专家用户灵活地进行手势的个性化定制和系统原型的设计开发，为基于视觉手势的用户界面设计开发提供了统一的平台和有效的解决方案。

第 11 章：综合应用实例：基于视觉手势的交互式数字电视系统设计与开发。

在前面 10 章研究内容的基础之上，我们面向普适计算环境下的交互式数字电视系统，给出了一个综合案例和实际解决方案。我们提出一套以用户为中心的视觉手势设计开发方法，包括需求分析、功能定义、手势启发式设计研究、手势个性化定制和便携式开发以及系统可用性评估等几大关键模块。实验结果验证了我们所提方法的有效性。我们强调了这一方法对其他视觉手势界面设计开发的理论和实践价值。

1.7 参考文献

BRADSHAW J M. Software agents [M]. AAAI. Cambridge：The MIT Press，1997.

CROWLEY J L, COUTAZ J, BLERARD F. Things that see [J]. Communications of the ACM, 2000 (43)：54 - 64.

DIX A, FINLAY J, ABOWD G, BEALE R. Human - computer interaction [M]. Second Edition. London：Prentice Hall Europe，1998.

PENTLAND, A. Perceptual intelligence [J]. Communications of the ACM, 2000 (43)：35 - 44.

PORTA M. Vision - based user interface：methods and applications [J]. International Journal of Human - Computer Studies, 2002 (57)：27 - 73.

MORAN T P. An applied psychology of the user [J]. Computing Surveys, 1981 (13)：1 - 11.

SCHOFIELD D, HILLMAN A L, RODGERS J L. MM/1, a man machine interface [J]. Software：Practice and Experience, 1980 (10)：751 - 763.

SHNEIDERMAN B. Designing the user interface [M]. Beijing：Publishing House of Electronics Industry, 2004.

TURK M. Moving from GUIs to PUIs [C]. Tokyo：Symposium on Intelligent Information Media, 1998.

TURK M, KOLSCH M. Perceptual interfaces [R]. UCSB Technical Report, 2003 -33.

WEISER M. Some computer science issues in ubiquitous computing [J]. Communications of the ACM, 1993. 36 (7)：75 -84.

WU H Y. Research on vision - based hand gesture interfaces [D]. PHD thesis. Institute of Software, Chinese Academy of Sciences. Beijing, 2010.

武汇岳. 基于手势的视觉用户界面研究 [D]. 博士论文. 中国科学院软件研究所，2010.

第2章 视觉手势用户界面研究进展

本章，我们对视觉手势用户界面相关研究进展进行了梳理综述，讨论了视觉手势用户界面所关注几个研究问题，即界面范式、交互隐喻、界面模型和界面框架，最后，我们对视觉手势界面开发过程中的支撑工具和开发平台以及相关的典型应用系统进行了讨论。

2.1 界面范式研究

范式（paradigm）指的是里程碑式的理论框架或科学世界观，例如物理学领域的亚里士多德时代、牛顿时代、爱因斯坦时代等都曾经出现过很多影响深远的理论范式。对人机交互历史的理解，可以通过对人机界面范式（interface paradigm）变迁的认识来完成。

2.1.1 WIMP 界面范式

从计算机的发展历史来看，人机交互方式已经经历了3个主要阶段，包括20世纪50—60年代的打孔纸带方式、70年代 Dos 界面下的文本命令行方式和80年代发展起来的 WIMP（window，icon，menu，pointing device）方式。其中，在打孔纸带阶段计算机是通过穿孔卡片批量接收输入以及进行行式打印输出，本质上不存在用户界面，因而也就没有交互范式可言。从 Dos 界面开始，人机界面逐渐具备了一定的"友好性"，用户能够通过文本命令行的方式同计算机进行交互。80年代基于桌面隐喻的 WIMP 范式一经提出便在桌面环境中得到了广泛的应用，在过去的将近40年里一直占据着统治地位并沿用至今。

但是，随着计算机硬件设备的进步和软件技术的发展，WIMP 界面范式的缺点逐渐地暴露出来，主要表现在（Dam，1997）：

- 随着应用复杂度提高，界面的学习难度呈非线性增长。
- 用户花费了大量精力在界面操纵上，而非具体的应用上。
- WIMP 界面基于桌面隐喻，交互过程局限于二维平面，难以与三维空间完全对应。

● 鼠标键盘等输入设备并非适合于所有的用户，比如儿童或者文化水平不高的人就很难掌握。

● 没有有效利用起视觉、听觉、触觉等其他感知通道，输入带宽相对较小。

Dam 认为衡量用户界面最重要的一个因素就是界面的"友好性"，虽然 WIMP 界面相比批处理和命令行界面已经有了很大的进步，但仍不能令人满意。本质上 WIMP 界面在人机交互过程中仅仅发挥了一个媒介的作用，它在用户的交互意图（intention）和计算机对用户意图的执行（execution）之间强加了一层烦琐的认知处理过程（cognitive processing），用户为了完成一个交互任务不得不花费大量的精力在界面操纵上，这种非直接操纵方式使得 intention 和 execution 之间产生了一个代沟（gulf）。一个理想的界面对用户来说应该是透明的，计算机应该主动地捕捉用户的交互意图并自动地完成交互任务。对界面设计者来说，一个主要任务就是使得具体的界面操纵步骤最少化并消除 intention 和 execution 之间的代沟，使用户更多地关注于具体的交互任务本身而非具体的操作步骤。

传统的 WIMP 交互方式是一种被动的、接触型的交互，主要利用了人的手与眼通过键盘、鼠标、显示器进行二维、精确方式的输入输出。在这种方式下，计算机加工和呈现视觉、听觉信息的能力与人的能力是不相称的。这种不相称来自于硬件的限制和人的交互通道与对象操作间的不匹配。键盘与鼠标的输入通道相对单一，明显不能满足交互的需求。

基于视觉的手势用户界面是主动式用户界面的主流方式之一，它把视觉通道作为第一通道（但不是唯一通道），用户同计算机之间的交互无需通过精确的命令，计算机可以通过摄像头主动地捕获物理环境中用户自身发出的交互动作，分析用户的交互意图来执行相应的交互任务，用户摆出的一个手的形状或者做出的一个手势动作都可以作为输入命令与计算机产生交互，这样用户的注意力就可以由关注于具体的操作步骤转移到关注于任务本身。因此，基于视觉的手势用户界面是一种主动的、非接触型的交互方式，它充分利用了计算机视觉技术来捕获用户的交互意图，用户不需要控制本体之外的其他交互设备，而通过身体语言将自己的交互意图直接作用于交互对象上，从而摆脱了设备的束缚自由地与虚拟场景进行交互。从这方面来讲，传统的 WIMP 范式已不适合再描述视觉界面，基于视觉的手势用户界面的目的就是为了摆脱目前桌面计算环境对人的束缚和约束，所以它面向的是超越 WIMP 桌面隐喻（desktop metaphor）的计算环境，其交互隐喻由 2D 的"桌面隐喻"变为一种自然的隐喻方式。

2.1.2 Post-WIMP/Non-WIMP 界面范式

从 20 世纪 90 年代初开始,研究者们将研究的焦点重新聚集到下一代用户界面的研究上。针对下一代用户界面的这些特征,研究者们提出了 Post-WIMP 和 Non-WIMP 的思想。

Green 和 Jacob 等人最早提出了 Non-WIMP 用户界面。Non-WIMP 界面就是指没有使用 Desktop Metaphor 的界面(Green,1991),其界面的关键特征包含以下几方面:

● 高带宽的输入/输出。大多数的 Non-WIMP 界面都要求高带宽的输入/输出,例如基于视觉交互的虚拟现实应用中,图像更新率至少要保证在每秒 10 帧以上。对于大数据量的输入产生并实时做出反馈等,通常并不是传统的 WIMP 界面需要考虑的问题。

● 多自由度。Non-WIMP 界面无论是基本应用方面还是交互设备方面都有许多的自由度,例如,一个标准的数据手套通常有 16 个自由度,而人手最高则可达到 27 个自由度。因此,如何将输入设备的自由度正确地影射到具体的应用中使得用户能够容易地控制系统是 Non-WIMP 界面需要考虑的问题。

● 实时反馈。所有的 Non-WIMP 类型都依赖于对用户行为的实时反馈。例如,在基于 HMD(head-mounted display)的应用中,用户在转头的瞬间必须实时地产生一系列新的图像,这期间的延迟如果超过了 0.4 秒用户就会对交互产生迷惑。

● 持续的反馈和响应。Non-WIMP 界面必须持续地响应用户的行为,因为 Non-WIMP 界面中没有像 WIMP 界面中定义完好的命令机制。在典型的离散型交互的 WIMP 界面中,用户的行为先产生一系列简单的词法反馈,然后再传递到应用中产生最终的命令反馈。而在 Non-WIMP 界面中,在用户和应用之间的交互是连续性的,这种连续性包含两方面:①大多数的用户输入不能被认为是离散事件,因为这些输入随着时间的推移而不断产生,不能明确地界定事件的开始时间和结束时间;②界面必须给用户提供连续的反馈,而不能等到用户完成一个动作以后才提供反馈。例如,在虚拟现实应用中,用户移动到新的位置过程中与其绑定的场景对象也必须实时更新其位置。

● 似然输入(probabilistic input)。在 Non-WIMP 界面中,实时反馈是很重要的,因此界面必须有能力"猜想"用户的输入意图,或许有时候这种猜想是错误的，用户界面应该有能力及时地更正这种错误。比如在手势交互中，手势识别算法经常会产生交互意图的似然概率向量集，在用户输入过程中界面对反馈结果作"猜想"，随着输入信息的进一步增多，界面会发现初始的猜想是不正确的，因此需要对以前的反馈进行修正。这种情况在 WIMP 界面中是不会出现的，因为 WIMP 界面中系统所接收到的都是键盘鼠标的精确的输入信息，不存在 Non-WIMP 界面中的输入模糊性的情况。

从上述分析看，Non-WIMP 界面完全摒弃了传统的 WIMP 界面，而从目前用户界面的发展水平来看，Non-WIMP 界面要成为主流的用户界面还有很长的一段路要走。Andries Van Dam 在 1997 年提出了 Post-WIMP 用户界面，他指出 Post-WIMP 界面是指至少包含了一项不基于传统的 2D 交互组件的界面（Dam，1997）。从本质上讲，Post-WIMP 界面和 Non-WIMP 界面主要的研究内容是一致的，它们都是针对那些与传统的 WIMP 交互方式不同的新的界面和交互方式进行研究。但它们也略有不同，因为 Post-WIMP 界面在研究新的交互方式的基础上，并不完全排斥 WIMP 交互方式。从目前国内外的研究情况来看，基于视觉交互的用户界面范式没有一个统一的说法，但本文认为目前它属于一种 Post-WIMP 界面范式，因此建立在 Post-WIMP 基础上的用户界面范式将会成为以后相当长一段之间内视觉界面的指导范式。

2.2 交互隐喻研究

隐喻作为一种极普通和重要的情感表达方式，在文学、艺术设计等领域有着广泛的应用。隐喻本属于语言学的范畴，是语言学修辞的一种手法。"隐喻"是 metaphor 的译名，metaphor 是从希腊词 metapherein 来的，即 meta + pherein，其中 meta 的意思是"超越"，而 pherein 的意思则是"传送"。从词源上看，"隐喻"在希腊文中的意思是"意义的转换"，即赋予一个词本来不具有的含义；或者，用一个词表达本来表达不了的意义。它是指一套特殊的语言学程序，通过这种程序，一个对象的诸多方面被"传送"或者转换到另外一个对象，以便使第二个对象似乎可以说成第一个。可以说，隐喻是在彼类事物的暗示下感知、体验、想象、理解、谈论此类事物的心理行为、语言行为和文化行为。

隐喻是由三个因素构成的："彼类事物""此类事物"和两者之间的联系。由此而产生一个派生物，即由两类事物的联系而创造出来的新意义。一般认为，隐喻代表着上述转换的基本形式，因此也就可以把它当作一种基本的比喻手段，其他的比喻手段明喻、提喻、换喻，实际上都是隐喻原形的变替。在语言学中，隐喻首先被看成是对语义、语法、逻辑正常规则的违反，目的在于产生新的意义。

当然，以上只是一种对术语的内涵的探求。在人机交互中，隐喻的使用是无所不在的，从应用程序环境到交互的任务层和物理层都存在隐喻的使用。计算机操作系统很早就使用了隐喻法，例如，在普通的办公室里，桌子上会有一些需要处理的文件，在文件被处理完毕后，需要保存的被放在文件夹里，不需要保存的被丢在废纸箱里。传统的 WIMP 界面就是基于这种"桌面"隐喻而设计的，桌面、文件、文件夹、垃圾箱等概念都是从现实世界中影射而来的。在人机界面设计中，隐喻已经成为能否创建高效、高质量、易学和易用的用户界面的一个重要因素。在传统的基于 WIMP 范式的 2D 界面下，从应用程序环境到交互的任务层和物理层都存在隐喻的使用，例如桌面隐喻、窗口隐喻、菜单隐喻、按钮隐喻等等。在 3D 用户界面中，为了支持非传统的输入设备例如数据手套、操纵杆、六自由度等跟踪设备，研究者们也开发了大量的隐喻，主要表现在以下几方面：

（1）从交互技术的角度上来讲，研究者们开发了大量的对象操作技术隐喻（Bowman，2004），例如微缩世界隐喻、虚拟手隐喻（包括经典虚拟手和 Go-Go）和虚拟指点隐喻（包括光线投射、光圈、闪光灯和图像平面），以及漫游技术中的六种通用的隐喻——身体运动、驾驶、路径规划、基于目标的、手动操作的和基于比例的隐喻。

（2）从信息的呈现方式上来讲，受到 VR/AR（virtual reaility / augmented reaility）中的交互自然性和目前在数据组织领域方面广为流行的"信息空间化"趋势发展的影响，北京大学的董士海等人（Dong et al.，1999）提出了一个三维的"房间"隐喻，基于"房间"隐喻设计的系统界面与传统的 WIMP 界面相比较有以下几方面的优越性：

● "房间"与"桌面"的明显不同在以三维空间取代二维屏幕，避免了 Windows 窗口层叠的尴尬境遇，自然地解决了"小屏幕"效应。

● 可以充分开发和利用三维空间中各种隐喻，使用各种建筑学中的概念，借助各种建筑结构的不同含义来表示信息数据之间的抽象关系。例如，可以用各种不同形式的嵌套空间的概念象征地理位置和内容相关程度各异的超链接结构，用"门"代表空间内容相关而且地理位置也相邻的信息连接，用"走廊"代表空间内容紧密相关但位置上不相关的信息连接。

● 通过一个虚拟的房间将信息空间和物理空间自然地联系起来，人们觉得自己仿佛正在同一个熟悉的日常世界打交道。代表某物体的最合适的图标就是它自己，信息空间中所有的元素都是"实物化"的，用户可以想当然地认为他们就像在现实世界中一样表现和动作。

● 极其自然的交互方式。用户可以采用日常生活中最直接、最习惯的方式来操纵信息空间中的物体，例如使用手势或者语音，充分发挥自身的感知和效应通道的协调作用。

与"房间"隐喻类似的还有 Andreas Dieberger 提出的"城市"隐喻（Dieberger，1997），用来支持复杂的信息空间中的漫游任务。

基于视觉的交互界面与传统的基于 WIMP 范式的 2D 界面或者 3D 界面的最大的不同之处在于，视觉界面是一种非接触型交互界面，而传统的 2D 或者 3D 用户界面都是基于鼠标、键盘等输入设备的接触型交互，因此在基于视觉的界面开发应用过程中不能完全照搬传统的交互隐喻模式，研究人员需要在借鉴和学习传统的隐喻方式基础上，针对视觉交互的特色进行技术改进，或者重新设计并开发出新的交互隐喻以适应不同的应用需求。

Hinckley 等人（Hinckley et al.，1998）提出了一个"stretch and squeeze"隐喻来完成地图缩放任务，当用户双手分开时将地图放大，当用户双手靠近时将地图缩小，如图 2.1（a）所示；图 2.1（b）中所示的是 Pinch 隐喻，完成指点/选取任务；Sherstyuk 等人（Sherstyuk，2007）提出了一个虚拟环境下新的隐喻方式——Optical Sight 隐喻，如图 2.1（c）所示，通过 Optical Sight 隐喻用户能够容易地选取虚拟场景中远处的物体或者精确地指点近处的对象，Optical Sight 隐喻结合了传统的光线投射技术（ray-casting）、手势技术和可变的相机放缩技术等在各种虚拟/混合/增强现实中容易实现的技术；图 2.1（d）中所示的是工具箱隐喻，用于仿真的医疗手术；Lee 等人（Lee et al.，2006）设计了一个交互音乐指挥系统，如图 2.1（e）所示，打破了传统音乐指挥时的"tape recorder"隐喻，用户能够拿着一个指挥棒并使用手势来指挥计算机演奏音乐并控制其节奏、音量等；图 2.1（f）中所示的是基于驾驶隐喻的指点技术（Sherstyuk et al.，2007），用户完成 VR/AR 中的漫游/导航任务；Boussemart 等人（Boussemart et al.，2004）提出了一种 PieGlass 隐喻，如图 2.1（g）所示，在沉浸式虚拟环境中能够帮助用户摆脱传统的鼠标键盘的束缚，而自由地对 3D 对象进行双手交互操纵；同样地面向虚拟现实领域，Boeck 等人（Boeck et al.，2004）则提出了两种新的隐喻技术如图 2.1（h）所示，其中，"object in hand"隐喻能够充分利用用户双手的本体感知功能和力反馈机制，大大提高虚拟现实中对象和菜单的操作效率。而"camera in hand"隐喻则适合于在本地上下文中双手操纵虚拟对象；Song 等人（Song et al.，2012）设计开发了一种"handle bar"隐喻如图 2.1（i）所示，相比于前几种交互隐喻，该隐喻能

够更好地完成虚拟对象操作过程中的平移、旋转和缩放等操作任务；Pfeil
等人（Pfeil et al.，2013）则设计 3D 自然手势隐喻用来控制无人机（UAV，
unmanned aerial vehicles）的飞行如图 2.1（j）所示。

图 2.1（a）　　stretch and squeeze 隐喻

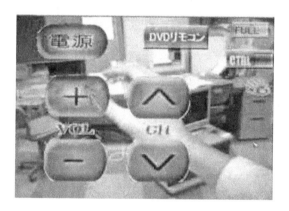

图 2.1（b）　　pinch 隐喻

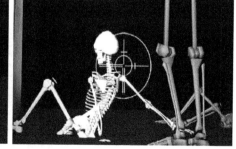

图 2.1（c）　　optical sight 隐喻

图2.1（d） 工具箱隐喻

图2.1（e） 指挥棒隐喻

图2.1（f）驾驶隐喻

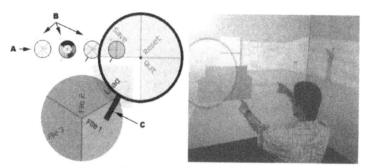

图 2.1 （g）PieGlass 隐喻

图 2.1 （h）Object in hand 隐喻 （左一和左二）和 Camera in hand 隐喻 （右一）

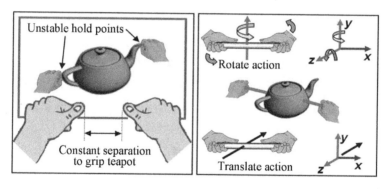

图 2.1 （i）Handle bar 隐喻

图 2.1 （j）3D 自然手势隐喻

2.3　界面模型研究

要设计一个成功的交互系统，不能仅仅依靠设计者的直觉判断而需要有良好的设计指南进行指导。理论和模型提供了讨论独立于具体应用问题的框架或语言，是设计指南的一种重要形式。界面设计者要解决的核心问题就是发展足够的理论和模型以解释交互系统用户的行为。模型的意义在于指导交互软件的设计和实现，保证软件开发的敏捷性和用户使用的舒适性，从不同的角度分析会得到许多不同的模型。

一种模型描述方法是对高层的用户接口进行抽象描述，包括对任务模型的描述和应用例行程序的功能性描述以及用户本身素质、习惯和其他影响用户接口样式的因素的描述。在给出这些描述后，用户界面管理系统（UIMS，user interface management system）自动设计和实现用户接口。这样的模型描述方法有：① CPM-GOMS 模型可以在任务的要求下进行并行操作同时执行多个活动目标；②以用户为中心的设计提供了一个以用户为中心的视角，能够有效提高软件的可用性；③基于场景的设计方法（scenario-based design）符合人的认知过程，在较高层次上描述了用户的意图；④采用上下文、基于知识的概念模型吸取了"以用户为中心的设计"方法和"基于场景的设计方法"的一些特点，期望在更高层次上建模。

另一种模型描述方法是针对要构造的用户接口的细节描述而设计的，典型的模型描述方法包括：① GOMS 模型从用户和任务的角度进行行为建模；② Seeheim 模型对传统的基于对话独立性的应用框架有一定的指导意义；③ E-O 模型将人机交互活动归结为事件与对象的相互作用；④ Norman 将"阶段"概念用于行为循环和评估的上下文中并提出了"行为的七个阶段"模型；⑤ Buxton 基于人类运动/感知系统提出了一个通用的传感设备状态转移模型。上述模型描述方法都从各自不同的角度出发，对于特定问题的解决提供了理论指导，这其中一个被广泛应用于传统用户界面的成功的例子是 Buxton（Buxton，1990）在 1990 年提出的基于 GUIs 的接触式设备交互状态转移模型，如图 2.2 所示。

对于绝大多数传统的接触型传感设备的输入都能够用该模型的三个状态或其中的某两个状态之间的转移进行描述。例如，对于间接接触型输入设备鼠标来说，其状态转移限定在 State 1 ～ State 2 之间：在 State 1，当鼠标在桌面上移动时，相应地引起界面上的跟踪符号（光标）的移动；当光标指向某一界面图标并按下鼠标左键则拖动该图标移动从而转向 State 2；当

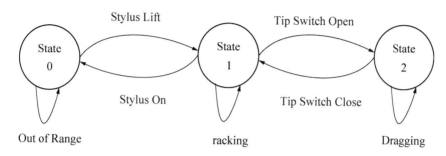

图 2.2　基于接触式输入设备的状态转移模型

释放鼠标左键后则返回跟踪状态 State 1。对于直接接触型输入设备手写屏来说，其状态转移限定在 State 0 ～ State 1 之间：在 State 0，手指没有接触屏幕，这时候处于一种 OOR（Out of Range）状态，此时手指任何的移动都不对交互产生任何影响，界面上也没有任何交互反馈信息（光标）；一旦手指接触屏幕那么跟踪符号（光标）便会跟随手指的移动而移动进入 State 1；当手指再次离开屏幕时，系统返回 State 0。如果不通过额外的按键信号或者压力感知，将无法达到 State 2。而有的设备能够同时感知到上述状态，例如手写笔＋手写板的组合：在 State 0，手写笔不与手写板接触时处于 OOR 状态，此时手写笔任何移动都不会对交互产生影响；当手写笔与手写板接触时，跟踪符号（光标）就会跟随手写笔的移动进入 State 1；当手写笔发出一定的按键信号时当前对象被选中转到 State 2。

　　Buxton 的状态转移模型对于传感设备及其交互技术的研究提供了一个基本的概念框架，能够用来帮助软件开发人员对二者之间的有效匹配进行评估，但是该模型无法有效描述具备压力感知的设备，例如一个手写笔通过其尖端的压力转换来控制绘图曲线的粗细，因此针对不同的应用，可以在该模型的基础上进行改进。Hinckley 等对 Buxton 的模型进行了扩展，提出了基于桌面的双手输入状态转移模型（Hinckley et al.，1998）；Balakrishnan 等人（Balakrishnan et al.，1998）在传统鼠标的基础上进行了改进，设计了一种新的输入设备 PadMouse，并针对 PadMouse 的特点给出了扩展的状态转移模型；Michel（Michel，2000）给出了一个 Post-WIMP 界面的交互模型——Instumental Interaction，该模型包含了已有的交互类型，包括传统的 WIMP 界面以及新的交互类型，例如双手输入与增强现实；Jacob 等人（Jacob，1993）针对 Non-WIMP 非命令性、并行性、持续性、多通道性、交互性的特征，给出了一个基于 Non-WIMP 的软件模型和描述语言。

　　对视觉界面来说，其界面组成往往比传统的 GUIs 界面更为复杂，它是一种无缝的、透明的和直接操纵的交互界面，因此新的界面模型描述方法必须充分考虑视觉交互的特点，适合于描述这种 Post-WIMP／Non-WIMP 的新的人机交互界面。

2.4　界面框架研究

"框架"一词适用于范围很广的理论和实践观念，但主要被作为一个能够指导编程或者研究行为的结构，在人机交互领域应用很广。在视觉交互识别方面，Tang 等人（Tang et al.，1988）提出了一个框架用来管理任务相关的手势研究；Latoschik（Latoschik，2001）使用了一个框架来描述手势识别的处理过程；Boussemart 等人（Boussemart et al.，2004）描述了一个 3D 手势交互框架；Kopp 等人（Kopp et al.，2004）设计了一套基于自治 Agent 的形象手势处理框架；Morency 等人（Morency et al.，2005）针对头部运动姿势识别开发了一个框架；Pedersoli 等人（Pedersoli et al.，2014）基于深度摄像头 Kinect 设计开发了一个开源框架 XKin，能够用来识别静态和动态手势。

但以上各种框架都是针对计算过程中的具体的手势处理过程而提出的。与此不同的是，Gamurri 等人（Gamurri et al.，2000）从低层、中层、高层三个不同层次对视觉手势的开发和实现过程进行了高度的抽象描述，如图 2.3 所示。该框架将手势表达分析问题划分并影射为不同的子问题，产生一个自下而上和自上而下相结合的方法用以灵活地描述情绪、情感和敏感的处理过程。他们的目标是能够使用可计算的模型来更好地理解手势表达，然后在正确理解的基础上在艺术领域加以应用，例如在交互式音乐、舞蹈或者视频系统中，其结果能够有效地帮助音乐家、舞蹈指导、演员以及所有开发多媒体内容和应用的终端用户提高工作性能。在图 2.3 中，最底层为由计算机系统不同的传感器所捕获的各种不同形式的物理信号（physical signals），例如声音信号、基于触摸的取样信号、红外信号以及基于触觉设备的信号和各种数码设备或视频设备所产生的各种事件。这些物理信号传输至上一层并经过提取产生底层的特征和统计参数。在第三层中，由下层传入的特征和参数被进一步建模而产生事件、形状、模式和空间轨迹等描述。最高层为底层和中层的特征和概念之间建立起一定关系的基于模糊逻辑或者似然概率推理系统的语义影射网络，该网络能够描述四种基本的感情，即恐惧（fear）、悲伤（grief）、生气（anger）和高兴（happiness）。

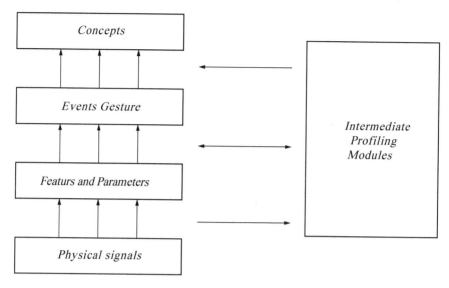

图 2.3　Antonio 等人提出的层次概念框架

　　Karam 等人（Karam，2006）将手势作为一种交互技术从理论层上提出了一个基于视觉手势的概念框架，如图 2.4 所示，该框架为手势设计过程中的基本概念和手势交互的各种组件提供了一个基本的规则指南，框架还将这些基本概念、交互组件与一套可操作的参数连接起来，作为手势系统

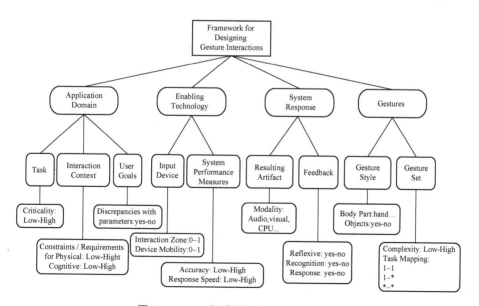

图 2.4　Maria 提出的手势设计概念框架

设计和评估的标准，用于指导手势研究和设计行为，包括设计决策以及正确理解系统内部的各个组件是如何影响最终交互的。框架的每一个目录都被细分为许多子目录以及可操作的参数，这些参数用来在实验研究中测量和评估界面指标，界面设计者们可以根据具体的应用灵活地设计这些参数。

但总的来说，上述框架大都针对视觉手势的具体识别、处理等阶段，普遍地对于具体的交互过程缺乏有效的支持。视觉手势不同于传统 GUIs 交互的一个重要区别就是其非接触性，因此在视觉交互中存在一个无法避免的难题，即"Midas Touch Problem"，也就是我们平常所说的"点石成金"问题。在视觉交互中，用户所有的动作都会被摄像头捕获而当作系统命令进行执行，在这些所有动作中有些是用户有意识的动作而有些则是无意识的动作，一个设计良好的视觉交互处理框架应该能够有效解决这一问题。

值得一提的是，为了对当前新出现的交互技术进行统一描述，Jacob 等人（Jacob et al.，2008）在 2008 年提出了 RBI（reality-based interaction）的概念，并给出了一个统一框架以便使用来理解、比较和分析新的人机交互技术。该框架将物理/非数字世界中的交互分为 4 个主题，如图 2.5 所示：

图 2.5　RBI 的四个主题

● 朴素物理学（naïve physics）：它是指用户对物理世界的常识知识。
● 身体的意识和技能（body awareness & skills）：用户通常有自己的身体意识，具有控制和协调自己本体的技能。
● 环境意识和技能（environment awareness & skills）：用户具备环境意识，并具有协调、操纵和在环境中漫游的技能。
● 社会意识和技能（social awareness & skills）：用户能够意识到环境中其他人的存在，并有能力与之交流。
RBI 的四个主题将当前发散的新技术和研究方向进行了统一描述和概

括，便于界面开发人员分析比较不同的设计，在许多看似无关的领域之间找到联系，并有效借鉴不同设计领域的经验以便提高界面设计的效率。该框架能够为视觉界面设计过程中的基本概念提供一定的规则指南，作为系统设计和评估中的标准，用于指导 VBIs 的研究和设计行为。

2.5　开发工具研究

用户界面软件工具对界面的开发产生着巨大的影响，好的软件工具将极大地减少开发的代码量，帮助开发者迅速地构建用户界面，有助于设计开发人员更精准地定位用户需求，支持反复精化的迭代式开发过程。

过去的几年中，计算机视觉领域里出现了很多通用的软件开发工具，例如 OpenCV（Bradski，2000）、XVision（Hager et al.，1998）和 NASA Vision Workbench（Hancher et al.，2008），以及一些能够有效解决特定问题的工具箱，例如基于隐马尔科夫模型（HMM，hidden Markov model）方法进行手势识别的 GT^{2}K（Westeyn et al.，2003）、能够鲁棒地跟踪以及识别手形的 HandVu（Kölsch et al.，2004）以及用于 marker 跟踪/识别的 ARToolkit（Kato et al.，1999）。但总的来说，这些工具箱或者手势库都是由计算机视觉的专业人员设计开发的，而且其面向的用户也基本上是专业的计算机视觉开发人员，在开发过程中普通用户必须深入到底层才能了解其工作机制，因此，它们大都不能有效地支持快速开发。

Lego Mindstorms Kit（Bagnall，2002）是使计算机视觉技术逐渐走向普通开发者的先驱工作之一，其可视化的编程界面能够辅助用户迅速地实现他们的设计思想，但是该工具仅仅利用了颜色或亮度等简单的视觉信息来辅助完成特定领域的任务，例如机器人装配，不能识别较为复杂的视觉特征，因而其应用范围比较有限。Cambience（Marino et al.，2006）设计了一个简单的界面，利用用户的动作行为来控制不同的音效，例如将用户的动作强度映射为音量的大小，与 Mindstorms Kit 类似的缺陷是 Cambience 仅仅利用了运动信息来控制音效，因而其通用性不强。

Fails 等人（Fails et al.，2003）提出了一个基于视觉交互的设计工具 Crayons，如图 2.6 所示，它使用了一种"绘画隐喻"（painting metaphor）方式和"描绘 - 观察 - 修正"（paint-view-correct）的逐步求精的视觉处理过程，将传统的机器学习和图像处理算法进行修改和封装以满足便捷开发的需求，Crayons 的缺点是不支持运动信息的捕获与分析。

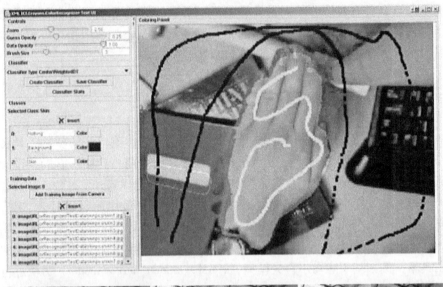

图 2.6　Crayons **工具箱界面**

　　总的来说，上述这些工具箱所提供的功能普遍都较为简单，缺乏灵活性与可扩展性。因此，它们虽然能够在一定程度上降低开发门槛，但同时也限制了其应用领域，无法支持更为复杂的应用。Aminzade 等人（Aminzade et al.，2007）设计开发了一个支持快速的视觉交互开发的工具箱 Eyepatch，如图 2.7 所示，他们采用了一种基于样本的学习方法（example-based approach）对分类器进行训练，并从视频流中快速提取出有用的数据信息，传统的界面设计者即便不具有任何的计算机视觉专业知识也能容易地将训练结果与其他的原型开发工具如 Flash、d. tools 等有效集成，从而促进不同的视觉交互原型系统的快速开发。但是从交互的角度来看，Eyepatch 缺乏好的交互机制，并没有考虑一些基本的视觉交互特征，缺少高层的语义事件处理策略，暴露出对于复杂交互的设计支持不足的问题。

图 2.7　Eyepatch 工具箱界面

　　Ashbrook 等人（Ashbrook et al.，2010）设计开发了一个动态手势设计工具箱 MAGIC，如图 2.8 所示。MAGIC 主要设计目标在于：①降低模式识别的开发门槛；②有效地筛选出被无意识激活的垃圾手势。

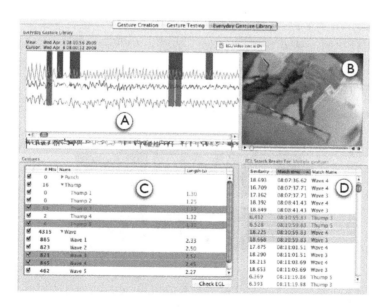

图 2.8　MAGIC 工具箱界面

与前面所介绍的其他工具箱不同的是，Kato 等人（Kato et al.，2012）开发了一个支持将手势设计过程可视化的工具箱 DejaVu，如图 2.9 所示。DejaVu 中内置了基于帧的时间线，能够将用户设计和编码过程可视化便于用户记录、回顾和迭代式地修改所设计的手势样本。

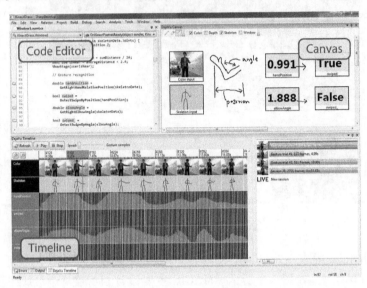

图 2.9　DejaVu 工具箱界面

与 DejaVu 类似的是，Lü 等人（Lü et al.，2012）也设计了一个支持手势创作可视化的工具箱 Gesture Coder，如图 2.10 所示。基于 Gesture Coder，设计师可以实时查看和测试手势的设计和识别效果，添加更多样本提高识别率，并方便地将设计结果集成到目标应用系统中。

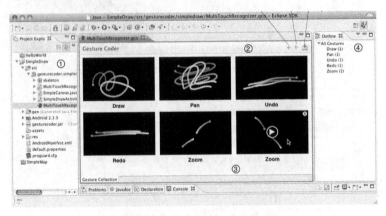

图 2.10　Gesture Coder 工具箱界面

2.6　应用系统研究

目前，国内外的很多研究单位都对基于视觉的交互技术进行了大量研究，开发出了不少原型系统，代表性的研究成果有：

2.6.1　基于体姿态的应用方面

这一领域的代表单位为美国的麻省理工学院。研究人员开发了一系列基于摄像头的人机交互系统如：ALIVE 系统（Maes et al.，1997）、Pfinder 系统（Wren et al.，1997a）、SURVIVE 系统（Wren et al.，1997b）、Smart Room①、Smart Desk②、虚拟投掷标枪游戏、虚拟跨栏游戏（Freeman et al.，1998）和基于视觉的非接触儿童娱乐环境（Höysniemi et al.，2005）等用来对人体运动进行跟踪和分析。如图2.11（a）～（d）所示。

另外一个值得一提的商业化产品是 Sony 的 EyeToy 系统，它是建立在索尼游戏站控制台上的游戏系统，用户站在一个小的摄像头面前通过移动身体就可以与屏幕上的游戏对象进行交互，该产品已经在欧洲市场取得了巨大的成功。与 Eyetoy 同样取得不错成绩的还有微软的 Xbox360 系统。

图2.11（a）　MIT 基于 Pfinder 的应用系统

---

① http：//vismod. media. mit. edu/vismod/demos/smartroom/
② http：//vismod. media. mit. edu/vismod/demos/smartdesk/

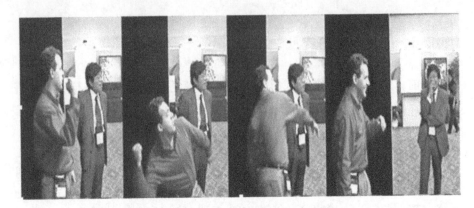

图 2.11 (b)   MIT 的虚拟投掷标枪游戏

图 2.11 (c)   MIT 基于视觉的非接触儿童娱乐环境

图 2.11 (d)   商业化的视觉游戏软件系统

2.6.2 基于手势的应用方面

由于手势使用起来较为方便，并且对计算机系统来说也较为容易实现，因此基于视觉手势的应用研究得到了广泛的关注，研究人员开发出了大量的应用系统。比较典型的有：UCSB 的研究人员 Kölsch（Kölsch et al.，2004）构建了一个基于视频手势的人机界面系统 HandVu，如图 2.12 所示，可以检测手的位置并对之进行跟踪，还可以识别出若干种标准的静态手势，通过与系统命令之间建立映射，可以完成一系列的交互任务如对茶杯的拾取、移动和旋转等；MIT 的 Tollmar 等人（Tollmar et al.，2004）设计开发了一组视觉手势用于虚拟场景漫游，如图 2.13 所示；Gallo 等人（Gallo et al.，2011）将视觉手势应用于无菌手术环境之下的医学图像数据检索；Zaiţi 等人（Zaiţi et al.，2015）则将视觉手势应用于智能家居中控制交互式数字电视；中科院自动化所数字媒体实验室①设计开发了人机交互视觉手势互动娱乐系统，如图 2.14 所示。另外一个比较典型的手势应用领域就是手语合成，例如中科院计算所设计开发了一个基于视觉手势的手语系统，如图 2.15 所示，用于三维虚拟人合成（Gao et al.，2000）。

图 2.12 UCSB 的 HandVu 系统

---

① http：//diml. ia. ac. cn/index. asp

图 2.13　MIT 的手势漫游系统

图 2.14　中科院自动化所的手势互动系统

图 2.15　中科院计算所的手语系统

2.7　本章小结

针对前面的论述，可以看出基于视觉的手势界面的发展还不成熟，目前还存在着一些问题。针对这些问题，我们将在后续的章节中从以下几个方面展开研究工作：

首先提出一个适合于描述视觉交互特征的用户界面模型用于指导界面软件的设计和系统原型的开发；然后探讨传统的视觉手势设计方法的优缺点，并提出用户参与式手势设计新方法和新的设计规范；接下来给出一个有效的视觉手势处理框架和关键识别技术，能够有针对性地解决视觉交互中存在的"Midas Touch"难题，并且能够为手势设计过程中的基本概念和手势交互的各种组件提供一个基本的规范指导，作为视觉系统设计和评估的依据；在具体交互应用系统的开发过程中，借鉴并学习已有的交互隐喻并针对视觉手势交互的特征进行改进和创新，以有效支持视觉手势交互技术的开发和用户界面的设计。在上述理论研究的基础之上，设计开发一个通用的视觉手势开发工具箱用来支持视觉手势界面的便捷开发，并解决在设计这样一个软件工具过程中所遇到的基本的技术问题，主要工作将集中于如何以一种可重用的模式来处理视觉手势。最后在工具箱的基础上开发原型系统，以验证本文所提出的各种技术的有效性。

2.8　参考文献

AMINZADE M D, WINOGRAD T, IGARASHI T. Eyepatch：Prototyping camera-based interaction through examples［C］. In：Proceedings of the ACM Symposium of User Interface Software and Technology (UIST'07), 2007：33 – 42.

ASHBROOK D, STARNER T. MAGIC：a motion gesture design tool［C］. In：Proceedings of the ACM Conference on Human Factors in Computing Systems (CHI'10), 2010：2159 – 2168.

BALAKRISHNAN R, PATEL P. The PadMouse：facilitating selection and spatial positioning for the non-dominant hand［C］. In：Proceedings of the ACM Conference on Human Factors in Computing Systems (CHI'98), 1998：9 – 16.

BAGNALL B. Core Lego mindstorms programming［M］. London：Prentice Hall PTR, 2002.

BOECK J D, CUPPENS E, WEYER T D, RAYMAEKERS C, CONINX K.

Multisensory interaction metaphors with haptics and proprioception in virtual environments [C]. In: Proceedings of the third Nordic conference on Human-computer interaction (NordiCHI'04), 2004: 189 – 197.

BOUSSEMART Y, RIOUX F, RUDZICZ F, WOZNIEWSKI M, COOPERSTOCK J R. A framework for 3d visualisation and manipulation in an immersive space using an untethered bimanual gestural interface [C]. In: The ACM Symposium on Virtual Reality Software and Technology (VRST '04), 2004: 162 – 165.

BOWMAN D A, KRUIJFF E, LAVIOLA J J, POUPYREV I. 3D user interfaces: theory and practice [M]. Boston: Addison-Wesley Pearson Education, 2004.

BRADSKI G. The OpenCV library [J]. Dr. Dobb's Journal of Software Tools, 2000: 120 – 126.

BUXTON W. A three-state model of graphical input. Human Computer Interaction [M]. Amsterdam: North-Holland, 1990: 449 – 456.

DAM A V. Post-WIMP user interface [J]. Communications of the ACM, 1997, (40) 2: 63 – 67.

DIEBERGER A. A city metaphor to support navigation in complex information spaces [C]. In: Proceedings of the International Conference on Spatial Information Theory: A Theoretical Basis for GIS Springer-Verlag, 1997: 53 – 67.

DONG S H, WANG J, DAI G Z. Human-computer interaction and multi model user interface [M]. Beijing: Science Press, 1999.

FAILS J A, OLSEN D R. A design tool for camera-based interaction [C]. In: Proceedings of the ACM Conference on Human Factors in Computing Systems (CHI'03), 2003: 449 – 456.

FREEMAN W T, ANDERSON D B, BEARDSLEY P A, DODGE C N, ROTH M, WEISSMAN C D, YERAZUNIS W S, KAGE H, KYUMA K, MIYAKE Y, TANAKA K. Computer vision for interactive computer graphics [C]. IEEE Computer Graphics and Applications. Los Alamitos: IEEE Computer Society Press, 1998: 42 – 53.

GALLO L, PLACITELLI A P, CIAMPI M. Controller-free exploration of medical image data: experiencing the Kinect [C]. In: Proceedings of the 24th International Symposium on Computer-Based Medical Systems, 2011: 1 – 6.

GAMURRI A, POLI G D, LEMAN M, VOLPE G. A multi-layered conceptual framework for expressive gesture applications [C]. In: Proceedings of Workshop on Current Research Directions in Computer Music, 2001: 29 – 34.

GAO W, CHEN X L, MA J Y, WANG Z Q. Building language communication between deaf people and hearing society through multimodal human-computer interface [J]. Chinese Journal of Computers, 2000, 23 (12): 1253 – 1260.

GREEN M, JACOB R. Software architectures and metaphors for Non-WIMP user interfaces [J]. Computer Graphics, 1991, 25 (3): 229 – 235.

HAGER G D, TOYAMA K. X Vision: A portable substrate for real-time vision applications [J]. Computer Vision and Image Understanding, 1998, 69 (1): 23 – 37.

HANCHER M D, BROXTON M J, EDWARDS L J. A user's guide to the NASA vision workbench. Intelligent Systems Division [R]. NASA Ames Research Center, 2008: 1 – 98.

HINCKLEY K, CZERWINSKI M, SINCLAIR M. Interaction and modeling techniques for desktop two-handed input [C]. In: Proceedings of the ACM Symposium of User Interface Software and Technology (UIST'98), 1998: 49 – 58.

HÖYSNIEMI J, HÄMÄLÄINEN P, TURKKI L, ROUVI T. Children's intuitive gestures in vision based action games [J]. Communications of the ACM, 2005: 45 – 52.

JACOB R J K. Eye-movement-based human-computer interaction techniques: toward non-command interfaces [J]. Advances in Human-Computer Interaction, Ablex Publishing Corporation. Norwood. New Jersey, 1993: 151 – 190.

JACOB R J K, GIROUARD A, HIRSHFIELD L M. Reality-based interaction: A framework for Post-WIMP interfaces [C]. In: Proceedings of the ACM Conference on Human Factors in Computing Systems (CHI'08), 2008: 201 – 210.

KARAM M. A framework for research and design of gesture-based human computer interactions [D]. University of South Ampton, 2006.

KATO J, MCDIRMID S, CAO X. DejaVu: integrated support for developing interactive camera-based programs [C]. In: Proceedings of the ACM Symposium of User Interface Software and Technology (UIST'12), 2012: 189 – 196.

KATO H, BILLINGHURST M. Marker tracking and HMD calibration for a video-based augmented reality conferencing system [C]. In: Proceedings of the 2nd IEEE and ACM Int'l Workshop on Augmented Reality. Washington: IEEE Computer Society, 1999: 85 – 94.

KOPP S, TEPPER P, CASSELL J. Towards integrated microplanning of language and iconic gesture for multimodal output [C]. In: Proceedings of the 6th international conference on Multimodal interfaces, 2004: 97 - 104.

KÖLSCH M, TURK M, HOLLERER T. Vision-based interfaces for mobility [C]. In: Proceedings of the First Annual Intel. Conf. on Mobile and Ubiquitous Systems: Networking and Services (MOBIQUITOUS 2004), 2004: 86 - 94.

LATOSCHIK M E. A gesture processing framework for multimodal interaction in virtual reality [C]. In: Proceedings of the 1st international conference on Computer graphics, virtual reality and visualisation, 2001: 95 - 100.

LEE E, KIEL H, DEDENBACH S, GRüLL I, KARRER T, WOLF T, WOLF M, BORCHERS J. iSymphony: An adaptive interactive orchestral conducting system for digital audio and video streams [C]. In: Proceedings of the ACM Conference on Human Factors in Computing Systems (CHI'06), 2006: 259 - 262.

Lü H, LI Y. Gesture Coder: a tool for programming multi-touch gestures by demonstration [C]. In: Proceedings of the ACM Conference on Human Factors in Computing Systems (CHI'12), 2012: 2875 - 2884.

MAES P, BLUMBERG B, DARRELL T, PENTLAND A. The alive system: Full-body interaction with animated autonomous agents [J]. ACM Multimedia Systems, 1997. 5 (2): 105 - 112.

MARINO D R, GREENBERG S. CAMBIENCE: A video-driven sonic ecology for media spaces [C]. In: Video Proceedings of ACM CSCW 06 Conf. on Computer Supported Cooperative Work (CSCW 2006). Video and two page pager, duration, 2006, 3: 52.

MICHEL B L. Instrumental Interaction: An interaction model for designing Post-WIMP user interface [C]. In: Proceedings of the ACM Conference on Human Factors in Computing Systems (CHI'00), 2000: 446 - 453.

MORENCY L P, SIDNER C, LEE C, DARRELL T. Contextual recognition of head gestures [C]. In: Proceedings of the 7th international conference on Multimodal interfaces, 2005: 18 - 24.

PEDERSOLI F, BENINI S, ADAMI N, LEONARDI R. Xkin: an open source framework for hand pose and gesture recognition using Kinect [J]. Visual Computer, 2014, 30: 1107 - 1122.

PFEIL K P, KOH S L, LAVIOLA JR J J. Exploring 3D gesture metaphors for interaction with unmanned aerial vehicles [C]. In: Proceedings of the 26th Annual ACM Symposium on User Interface Software and Technology (IUI'13), 2013: 257 – 266.

SONG P, GOH W B, HUTAMA W, FU C W, LIU X P. A handle bar metaphor for virtual object manipulation with mid-air interaction [C]. In: Proceedings of the ACM Conference on Human Factors in Computing Systems (CHI'12), 2012: 1297 – 1306.

SHERSTYUK A, VINCENT D, LUI J J H, CONNOLLY K K. Design and development of a pose-based command language for triage training in virtual reality [C]. In: IEEE symposium on 3D user interfaces, 2007: 33 – 40.

TANG J C, LEIFER L J. A framework for understanding the workspace activity of design teams [C]. In: Proceedings of the 1988 ACM conference on Computer-supported cooperative work, 1988: 244 – 249.

WESTEYN T, BRASHEAR H, ATRASH A. Georgia Tech gesture toolkit: supporting experiments in gesture recognition [C]. In: Proceedings of the 5th International Conference on Multimodal Interfaces, 2003: 85 – 92.

WREN C, AZARBAYEJANI A, DARREL T, PENTLAND A. Pfinder: real-time tracking of the human body [J]. IEEE Transactions on Pattern Analysis and Machine Intelligence, 1997a. 19 (7): 780 – 785.

WREN C, SPARACINO F, AZARBAYEJANI A, DARRELL T, STARNER T. Perceptive spaces for performance and entertainment: Untethered interaction using computer vision and audition [J]. Applied Artificial Intelligence, 1997b, 11 (4): 267 – 284.

ZAIŢI I A, PENTIUC S G, VATAVU R D. On free-hand TV control: experimental results on user-elicited gestures with Leap Motion [J]. Personal and Ubiquitous Computing, 2015, 19: 821 – 838.

第 3 章　视觉手势用户界面模型

任何计算机应用系统都是通过用户界面（UI，user interface）与用户交互的，用户界面已成为所有计算机系统的有机组成部分，用户界面设计的优劣已成为决定应用系统能否成功的关键因素之一。

要设计一个成功的交互系统，不能仅靠设计者的直觉判断而需要有良好的设计指南进行指导。理论和模型提供了讨论独立于具体应用问题的框架或语言，是设计指南的一种重要形式（Shneiderman，2004）。界面设计者要解决的核心问题就是发展足够的理论和模型以解释交互系统的用户行为。

用户界面模型和描述方法主要是帮助用户清晰准确地分析和表达界面功能及其变化，描述出用户与系统的交互过程，从而可方便地映射到设计实现。基于视觉的用户界面（VBIs，vision-based interfaces,）是为了摆脱目前桌面计算环境对人的束缚和约束，面向的是超越 WIMP（window，icon，menu，pointing device）桌面隐喻（desktop metaphor）的计算环境。因此，传统的基于 WIMP 的界面模型和描述方法不适合于描述 VBIs。而目前基于 VBIs 的研究工作大多局限于具体的交互任务或图像处理、视频理解等方面，没有一种完整的交互框架模型。本章我们根据 VBIs 的交互特征，针对交互过程与设计过程的分析提出了一种 UIDT（user，interaction，device，task）用户界面模型（Wu et al.，2008），该模型具有较强的通用性，有助于设计者对 VBIs 的用户、设备以及交互的不同层面进行抽象描述，提高界面设计和原型开发的效率。

3.1　相关工作

3.1.1　基于视觉的用户界面

基于视觉的用户界面的目的是为了使用户能够在真实环境中以更加自然和直观的方式实现与计算机的交互（Turk，1998），用户通过其自身的动作发出交互信息或命令，然后通过摄像头获取到这些视觉信息，经过加工和理解后传送给具体的应用系统完成相应的功能并从系统得到实时反馈。

目前，基于 VBIs 的研究工作受到了国内外越来越多的研究人员的重视。国外的 UIUC Beckman Institute 的研究人员以手势识别为目标，对人手的 3D 建模、图像特征提取、3D 动画以及手势建模等进行了研究；MIT 的研究人员开发了一系列的原型系统如 KidsRoom、Smart Room、Smart Desk 和 Pfinder 等用来对人体的位置、动作进行跟踪和识别；UCSB 的研究人员构建了一个 3D 的 blob 人体上半身模型，利用 graph model 算法解决实时跟踪与自遮挡的问题；微软研究院开发了一个智能环境原型系统 Easy Living，利用计算机视觉技术对人体进行跟踪和动作理解。国内方面，中科院软件所、中科院自动化所、中科院计算所、清华大学和北京大学等单位也都在相关领域进行了研究和实践并取得了许多关键性的研究成果。

3.1.2　基于模型的设计方法

模型的意义在于指导交互软件的设计和实现，保证软件开发的敏捷性和用户使用的舒适性。传统的模型大多是基于要构造的用户接口的细节描述而设计的，普遍地对高层次规范描述不够。为进一步提高用户界面的生产力和解决难以学习的问题，一种方法是提供更高层的用户接口表示。它包含对任务模型的描述和应用程序的功能性描述及用户本身素质、习惯和其他影响用户接口样式的因素的描述，然后用户界面管理系统（UIMS, user interface management system）自动设计和实现用户接口。迄今为止虽然研究人员提出了各种各样的模型并对用户界面从不同的层次进行了描述，但究竟哪一种模型最适合描述用户界面尚未达成一致意见（Silva, 2000）。VBIs 是一种无缝、透明和直接操纵的交互界面，用户界面描述方法必须适合视觉交互的特点。本章针对 VBIs 的特性，提出了一种以用户为中心、面向任务、基于事件驱动的交互界面模型 UIDT，为界面软件的开发提供了有效的支持。

3.2　基于视觉的用户界面模型

用户使用软件进行工作的目的是为了完成某项任务，在完成任务的过程中使用特定的硬件设备与系统进行交互并从设备上得到任务完成的感知反馈，人机交互的这一过程与活动理论的思想相吻合。活动理论是一种重在把行为系统作为分析单位的分析模式，其中行为系统是指任何一个正在进行的、目标导向的、特定历史条件下的工具中介的人类互动，人的行为构成会随着周围环境的变化而变化，同时人的行为又影响着周围环境的变

化从而形成一个双向交互的过程。本章通过分析 VBIs 的交互特点，在活动
理论的基础上提出了一种适合于描述 VBIs 交互过程的 UIDT 模型框架，如
图 3.1 所示，确保了以用户为中心（即体现用户的主体性），以任务为主体
和以工具为中介的人类交互行为的分析与描述。

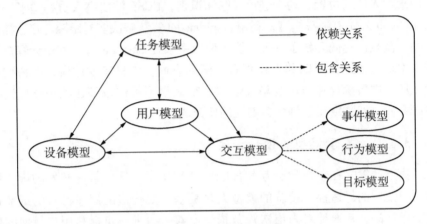

图 3.1　UIDT 界面模型结构

3.2.1　用户模型

用户模型主要用来描述用户的基本信息，定义用户的角色和属性。通
常用来指导设计者根据用户的实际情况灵活选择界面的设计方案，并使得
最后的设计结果真正满足用户的可用性需求。传统的用户界面通常是在外
部命令的被动接受基础上做出反馈，而 VBIs 则更加强调系统对用户和环境
的自动感知能力，用户之间不同的个性特征都可能对交互产生影响。我们
将用户模型概括为一个 7 元组（*Name*，*Age*，*Figure*，*Personality*，*Intelli-
gence*，*Habit*，*Background*），其中：

Name 是用户的名称；

Age 为用户年龄；

Figure 是用户的形状信息（例如手的形状）；

Personality 是用户的个性差异；

Intelligence 是用户的智力水平；

Habit 是用户的个人爱好；

Background 是用户的文化背景及种族差异信息。

Tan 等人（Tan et al.，2003）认为，针对不同文化背景的用户所设计的
界面肯定是不一样的。界面设计者需使得用户界面本地化，从而促进有效

的设计以保证用户界面的可用性。

3.2.2　任务模型

任务模型是任务分析的结果，从逻辑上描述了特定应用领域内用户为了实现特定的目标所需要执行的交互活动的集合，主要包括任务、任务之间的时序关系和层次关系三方面。

任务与领域直接相关，可以用一个 7 元组来描述（$Name$，$Type$，$Parent$，$Brother$，$Object$，$Action$，$Condition$），其中：

$Name$ 是任务的名称；

$Type$ 是任务类型；

$Parent$ 为该任务结点的父结点；

$Brother$ 为该任务结点的兄弟节点；

$Object$ 是任务所涉及的交互对象；

$Action$ 表示交互的动作；

$Condition$ 表示任务执行所需要的条件。

任务之间的时序关系将直接影响到界面设计中交互对象之间的放置问题，尤其是在多通道交互中正确处理多种交互手段的并行协作与系统处理的关系显得尤为重要。任务的层次化是指将一个较为复杂的任务分成若干个较为简单的子任务，通过子任务的完成来保证复杂任务的完成。我们将层次化的方法引入 Petri 网技术中，将工作任务分解到不同的细节层面上，从而完成具有各种时序关系的交互任务的描述工作。图 3.2 是一个手移动物体的 Petri 网任务模型，其中：

$P_3 1$ 为准备状态；

$P_3 2$ 为伸开手；

$P_3 3$ 为握紧拳头；

$P_2 1$ 为抓取物体；

$P_2 2$ 为释放物体；

P_1 为移动物体；

T4 为靠近物体；

T5 为高亮显示待抓取物体；

T2 为移动手。

转移 T1 与 T3 仅用于描述任务之间的与或关系。

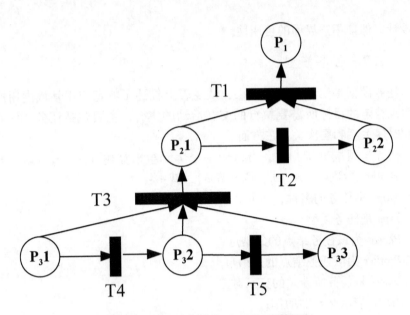

图 3.2　手移动物体的 Petri 网任务模型

3.2.3　设备模型

设备模型依赖于任务模型和用户模型，设计者需要分析最终用户及系统需要支持的交互任务，找到或开发出最合适的交互技术并确保所选择的交互设备是最适合这种交互技术的。设备的选择没有固定的标准，一种设备对某项任务或某类用户来说可能非常理想，但对其他任务或其他用户却并不适合。VBIs 中的摄像头模型、光照模型、背景模型、阴影模型等都会对交互产生重要的影响，因此我们将设备模型从抽象的应用任务中分离出来单独描述。

VBIs 的基本输入设备是摄像头，与传统 WIMP 界面不同的是，它不单纯依赖手控制鼠标或键盘，而是可以调动人身体的各个部位进行，在某些特定场合下可能还利用了语音信息。输出设备主要为标准的图形显示设备或听觉、力觉反馈设备，普适计算环境下甚至可以不通过显示设备，而是直接实现对物理设备的控制。

从交互通道的角度来看，传统的界面交互是建立在单线程对话模式上的，交互通道比较单一。而 VBIs 是建立在多线程对话的基础上，用户可以同时利用多个交互通道并行协作地同系统进行交流。我们依据 W3C 发布的多通道交互的协议标准①给出 VBIs 的输入 – 输出模型，如图 3.3 所示。在输入阶段，首先根据任务模型和用户模型对输入设备进行前期校正，然后利用摄像头捕获用户的自然输入并将之转化为有效的格式进行后期处理。解释组件实现了从语法级到语义级的转变，集成组件负责将多个简单的视觉子通道合成复杂的视觉通道。在输出阶段，产生组件决定通过哪一通道将信息反馈给用户，在反馈过程中布局组件负责界面的布局。

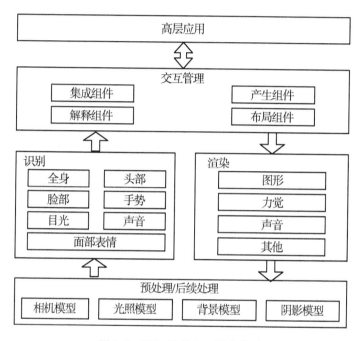

图 3.3　VBIs 的输入 – 输出模型

3.2.4　交互模型

活动理论将人认识的起点、心理的发展放在交互活动上，认为心理发展起源于主体与周围环境相互作用的基础上，无论人的思维、智慧的发展，还是情感、态度、价值观的形成，都是通过主体与客体相互作用的过程实现的。据此我们给出 UIDT 界面模型的核心即交互模型，包括行为模型、事件模型和目标模型。

---

①　http：//www.w3.org/TR/mmi-framework/

（1）行为模型

Shneiderman 认为（Shneiderman，2004）进行对象行为设计首先要理解任务本身。任务包括用户实现目标的对象和实施于这些对象之上的行为。任务行为从高层的意图开始，逐层分解至单独的步骤，而每一个单独的步骤都由一个或多个交互事件构成。事件引发了交互行为，而目标对象是交互行为的承受者。一旦就任务、对象、行为以及它们的分解问题达成一致，设计者就可以为用户任务建立分层的行为模型，并基于这个模型创造界面对象和行为的隐喻表示。

行为模型可表示为 *Task_Name*，*User_Action*，*Interface_Feedback* 三元组，其中：

Task_Name 是指该行为所属的任务名称；

User_Action 是用户采取的具体交互行为；

Interface_Feedback 是界面的反馈，可以用一般的程序语言进行描述。根据应用的不同，设计者可能对同一任务给出不同的分解策略从而产生不同的交互行为。

（2）事件模型

VBIs 是通过视觉事件驱动的。视觉事件是指可以通过摄像头捕获和感知的环境的变化，事件的语义信息由界面设计人员定义，通常与任务直接相关。如果任务的定义是分级进行的，视觉事件的定义也应分级进行。下面我们给出以下几个基本概念：

定义 1 事件：事件是由用户通过输入设备引发的交互活动的信息承载体。一个手势事件的结构模型可以形式化表示为如下形式：

ID	Name	Type	t	r	"posture"	(x, y)	(s, a)	TimeStamp

其中，

ID 是一个标识符，表明该事件属于哪个目标对象；

Name 是事件名称；

Type 指定该事件的类别；

t 为标志位，如果目标正在被跟踪则为"1"，否则为"0"；

r 为标志位，如果手势识别成功则为"1"，否则为"0"；

posture 是字符串，标识事件的语义信息，如果为空则为不带语义信息的手势事件，如果不为空则表示被识别成功的手势名称；

x，y 为图像坐标系中的跟踪位置，其中图像的原点在左上方；

s，a 分别表示缩放系数（scale）和旋转角度（angle）；

TimeStamp 为时间戳，表示从检测到手势对象的第一帧起总的持续时

间，单位为毫秒。

定义2 原子事件：表示一个独立的、最小的不可分割的事件。

定义3 复合事件：由若干个原子事件或其他复合事件按一定规则组合而成。

图3.4所示为一个手势事件处理器模型，其中事件构造器由手势分割、特征提取、目标跟踪和手势识别四个模块完成。手势识别模块根据事先建立好的手势模型对检测出来的手势进行匹配分类并生成包含语义信息的手势事件描述。传统的图形用户界面是被动的和"盲（blind）"的用户界面（Porta，2002），系统中的事件总是指用户有意识的动作，而VBIs的视觉事件还包括在用户无意识情况下系统自动感知到的事件（Lee et al.，2007），事件过滤器负责结合上下文信息对所接收到的事件进行过滤和提取，把系统不感兴趣的视觉信息滤除，对感兴趣的事件进行后续处理，从而提高交互效率。系统对上下文信息的感知是通过上下文传感器对数据监测和获取的，北京大学的岳玮宁等人（Yue et al.，2005）开发了一个智能导游系统TGH，能够利用物理传感器对户外移动用户的位置信息进行感知和利用；VBIs中进行上下文感知可以结合逻辑传感器辅助系统对用户的交互习惯、交互历史等上下文信息进行感知和应用，推测用户下一步的交互行为并根据它自动调整系统本身的状态。在活动理论框架下，我们采用面向客体活动原理来研究上下文感知的用户活动（Zhang et al.，2006），首先依据活动空间的环境特征将活动分解为可能的动作链，然后采用隐马尔科夫模型HMM建立用户活动与周围空间的联系，通过计算活动概率来推测用户下一步的交互动作。事件集成器负责将原子事件构成复合事件，并送到事件派遣器中派遣给具体的目标对象。

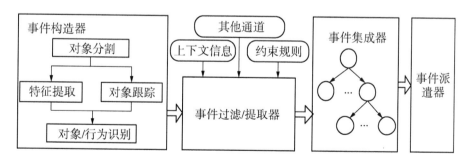

图3.4 事件处理器模型

（3）目标模型

目标模型也称对象模型。一个目标能直接利用数据和方法封装思想实现其自身独立，可以发送消息给其他目标和接收其他目标发来的消息，并能以显式的方式接受用户的交互行为并做出响应（Dong et al.，1999）。目标模型可以用三元组描述为 *Presentation_semantic*，*Self_semantic*，*Coupling_semantic*，其中：

Presentation_semantic 为表现语义，决定目标的外观和界面反馈。外观又可以表示为形如（*Shape*，*Color*，*Material*，*Texture*，…）的多元组形式；界面反馈指目标做出响应时向用户反馈其内部状态。VBIs 的界面反馈应具备实时性、直接性和一致性（Bowman et al.，2004）。

Self_semantic 是自身语义，有时换附加标签用于表现语义的辅助表达；

Coupling_semantic 是联结语义，涉及目的目标、多个目标之间形成联结语义网，这个语义网形成了多个交互目标之间的约束关系。实际应用中通常利用场景对象之间的"自动约束关系"，来减少用户精确输入的限制，从而简化交互提高精确性和用户效率（Stuerzlinger et al.，2002）。

3.3　应用实例

基于视觉的交互方式是一种非接触式的交互方式，在虚拟现实环境下得到了广泛的应用。基于 UIDT 我们设计了一个基于视觉手势交互的虚拟家居展示系统，如图 3.5 所示。为了验证系统的可用性，我们设计了一组对比实验并随机抽取了 8 名大学生对系统进行评估。实验条件为单摄像头、大屏幕投影仪和普通室内光线。

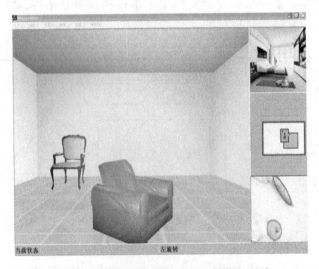

图 3.5　基于视觉手势的虚拟家居展示系统

我们设计了虚拟家居展示中典型的 5 种交互任务，包括：

任务 1 为从房间 A 漫游至房间 B；

任务 2 为从漫游状态切换至家具操作状态；

任务 3 为将选中的家具旋转一周；

任务 4 为将选中的家具从 A 点移动至 B 点；

任务 5 为将选中的家具放大两倍。

为了完成这 5 个任务，我们相应地设计了 5 种视觉手势，这 5 种视觉手势的识别率都在 95% 以上，能够很好地支持交互任务的完成。然后我们请这 8 名被试分别使用视觉手势界面和传统的 WIMP 界面来完成这 5 个任务。我们从两方面对系统进行了可用性评估。一方面，在保证准确完成目标任务的前提下，从系统的交互效率上进行了初步的定量分析，实验结果见表 3.1：

表 3.1 视觉手势界面与传统 WIMP 界面操作效率的比较

任务描述	VBIs 界面		WIMP 界面	
	平均时间/s	标准差	平均时间/s	标准差
任务 1	21.88	2.05	29.33	0.93
任务 2	3.32	0.21	3.88	0.59
任务 3	17.83	2.35	24.72	4.42
任务 4	7.11	0.76	6.67	1.43
任务 5	5.88	0.89	9.09	1.10

从表 3.1 可以看出，除了任务 4 之外，视觉手势界面的交互效率要优于传统 WIMP 界面。原因是在传统 WIMP 界面下，用户大量的时间都花费在了菜单选择切换或参数输入上；而视觉手势界面摒弃了传统 WIMP 界面中的菜单和按钮，所有的操作步骤都使用源自于现实生活中的手势动作来完成，用户能够本能地联想到下一步的操作步骤，而将精力集中于具体的任务本身，从而大大提高了交互效率。VBIs 完成任务 4 所用的时间要稍高于传统 WIMP 界面，主要是由于人手易抖动而造成视觉交互的非精确定位形成的，但这一时间差别很小，而在漫游、旋转和放缩方面视觉手势界面要明显快于传统 WIMP 界面，因此整体而言视觉手势界面在性能上要高于传统 WIMP 界面。

接下来我们对用户反馈的调查问卷进行了定性分析。问卷主要包括系统的易学习性、自然性以及对交互方式的偏好。问卷设计时，我们使用 Likert 量表将每一项从很差到很好分成 7 个等级，分数由低到高，分析结果如图 3.6 所示。

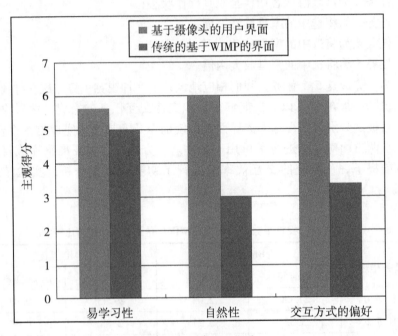

图 3.6　用户主观评分

从图 3.6 可以看出，用户对视觉手势界面给予了较大的肯定，尤其是交互自然性以及交互方式的偏好上两种界面的对比十分明显。首先在易学性方面，由于视觉手势界面所使用的手势都是源自于现实生活，用户学习起来较为容易不需要过多的记忆，因此用户普遍感到容易掌握；但由于用户大多都接触过计算机，对传统 WIMP 界面的操作方式并不陌生，因此在易学性方面二者之间的对比并不十分明显。但是用户普遍认为使用手势交互更加自然，尤其是对虚拟家具进行拖动、旋转、缩放等操作，用手势比用鼠标加键盘的 WIMP 方式更贴近于现实生活，并且手势交互的非接触性使用户交互起来具有更大的自由度，他们有种身临其境的感觉仿佛忘记了界面的存在；而在基于鼠标键盘操作的 WIMP 界面中，用户觉得自己是个局外人，有种受约束的感觉。在交互方式的偏好方面，用户普遍对视觉界面感到新奇，并且视觉界面能够为用户提供一种"直接操作"的交互隐喻，更接近于用户在现实生活中养成的行为习惯，而在完成相同任务的对比实验中，基于视觉手势的交互效率明显优于传统 WIMP 界面，因此大多数用户表示更愿意使用视觉手势界面。

3.4　总结和展望

相对于传统的图形用户界面，基于视觉的用户界面以其非接触的直接操纵式的交互、较大的交互带宽以及对周围环境的主动感知能力，成为目前人机交互的研究热点。鉴于目前 VBIs 的研究缺乏一种通用的交互框架模型，本章通过对 VBIs 的交互过程进行分析，以活动理论为指导建立了以用户为中心面向任务的、基于事件驱动的 UIDT 界面交互模型，用于协助设计者迅速完成界面设计并快速地进行原型构建。在模型的基础上，我们进行了应用实例的开发与评估。从实验结果以看出，通过 UIDT 描述和设计人员的引导，用户意图能够正确地表现到软件设计中，设计实例的软件可用性评估结果良好。

界面模型的建立是一个不断补充和求精的过程，未来的工作可以进一步扩充和完善该模型并对模型的各个部分制定更为详细的描述规范。同时，模型的重用是当前基于模型的用户界面设计的一个困难而亟待解决的问题，我们将试图给出一个辅助工具来指导模型重用。

3.5　参考文献

BOWMAN D A, KRUIJFF E, LAVIOLA J J. 3D user interfaces：theory and practice [M]. Boston：Addison-Wesley Pearson Education, 2004：313－348.

LEE C H J, CHANG C C, CHUNG H, DICKIE C, SELKER T. Emotionally reactive television [C]. In：Proceedings of the 20th Annual ACM Symposium on User Interface Software and Technology (IUI'07), 2007：329－332.

PORTA M. Vision-based user interface：methods and applications [J]. International Journal of Human-Computer Studies, 2002. 57 (1)：27－73.

SHNEIDERMAN B. Designing the user interface [M]. Beijing：Publishing House of Electronics Industry, 2004.

SILVA P P D. User interface declarative models and development environments：a survey [C]. In：Proceedings of Design, Specification and Verification of Interactive Systems. Limerick, 2000：207－226.

STUERZLINGER W, SMITH G. Efficient manipulation of object groups in virtual environments [C]. In：Proceedings of the IEEE Virtual Reality 2002. Orlando, 2002：251－260.

TAN G, BRAVE S, NASS C, TAKECHI M. Effects of voice vs. remote on U. S. and Japanese user satisfaction with interactive HDTV systems [C]. In: Proceedings of the ACM Conference on Human Factors in Computing Systems (CHI'03), 2003: 714 –715.

TURK M. Moving from GUIs to PUIs [C]. Tokyo: Proceedings of the Fourth Symposium on Intelligent Information Media, 1998: 1 –7.

WU H Y, ZHANG F J, DAI G Z. UIDT: a vision based user interface model [J]. Journal of computer-aided design & computer graphics, 2008, 20 (6): 781 –786.

董士海，王坚，戴国忠. 人机交互和多通道用户界面 [M]. 北京：科学出版社，1999.

武汇岳，张凤军，戴国忠. UIDT：一种基于摄像头的用户界面模型 [J]. 计算机辅助设计与图形学学报，2008，20 (6): 781 –786.

岳玮宁，王悦，汪国平，等. 基于上下文感知的智能交互系统模型 [J]. 计算机辅助设计与图形学学报，2005，17 (1): 74 –79.

张庆生，齐勇. 基于隐马尔科夫模型的上下文感知活动计算 [J]. 西安交通大学学报，2006，40 (4): 398 –401.

第二部分

手势设计方法

第4章 视觉手势设计中的手势分歧问题

目前，自然人机交互技术得到了长足发展，人们可以不依赖于键盘和鼠标等传统的输入设备而使用其他更为自然的交互方式与信息系统进行交互，例如基于手势的自然交互技术。随着传感器技术（sensors）、生物控制论（biocybernetics）、无标记动作捕捉技术（markerless motion capture technologies）以及人机交互技术（human-computer interaction）的快速发展，自然手势交互技术得到了世界范围内的广泛关注，被逐步应用到体感游戏、智能家居和沉浸式虚拟现实等多个不同的领域（Rautaray et al.，2015；Cai et al.，2017）。

尽管大多数的手势都是自然和直观的，但是具体应用到一个手势交互系统时仍然需要考虑手势的可用性问题。对于用户而言，手势的使用受到不同因素的影响，比如个人习惯和手势交互时的上下文等。因为手势的多样性造成了手势应用过程中很多可用性问题，比如手势命令过于抽象以及在不同用户之间的手势选择一致性较低等，这些问题对系统设计人员来说都是一种不小的挑战。在过去，因为受到图像处理和手势识别算法的限制，一个系统通常只能够识别有限数量的手势，对于某些特定的手势系统来说，一旦用户做出了一个系统预定义之外的手势，即便这个手势非常自然并与其对应的系统命令也很匹配，但是系统都没有能力识别，这就带来了自然手势交互中存在的手势分歧问题（gesture disagreement problem）。

手势分歧可能会导致一系列的人机交互可用性问题。例如，用户的一个正常手势可能不会被识别为一个合理的指令，甚至可能会被误识别为非预期的指令；而且系统也不会如期输出用户所预期的反馈结果。人机交互的发展历史表明，处理好用户的真实意愿和系统所理解到的用户的意愿二者之间的差异性对于人机交互系统的成功设计是非常重要的。比如，Furnas等人研究发现信息检索中存在严重的"词汇分歧问题（vocabulary disagreement problem）"并对解决该问题提出了很多有益的设计指导（Furnas et al.，1987）。现如今这些设计指导已经成功运用在信息检索系统的设计实践中，包括我们现在所常用的搜索引擎的设计。与信息检索中的"词汇分歧"问题类似的是，为了设计良好的手势交互界面，我们也需要研究自然人机交互中的手势分歧问题。

本章我们主要探讨了自然人机交互中的手势分歧问题（Wu et al.，2018）。我们的研究主要面向三个典型的应用领域，包括车载信息交互系统、虚拟现实交互系统和电视交互系统。本研究主要有两个贡献：第一，我们通过实证研究证明了手势分歧问题的存在，尽管前人的研究也曾经提到过这个问题，但是我们的研究系统地调查了不同应用领域和不同文化背景的用户，这一结果有助于我们更好地理解手势分歧问题。第二，我们的研究结果为自然手势界面的研究和设计提供了有益的参考，包括：①传统的手势启发式研究（gesture elicitation study）是根据胜者为王的策略（winner-take-all）选择用户投票最多的那个手势赋值给相应的目标任务，而我们的研究结果表明这种方法会在系统设计之初就拒绝一些潜在受欢迎的手势；②我们建议系统应该提供多种的手势选择，我们还系统地讨论了哪些类型的任务会造成手势分歧问题而哪些类型的任务则不需要担心这个问题。我们认为这些讨论和设计指导将有助于自然手势交互界面的研究和设计实践。

本文的组织结构如下：首先我们回顾了前人的相关研究，然后我们介绍了我们的两阶段实验研究过程（two-stage user study），最后，我们总结了本研究的贡献、不足之处和将来研究的方向。

4.1　相关研究

本部分中，我们回顾了与手势分歧问题相关的文献。首先我们介绍了目前主流的用来度量不同用户之间手势选择差异性的方法，然后我们探讨了两种解决手势分歧的方法。

4.1.1　手势一致性度量方法

手势交互被认为是当前图形用户界面基础上最自然的进化方式之一（Porta，2002），用户可以使用手势来完成诸如点击、勾画（Kristensson et al.，2012；Tian et al.，2017），操作虚拟物体（Feng et al.，2013；Alkemade et al.，2017）和大屏幕显示器交互（Rovelo et al.，2014）或者控制家庭电子设备（Takahashi et al.，2013）等操作任务。然而，这些系统的手势都是由专业的系统开发人员根据他们的个人经验和偏好设计的，这种方式可能会导致系统设计师认为的"好的"手势与用户所认为的"好的"手势之间的认知偏差，这种问题被称之为"词汇分歧"问题（vocabulary disagreement problem），在信息系统检索领域最早由密歇根大学的 Furnas 等人（Furnas et al.，1987）在 1987 年提出来并进行了研究和论证。手势分歧问题的潜在风险是影响系统的可用性并导致用户满意度大大降低。

目前，已经有一些研究人员提出用来度量不同用户在参与式手势设计过程中的选择分歧问题。例如，Wobbrock 等人（Wobbrock et al.，2005；Wobbrock et al.，2009）提出了一种针对不同用户手势设计的一致性评分公式。后来，Vatavu 等人（Vatavu et al.，2015；Vatavu et al.，2016）又进一步完善了这个公式。通过这种方法，我们可以用一致性得分来测量对于给定任务用户选择同一或相似手势的可能性：一致性分数越高，不同用户所选择的手势就越可能一样。

为了更好地理解传统手势启发式实验中的"一致性"概念，Morris 提出了两种新的度量标准，即：最大一致性（maxconsensus）和不一致性的比例（consensus-distinct ratio）来分析手势的一致性和不一致性程度。基于这两个标准，Morris 等人（Morris et al.，2012）研究了用户在电视媒体上利用多通道交互方式来进行网页信息浏览的可能性应用。Nebeling 等人（Nebeling et al.，2014）也做了一项类似的研究，他们的研究结果与 Morris 等人的研究结果是一致的，都强调了在手势交互系统设计之初的用户参与式研究的重要性。

4.1.2　手势启发式研究

解决用户手势分歧问题的方法之一就是在参与式设计过程中采用手势启发式研究方法。基于该方法，一个系统的目标用户被邀请参与手势的设计过程。最近几年，人机交互领域的研究实践者们大量应用手势启发式研究方法来设计桌面计算环境（Kurdyukova et al.，2012；Grijincu et al.，2014；Valdes et al.，2014）、移动终端（Kray et al.，2010；Ruiz et al.，2011）、大屏显示器（Morris，2012；Nebeling et al.，2014；Rovelo et al.，2014；Lou et al.，2018）、三维用户界面（Chen et al.，2018）以及智能家居系统（Kühnel et al，2011；Vatavu，2012；Zaiţi et al.，2015；Wu et al，2016）的用户自定义手势集。

前面所介绍的传统的手势启发式研究方法都是从单个应用场景获得手势，与此不同的是，Vatavu 等人（Vatavu，2013）对比了两种不同应用情景下的手势设计——基于手持设备的交互和基于自然手势的交互——来完成一套同样的家庭娱乐任务。一致性分析结果显示两种交互情景中的被试的一致性都比较高。Vatavu 等人的研究成果为设计师针对有相似任务的手势交互设计提供了有价值的参考。

以往的研究已经证明了手势启发式方法在实践中的有效性。例如，通过比较用户自定义手势和设计师定义的手势，Morris 等人（Morris et al.，2010）发现用户自定义手势比设计师设计的手势的可用性更高。类似地，Nacenta 等人（Nacenta et al.，2013）的研究结果显示相比于系统开发者设计的手势，用户自定义手势更容易记忆和学习，使用起来也更有趣。

尽管近年来涌现出了很多手势启发式研究成果，但是在实践过程中也发现了一些缺点和不足之处。例如在手势设计过程中，用户的手势选择经常被他们之前使用过的界面和相关技术所影响，比如传统的 WIMP（window，icon，menu，pointing device）界面或者触屏界面，这个问题被称为遗留偏见问题（legacy bias problem）。根据现有的文献（Kühnel et al.，2011；Vatavu，2012；Wu et al.，2016）研究结果，遗留偏见会对手势启发式研究成果有显著的影响。为了减轻遗留偏见所带来的影响，Morris 等人（Morris et al.，2014）提出了三种方法来改进手势启发式研究，包括生产（production）、启动效应（priming）和合作（partner）。接下来，Chan（Chan et al.，2016）和 Hoff（Hoff et al.，2016）等人用 production 和 priming 相结合的方法来研究是否有助于抵消手势启发式设计中的遗留偏见。然而，他们的研究结果表明这些方法在实际应用中的作用有限。比如，设计者们仍然无法确定每个被试针对每个目标任务应该提出多少个手势。总的来说，目前还缺乏对于此类设计的指导规范。

4.1.3　以用户为中心的手势设计

另一个解决手势分歧问题的方法就是采用传统的以用户为中心的设计方法（UCD，user-centered design）来让用户更多地参与到设计的过程中。通过这种方法，Nielsen 等人（Nielsen et al.，2004）针对一套特殊的任务设计了一套自然手势集；Löcken 等人（Löcken et al.，2011）改进了 Nielsen 的方法而衍生出了一套用于控制音乐播放器的自然手势集。

不同于上述纯粹的手势启发式研究，Löcken 等人提出要获得多套手势集而不能只针对目标系统设计一套手势集。这样可以在早期设计过程中大大减小排除掉某些潜在的可用性更高的手势的风险。除此之外，为了收集更多的用户反馈并比较不同的手势集合从而改进设计结果，该方法的每一阶段都会用基准测试（benchmark test）的方法来对上一阶段所产生的手势设计结果进行检验和校正。

尽管 Nielsen 和 Löcken 在以用户为中心的设计过程中提到了手势启发式研究的方法，但是他们的研究还只是停留在手势的定义和初步设计阶段，没有进一步验证手势在实际应用过程中有关用户偏好、系统性能和现实场景中手势识别的精确度等可用性问题。武汇岳等人（Wu et al.，2016）提出了一个以用户为中心的自然手势设计方法，该方法将整个用户参与式过程分为 4 个主要阶段，包括需求分析和功能定义、手势启发式研究、基准测试（benchmark test）、个性化定制及系统开发和可用性评估。他们的研究结果表明，让系统的目标用户全程参与手势设计，尤其是让用户在他们所使用的目标系统的真实环境中参与设计开发，能够改进系统性能和提升用户满意度。

总的来说，为了设计更自然、更友好的自然手势交互系统，我们需要考虑手势分歧问题并探讨如何让用户更大程度地参与到手势设计中。然而，截至目前尚没有针对自然手势交互中所存在的手势分歧问题的系统研究结果。因此，本研究的目的是，通过实证研究来证明在不同应用领域中针对不同类型的任务进行手势设计时都不同程度地存在手势分歧问题，我们将针对此类问题提出改进方法并建立有效的自然手势设计的理论基础。

4.2　研究动机

现在许多手势启发式研究的目的只是让用户根据给定的任务自由设计手势，然后设计师对手势候选进行分组排序并选择出最受用户欢迎的手势作为最终的手势赋值给相应的目标任务。根据这种方法，第一步就是收集被试根据给定任务所设计的手势。然后给这些手势分组并计算手势的一致性分数（Wobbrock et al.，2009）。最受欢迎的手势通常一致性得分也更高，这些手势将被定义为最佳手势并赋给所对应的目标任务。然而，这种方法存在许多不足之处：

第一，手势交互目前仍处于发展初期，并没有标准的设计规范。因此，对于一个给定的应用场景，并没有绝对正确或错误的手势。目前，对于设计师来说，缺乏一套普遍的设计准则来指导手势交互设计。因此，即使是在同样的应用领域，不同文化背景的研究者做手势启发式研究也许会得到不一样的结果。比如，在 Kühnel et al.（2011），Vatavu（2012）和 Wu et al.（2016）等人的手势启发式研究中，用户为同一个任务"关电视"所设计的的手势就非常不一样。

第二，目前的手势启发式研究中对用户的手势选择没有任何限制，用户可选择的手势就非常广泛，因此最终可能就没有手势具有普遍代表性。这是因为被试所设计的手势很可能会受到他们所使用手势交互经历的影响，因为每个人的使用习惯和经历不一样导致手势启发式研究所得到的手势集非常分散，没有普遍被认可的手势，于是就产生了手势分歧问题。

第三，在一套给定的候选手势中，用户的可选择范围比毫无约束进行手势设计时的情况要少得多。这是因为用户只需要从众多手势候选中挑选出一个好的手势就行，而不用努力地去创造一个好的手势。因此，手势分歧问题可能会因此而减轻。然而截至目前，很少有研究表明如何来解决手势交互设计中的分歧问题。

基于以上分析，我们设计了一个两阶段的实验研究。在实验的第一个阶段，我们使用传统的手势启发式研究方法，邀请了两组不同文化背景的用户在三个不同的应用领域根据不同的任务需求自由地设计手势。接下来，我们从不同的方面检验了用户自定义手势的一致性。在实验的第二个阶段，我们邀请了一组新的被试针对每个任务从第一阶段所设计的手势候选中选出最喜欢的手势。最后，我们对比了实验研究中两个阶段用户最喜欢的手势的变化趋势并给出了手势启发式研究的设计规范。

4.3　实验 1

在本实验中，我们目的是验证不同文化背景的用户在不同应用领域下完成不同任务时存在手势分歧问题。

我们选择了三个手势交互的应用场景：车载信息系统手势交互，虚拟现实手势交互和电视手势交互。针对这三种应用场景，我们组织了一场头脑风暴并邀请了 15 个人机交互的专家学者挑选了 70 个最重要的任务。表 4.1 列出了这些目标任务。在表 4.1 中，每个任务的前面会标识有阿拉伯数字，这里的数字有两个作用：①用来标明相应的任务；②代表实验中每个任务的测试顺序。被试根据这些任务自由地设计手势。因为有些任务在三个场景中都会出现，因此在本实验中，这三个应用场景的顺序会进行随机排列。

表 4.1　实验中所用的 70 个目标任务

应用场景	目标任务
汽车	1. 播放 CD 音乐；2. 停止播放 CD 音乐；3. 上一首曲目； 4. 下一首曲目；5. 调高音量；6. 调低音量； 7. 暂停音乐；8. 继续播放音乐； 9. 打开电台；10. 关闭电台； 11. 下一个电台节目；12. 上一个电台节目； 13. 从 CD 切换到电台；14. 从电台切换到 CD； 15. 接听电话；16. 切换通话；17. 挂断电话； 18. 拒绝接听电话；19. 打开空调；20. 关闭空调； 21. 调高空调温度；22. 调低空调温度； 23. 增大风速；24. 减小风速；25. 放大地图； 26. 缩小地图；27. 平移地图
虚拟现实	28. 前进；29. 后退；30. 加速前进；31. 减速前进；32. 停止； 33. 左转；34. 右转；35. 打开房门；36. 关闭房门； 37. 打开盒子；38. 拿起小册子；39. 盖上盒子； 40. 确认；41. 取消；42. 单选；43. 释放； 44. 选择一组对象；45. 选择多个对象；46. 移动； 47. 旋转；48. 放大；49. 缩小；50. 复制；51. 删除
电视	52. 打开电视；53. 关闭电视；54. 取消；55. 确认； 56. 下一个频道；57. 上一个频道；58. 增大音量； 59. 减小音量；60. 静音；61. 取消静音； 62. 切换到 168 频道；63. 切换到 79 频道； 64. 切换到 3 频道；65. 调出并显示所有频道； 66. 向下滚动节目列表；67. 向上滚动节目列表； 68. 选中并播放；69. 调出主菜单； 70. 返回主菜单

4.3.1　被试

我们认为用户的文化背景对于用户的手势选择具有一定的影响，因此我们邀请了来自东西方的两个不同文化背景的典型被试群体，其中包括 24 名美国大学生（17 名男性和 7 名女性）和 24 名中国大学生（11 名男性和

13 名女性）。被试均有接受和学习新技术的能力。在参与实验之前，24 名被试都不熟悉视觉手势交互。

4.3.2　实验设置

实验在中美两国的两个可用性实验室中同步进行。实验设置如图 4.1 所示。在汽车场景中，被试坐在汽车驾驶员位置上，在听到旁边实验人员的任务指令之后做出一个他/她自己最喜欢的手势。在 VR 场景中，我们基于 Oculus 和 Leap Motion 开发了一个沉浸式 3D VR 系统。被试通过 Oculus 的头盔可以看到任务的文本描述和所需要操作的 3D 虚拟物体，Leap Motion 用来捕捉和记录用户的手势动作。在电视场景中，我们设置了一个模拟客厅的实验环境。这个实验环境中有一台 55 英寸的数字电视，电视上放置了一个微软 Kinect 深度传感器用来捕捉和记录被试的手势行为。距离电视 2 米远的地方放置了一个双人沙发。通过电视屏幕，被试可以看到任务的文字描述、图片或者视频演示效果。

两组不同文化背景的被试在同样设置的实验场景中操作完成同样的目标任务。在实验中，我们使用了一个网络摄像头来记录被试在设计过程中的手势行为以及对应的口头解释。实验过程中，我们不给被试提供任何提示。

（a）汽车　　　　　（b）虚拟现实　　　　　（c）电视

图 4.1　实验设置

4.3.3　实验过程

首先我们向被试简单介绍实验目的、实验要求以及所需要经历的实验过程。在汽车场景中，被试只能用右手做手势，因为在开车的时候左手要放在方向盘上以保证行驶安全。在虚拟现实和电视场景中，被试可以自由使用两只手。为了更好地理解他们设计的逻辑依据，我们要求他们在做手势的时候口头解释他们选择该手势的原因。

在完成所有的任务之后，被试需要填写一个调查问卷，问卷的主要内容包括一些简单的人口统计学问题，例如被试的年龄、性别和教育背景等等。被试所经历的实验时间持续 60～90 分钟。

4.3.4 实验结果

本节，我们首先说明如何对收集的手势数据合并和分组，然后基于用户的手势选择计算每个任务的一致性分数。我们的实验结果发现有些手势在两个不同文化中的一致性分数都很高。

(1) 数据处理

我们在每一个文化组中都收集了 1680 个手势（70 × 24）。通过分析这些手势的特征，我们发现一些具有共性的手势可以合并为一类。比如，11 个向右挥手的手势动作可以合并成一组同样的手势，正如被试所说："我会选择使用向右挥的手势来操作第 56 个任务'下一个频道'，在挥手的过程中至于是保持五指张开的手形还是只伸出食指和中指则无关紧要。"

接下来，4 个 HCI 的专业研究人员合并具有相近特征的手势。合并原则为：①如果一组手势具有同样的手形或者相同的运动轨迹，那么这组手势将被合并成一个单个的手势；②如果一组手势有相似但不完全相同的形状或者相似的运动轨迹，研究人员将回放被试的实验录像，然后根据录像中被试的口头解释来讨论其手势设计原则，最后判定这组手势是否应该归为一类。

经过手势合并和分组之后，两个不同文化组的手势数量都减少了，其中美国组一共产生了 530 组手势，中国组一共产生了 439 组手势。

(2) 一致性分数

接下来，我们计算两个不同文化组所对应的手势的一致性分数。如图 4.2 所示可以看到 70 个任务的一致性分数（按降序排列）。本文对一致性分数的计算是沿用了 Vatavu 等人（Vatavu et al.，2015）提出的公式。根据该公式，任务的一致性分数越高，被试就越有可能选择同一种手势。

$$AR(r) = \frac{|P|}{|P|-1} \sum_{P_i \subseteq P} \left(\frac{|P_i|}{|P|} \right)^2 - \frac{1}{|P|-1} \tag{1}$$

在上述一致性公式中，P 是指针对某一目标任务 r 所提出的所有的手势候选集合，$|P|$ 是指整个手势候选集合的大小，P_i 是指总集合 P 中某一个包含了一致手势的子集。

在一致性分数的基础上，接下来我们比较了三个应用场景和两个文化组之间的手势设计差异性。首先，我们比较了相同文化组下三个不同应用场景之间的差异性。我们使用了 Kruskal Wallis 检验方法，该方法类似于单因素 ANOVA 检验。统计结果表明美国组 $[\chi^2(2) = 1.486, p = .476]$ 和中国组 $[\chi^2(2) = 3.150, p = .207]$ 的三个场景之间都没有显著性差异。

对于美国被试来说，汽车、虚拟现实和电视三个应用场景所对应的平均一致性分数分别为 0.324（$SD = 0.267$），0.348（$SD = 0.192$）和 0.293（$SD = 0.214$）。70 个任务中只有 15 个任务（21.4%）的一致性分数超过了 0.5。最低的一致性分数出现在第 69 个任务"调出主菜单"上，只有 0.014。被试针对该任务一共设计了 21 种不同的手势，但是排名最高的手势"握拳"，仅仅有 3 个被试选择，排名第二的手势是"点击"，仅仅有两个被试选择。

对于中国被试来说，汽车、虚拟现实和电视三个应用场景所对应的平均一致性分数分别为 0.242（$SD = 0.228$），0.291（$SD = 0.162$）和 0.355（$SD = 0.271$）。只有 11 个任务（15.7%）的一致性分数超过了 0.5。一致性分数最低的是第 13 个任务"从 CD 切换到电台"。针对该任务，被试一共设计了 18 种不同的手势，其中排名最高的手势是"画一个顺时针方向的半圆"，但也仅仅有三个被试选了该手势。

根据 Vatavu 等人（Vatavu et al.，2015）所提出对于一致性分数的分级标准，我们这个实验所计算得到的平均一致性分数等级属于中等。对于汽车、虚拟现实和电视三个不同应用领域，美国文化组的平均一致性分数分别为 0.324、0.348 和 0.293，中国文化组的平均一致性分数为 0.242、0.291 和 0.355。我们的实验结果和其他研究人员使用手势启发式研究所计算得到的一致性分数的分数等级是相似的，比如 Obaid 等人（Obaid et al.，2012）面向机器人控制所设计得到的手势集平均一致性分数为 0.207，Buchanan 等人（Buchanan et al.，2013）面向虚拟三维对象操作所设计的手势集平均一致性为 0.430，Vatavu 等人（Vatavu et al.，2012）面向电视所设计的手势集平均一致性为 0.362。

接下来，我们分析了美国组和中国组两个文化组之间的一致性分数差异，通过使用 Mann-Whitney U 检验，我们发现两个文化组之间没有显著差异。但是，一个有趣的发现是，两个组在某些任务上设计了完全不一样的手势。比如，第 55 个任务"确认"，有 12 个美国人选择了"竖大拇指"的手势，但是只有 3 个中国人用了这个手势。中国组最多的是用一个静态的"OK"手形来表示确认，一共有 6 个人选择了这个手势，但是相比之下只有 4 个美国人使用了静态的"OK"手势。

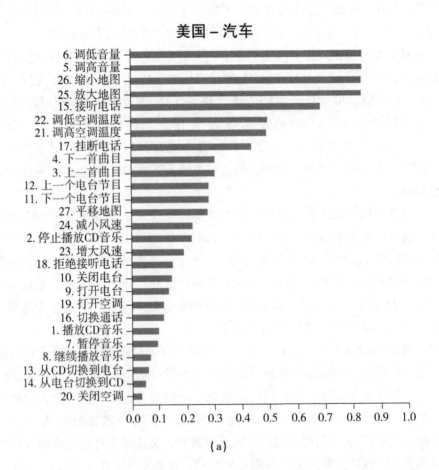

(a)

美国 – 虚拟现实

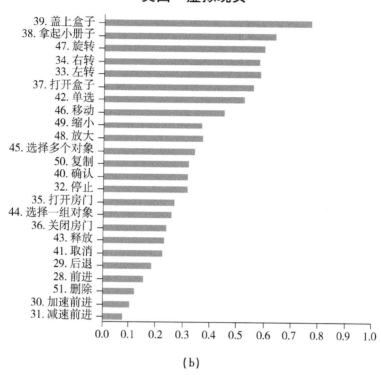

（b）

美国 – 电视

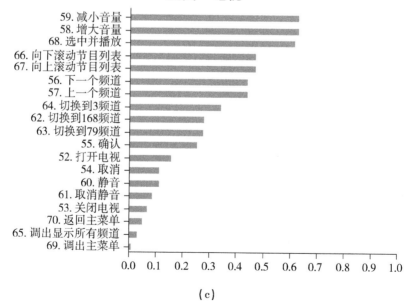

（c）

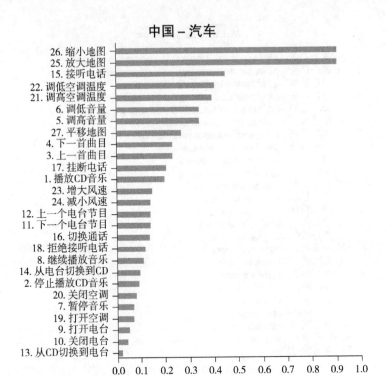

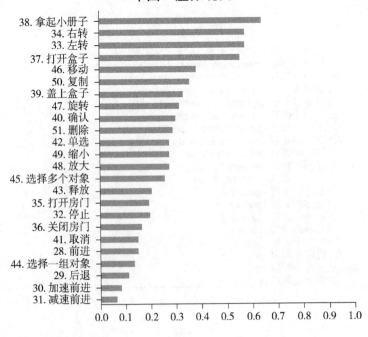

(e)

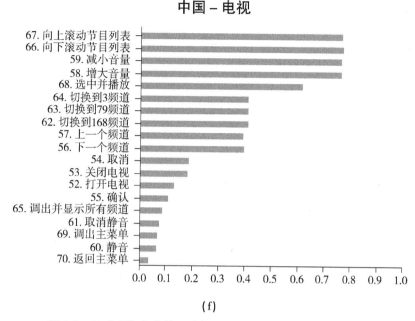

图4.2 70 个目标任务的一致性分数（水平轴代表一致性分数）

（3）具有高一致性分数的手势

总的来说，35.7% 的目标任务所对应的一致性分数都很低或者说符合 Vatavu 所提出的低一致性的分数等级（≤0.100）。然而，我们依然发现某些任务在两个文化组内部都具有很高的一致性。比如在汽车的应用场景中，美国文化组中的任务5 和任务6 以及中国文化组中的任务25 和任务26 所对应的一致性分数分别为 0.917 和 0.841，这是属于相对很高的一致性分数了。这一结果与前人所从事的手势启发式研究的结果是一致的（Wobbrock et al.，2009；Kühnel et al.，2011；Ruiz et al.，2011；Obaid et al.，2012；Vatavu，2012；Gheran et al.，2014；Tung et al.，2015；Chan et al.，2016；Chen et al.，2018）。再进一步检查针对这些任务的手势候选，我们发现了对某些任务来说，例如汽车场景中的任务25 "放大地图" 以及任务26 "缩小地图"，两个文化组设计了同样的最佳手势（top gesture），但是对其他任务来说，例如虚拟现实场景中的任务46 "移动对象"，两个文化组设计产生了完全不同的最佳手势（top gesture）。

我们基于被试所设计的手势类型把 70 个任务分成两类：

类型1 任务。在这类任务中，两个文化组所设计的最佳手势是一样的，并且该任务所对应的一致性分数排名处在同一个应用场景以及同一个文化组中所有任务所对应的一致性分数的前半区。

类型 2 任务。其他不属于类型 1 的所有任务。

基于以上分类标准，类型 1 任务有 20 个，类型 2 任务有 50 个。表 4.2 列出了类型 1 所包含的全部 20 个任务。从实验结果来看，这些任务的手势分歧问题并不明显。

表 4.2　实验 1 产生的 20 个类型 1 任务以及所对应的最佳手势

应用场景	目标任务	最佳手势
汽车	3. 上一首曲目	向左挥手
	4. 下一首曲目	向右挥手
	5. 调高音量	向上挥手
	6. 调低音量	向下挥手
	15. 接听电话	伸开拇指和小指放在右脸侧做一个接电话的动作
	17. 挂断电话	保持接电话的手形并从右脸侧拿开，做一个放下电话的动作
	21. 调高空调温度	向上挥手
	22. 调低空调温度	向下挥手
	25. 放大地图	拇指和食指张开
	26. 缩小地图	拇指和食指捏合在一起
虚拟现实	33. 左转	向左挥手
	34. 右转	向右挥手
	37. 打开盒子	两手从中间滑向两边，做一个掀开盒盖的动作
	38. 拿起小册子	抓住一个想象中的对象并取出来
	39. 盖上盒子	两手从两边滑向中间，做一个盖上盒子的动作
	47. 旋转	抓住一个想象的对象并旋转手腕
	50. 复制	左手握拳保持静止标识出一个想象对象的起始位置，右手握拳从左手所在位置开始拖动到一个新的位置
电视	58. 增大音量	向上挥手
	59. 减小音量	向下挥手
	68. 选中并播放	食指单击

4.3.5　实验 1 讨论

我们的实验研究结果表明手势分歧问题是普遍存在的，在两个不同文化组以及三种不同应用场景中都存在这个问题。

但是，对于一些特定的任务来说，手势分歧问题似乎并不明显。比如表 4.2 所示的 20 个类型 1 任务中，"音量增大"和"音量减少"这两个任务的一致性分数在两种文化背景下的不同应用领域中（汽车和数字电视）都得到了非常高的一致性分数。但是对于其余的 16 个任务（因为"增大音量"和"减少音量"在汽车和电视场景中各自出现了一次），手势一致性分数则相对比较低。

基于以上研究成果，我们把这 20 个类型 1 任务所对应的手势进行分类，第一类是与方向和顺序紧密相关的手势，例如调高音量、调低音量、左转、右转、调高空调温度、调低空调温度、下一首曲目、上一首曲目等等。第二类是有关物体操作的手势，例如这些手势大都是从其他常见的用户界面（例如可触控界面）中派生而来的，例如放大地图、缩小地图、旋转、复制、选中并播放等等。第三类手势可以直接与现实物理世界中的对象操作——映射起来，例如接电话、挂断电话、拾取一个对象以及盖上盒子等等。

然而我们的数据也表明了在另外 50 个任务中存在明显的手势分歧问题。产生手势分歧的原因或许是因为被试在设计手势时没有任何约束，因此他们可以随意选择他们想要的手势。通过让用户自由设计手势能够更好地了解用户的实际需求从而提高目标系统的可用性（Wu et al.，2016）。

总的来说，实验 1 中我们发现在很多任务身上存在严重的手势分歧问题。因此，我们需要在让用户自由设计手势以及给用户提供一定数量的手势这两种设计方法之间进行一定的选择和平衡。我们猜测，给用户提供一定数量的手势候选，那么用户手势选择的一致性可能会有所提高。

4.4　实验 2

为了证明上述假设，我们设计了实验 2。在实验 2 中，我们邀请被试从实验 1 中所设计的手势候选集中来选出他们最喜欢的手势与类型 2 的 50 个任务进行匹配。

4.4.1　实验设计

在这个实验中，我们研究的目的是测试如果给被试提供了其他人所设计的手势候选，被试在进行手势选择的时候其一致性是否会有所提高。我们还想知道，如果一致性有所提高的话，那么这种提高是否存在于不同文化组的不同应用场景中。

本实验的设计类似于实验 1，我们也是招募了两组不同文化的被试，一组来自于美国，另一组来自于中国。同样地，我们还是使用汽车、虚拟现实和电视三个领域。

4.4.2　被试和实验设置

我们招募了 48 名被试，其中包括 24 名美国学生（20 名男生 4 名女生）

和 24 名中国学生（10 名男生 14 名女生）。48 名被试都没有参加过实验 1。

本次实验环境和实验 1 相同，不同之处在于被试不用自己设计手势，而是需要针对每一个命令都从给定的手势候选集合中选择一个他们认为最好的手势。被试在实验过程中需要口头解释他们设计一个手势的原因。因此，在实验 2 中我们只对被试进行口头录音，而不用录像。

4.4.3 实验过程

实验之前，实验人员向被试简单介绍实验背景、场景描述和实验要求，然后向被试展示 50 个任务。

对于每个给定的任务，被试都需要从一套手势集中选择一个最好的出来。如果该手势为静态，则以图片展示；如果该手势为动态则以视频或者动画展示；每个手势都会配有所对应的任务描述和交互情景描述。

被试在看过该任务所对应的所有的手势候选之后，需要从中选择一个最好的手势来与该任务匹配，在选择的时候被试需要整体考虑到手势的易学习性、易记性和手势的舒适度等各种因素。在被试选择手势的时候，我们还要求他们口头解释他们选择每一个手势的具体原因。

4.4.4 实验结果

在这一部分，我们与实验 1 进行对比，综合比较手势种类数量的变化、最佳手势的变化以及 50 个任务的一致性分数的变化。除此之外，我们也比较两个不同文化组的手势选择的差异性。

（1）手势种类数量的变化。

在这个实验开始时，我们提供给美国组被试 435 种手势，中国组被试 444 个手势进行选择。这些手势都是来自于实验 1 的相同文化组的被试所设计。

实验结束后，我们发现两个文化组所选择的手势种类数量均有不同程度的减少。其中，美国组仅从中选择了 256 种，同比下降了 41.1%，中国组则仅仅从中选择了 294 组，同比下降了 33.8%。具体见图 4.3。

（2）最佳手势的变化。

接下来，我们比较了最佳手势（top gesture）的变化。在美国组，有 21 个任务的最佳手势发生了改变，其中有 8 个汽车手势、3 个虚拟现实手势以及 10 个电视手势。相比之下，中国组有 22 个任务的最佳手势发生了变化，其中包括 6 个汽车手势、11 个虚拟现实手势以及 5 个电视手势。

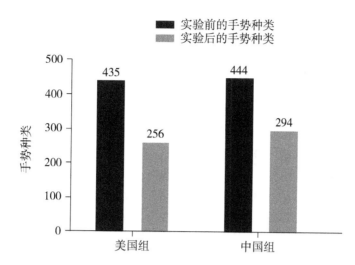

图 4.3　两个文化组的手势种类的变化比较

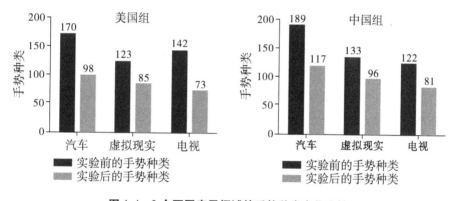

图 4.4　3 个不同应用领域的手势种类变化比较

在实验中，一个非常有趣的发现是某些最佳手势的人数上的变化。在实验 1 中某些由少数人设计的手势在实验 2 中被多数人喜欢。比如，第 19 个任务"打开空调"，实验 1 中美国组有一个人设计了一个"伸手前额擦汗"的动作，在实验 2 中有 8 个人选择了该手势。其中一些被试说，这个手势动作暗示车内温度很高，更自然也更有吸引力。除此之外，还有一些实验 1 中某些最佳手势在实验 2 中很少有人选甚至根本没人选择，比如，第 69 个任务"调出主菜单"，实验 1 中所设计的最佳手势"食指点击"，在实验 2 中根本没有人选。

（3）一致性分数的变化。

在实验 2 中，美国和中国两个文化组所对应的 50 个目标任务的平均一致性分数都不同程度地提高了。其中，美国组的平均一致性分数从 0.214 提高到了 0.328，中国组的平均一致性分数从 0.206 到 0.275。同样，两个文化组的所有应用场景的一致性分数都提高了。

　　类似地，两个文化组所对应的三个应用领域的平均一致性分数都不同程度地提高了。对美国组来说，汽车从 0.156 提高到了 0.266（提升了 70.5%）、虚拟现实从 0.256 提升到了 0.329（提升了 28.5%）、电视从 0.231 提高到了 0.390（提升了 68.8%）。对中国组来说，汽车从 0.120 提高到了 0.210（提升了 75.0%）、虚拟现实从 0.211 提升到了 0.253（提升了 19.9%）、电视从 0.287 提高到了 0.363（提升了 26.5%）。

　　尽管三个不同领域任务的平均一致性分数都得到了不同程度的提高，我们同时也发现有些个别任务的一致性分数反而降低了。对美国组来说，有 6 个这样的任务（占总任务的 12%），包括任务 18 "拒绝接听电话"，任务 29 "后退"，任务 42 "单选"，任务 46 "移动"，任务 48 "放大"，任务 49 "缩小"；对中国组来说，有 8 个这样的任务（占总任务的 16%），包括任务 24 "减小风速"，任务 32 "停止"，任务 46 "移动"，任务 51 "删除"，任务 53 "关闭电视"，任务 61 "取消静音"，任务 66 "向下滚动节目列表"，任务 67 "向上滚动节目列表"。仔细分析实验结果数据，我们发现尽管这 14 个任务的手势种类减少了，但是被试的选择甚至更加分散，造成了最佳手势的选择人数数量降低。因此，该任务所对应的一致性分数相应地降低。

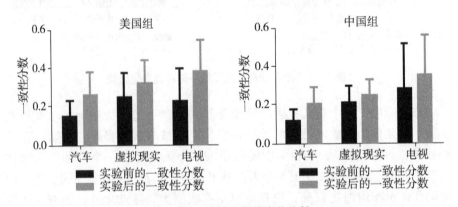

图 4.5　一致性分数的变化比较

　　根据实验 1 的方法，我们挑出了两个文化组中最佳手势都相同的 14 个任务（见表 4.3）。和实验 1 中的类型 1 任务一样，实验 2 中所挑选出来的这 14 个任务与剩余的其他 36 个任务相比，手势分歧问题并不严重。

表4.3　实验 2 产生的 14 个类型 1 任务以及所对应的最佳手势

应用场景	目标任务	最佳手势
汽车	9. 打开电台	顺时针拧
	11. 下一个电台节目	向右挥手
	12. 上一个电台节目	向左挥手
虚拟现实	42. 单选	食指单击
	43. 释放	张开拳头
	45. 选择多个对象	食指依次点击
	46. 移动	用食指拖动对象
	48. 放大	张开五指
	49. 缩小	收紧五指
电视	56. 下一个频道	向右挥手
	57. 上一个频道	向左挥手
	62. 切换到 168 频道	用食指在空中书写 "168"
	63. 切换到 79 频道	用食指在空中书写 "79"
	64. 切换到 3 频道	用食指在空中书写 "3"

（4）中美两个文化组之间的差异比较。

我们使用了 Randolph's Kappa 统计方法（Randolph，2005）来度量两个文化组及三个应用领域之间手势选择的内部一致性（inter-rater reliability）。

图 4.6 所示为 50 个任务所对应的 Kappa 检验值。总的来说，50 个目标任务的 Kappa 值都非常小，其中美国文化组的情况为：汽车场景的任务 Kappa 值介于 0.03 到 0.39 之间（均值 0.174，标准差 0.112），虚拟现实场景的任务 Kappa 值介于 0.02 到 0.48 之间（均值 0.197，标准差 0.115），电视场景的任务 Kappa 值介于 -0.04 到 0.51 之间（均值 0.234，标准差 0.176）；中国文化组的情况为：汽车场景的任务 Kappa 值介于 0.04 到 0.28 之间（均值 0.122，标准差 0.082），虚拟现实场景的任务 Kappa 值介于 0.03 到 0.28 之间（均值 0.125，标准差 0.068），电视场景的任务 Kappa 值介于 0.01 到 0.53 之间（均值 0.162，标准差 0.147）；对美国文化组来说，汽车的最大 Kappa 值为 0.39（对应于任务 24 "减小风速"），虚拟现实的最大 Kappa 值为 0.48（对应于任务 43 "释放"），电视的最大 Kappa 值为 0.51（对应于任务 63 "切换到 79 频道"）。对中国文化组来说，汽车的最大 Kappa 值为 0.28（对应于任务 12 "上一个电台节目"），虚拟现实的最大 Kappa 值为 0.28（对应于任务 40 "确认"），电视的最大 Kappa 值为 0.53（对应于任务 60 "静音"）。两个文化组没有一个任务的 Kappa 值超过 0.75，这表明了被试对于手势选择意见的不一致性（见图 4.6）。本次实验的 Kappa 检验

结果进一步证明了实验1中的一致性分数的有效性。

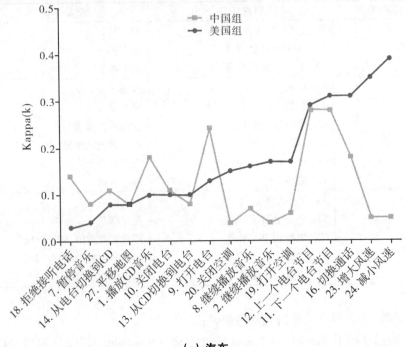

（a）汽车

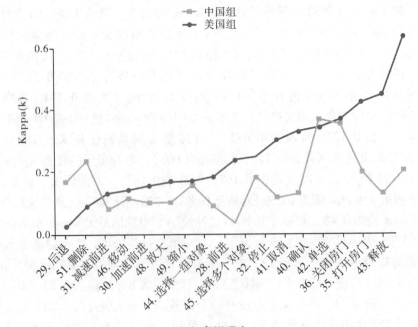

（b）虚拟现实

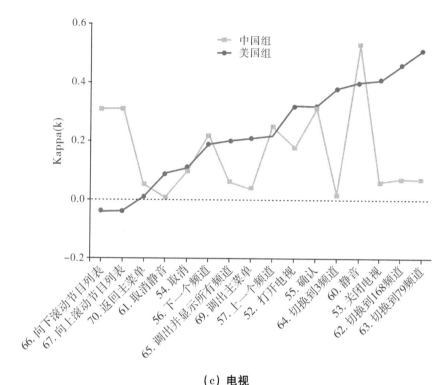

（c）电视

图 4.6　评分者信度检测

对于实验 2 中的 36 个类型 2 任务，我们发现某些任务所对应的最佳手势在中美两组之间具有显著差异性。比如说，第 69 个任务"调出主菜单"，美国被试用食指在空中画了一个"M"的运动轨迹（表示 Menu），而中国被试使用一个"张开拳头"的手势。另一个例子是第 18 个任务"拒绝接听电话"，美国被试使用了一个"割喉"的手势，但是中国被试使用了一个"在空中左右摆动右手"的挥手动作。

4.4.5　实验 2 讨论

我们的研究结果表明，给用户提供一套事先设计好的手势候选集合可以帮助改善手势分歧问题。我们发现在两个文化组、三个不同应用场景中，在实验 2 中对应于每个任务的手势种类都比实验 1 有所减少，所有任务的平均一致性分数都有所提高。一个合理的解释是在实验 2 中，针对每个目标任务被试只需要选择一个好的手势，而实验 1 中被试需要自己想象并设计一个手势。这个发现与 Nielsen（Nielsen，1995）和 Budiu（Budiu，2014）所提出的"识别易于回忆"（recognition rather than recall）的交互设计原则是一致的。

给用户提供一套可供选择的手势可以明显减轻某些任务的手势分歧问题。通过比较前后两个实验就可以发现，实验 2 中提供给被试的 50 个任务其实是实验 1 中手势分歧问题比较严重的任务（因为我们已经刨去了 20 个一致性非常高的类型 1 任务）。实验 2 的结果表明，提供给用户可选择的手势候选之后，50 个任务中有 14 个任务在两个文化组中都得到了一样的最佳手势，这一结果说明中美两国的被试在这些任务的选择上分歧更少。

接下来我们将这 14 个任务分为 4 种类型，其中的前 3 种类型和实验 1 中的分类一致：任务 11，12，56 和 57 是和方向或者顺序密切关联的任务；任务 42，43，45，46，48 和 49 是和物体操作密切关联的任务；任务 9 是和现实世界的物理操作有一一映射的任务；任务 62，63 和 64 则属于新的类别，这类任务与现实世界广为接受的符号相关，比如阿拉伯数字。

然而，我们仍然发现不同文化组之间的手势选择的差异。有些差异也许是因为任务本身的交互语义就比较复杂，例如，中美之间对于"取消"这个任务所设计的手势就非常不同：美国组更喜欢比划一个"大拇指向下"的手势，然而中国组则两手臂交叉，做一个类似于"×"的手势。

这种差异也许与被试的文化背景相关。因为在美国文化中，"大拇指朝上"的手势通常意味着表扬和赞同，所以"大拇指朝下"则可以用来表示不赞同。而在中国文化中，"×"通常与"√"是相反的语义，表示错误或者不赞同。

另一个例子是"确认"这个任务。中国被试选择了一个静态的"OK"手势，而美国被试则选择了一个"大拇指向上"的手势。在被问到为什么不选择"OK"的手势时，美国被试说"大拇指向上"这个手势所表示的赞同程度要比"OK"更高。由此可见，一个文化中类似这样的细微差别是难以被其他文化背景下的人们所理解的。

除此之外，还有一些差异的原因更多的是因为不同的操作习惯，而不是高层语义问题。表 4.4 就比较了两组文化下对于数字手势的不同理解。从表中可以看出，除了一些手势所对应的手形不同之外，最重要的不同点在于美国组更喜欢使用两只手来表示大于 5 的数字，而中国组则更喜欢用一只手来表示大于 5 的数字。有趣的是，尽管两组被试在静态手形表示数字方面分歧严重，但是当使用动态轨迹来描述数字类任务（例如任务 62，63 和 64）的时候两组被试又表现出了很高的一致性。

表 4.4　阿拉伯数字 1 到 10 所对应的静态手势比较

	美国组	中国组		美国组	中国组
1			6		
2			7		
3			8		
4			9		
5			10		

4.5　讨论：对视觉手势设计的启发

综合以上结果，我们总结得出了基于手势交互的用户界面设计规范。

4.5.1　设计师应当重视手势分歧问题

交互设计师需要注意的是，在启发式手势设计过程中，由于被试无约束地自由设计手势，势必会面临手势分歧问题。我们的研究结果表明，在两组不同的文化背景下，以及在三个不同的应用场景中，被试完成 70 个给定任务的手势设计都存在手势分歧问题。当用户在启发式手势设计中没有任何限制的情况下，任务的平均一致性分数低于 0.335。分数最低的是中国被试在汽车场景中所设计的手势平均一致性分数，只有 0.242。最近，Gheran 等人（Gheran et al.，2018）在面向智能指环的手势设计研究中得到了更低一致性分数，平均只有 0.058。所有这些证据都表明让用户仅凭直觉就能不约而同地选择同一个手势是不现实的。

4.5.2　提供一定数量的手势候选有助于减轻手势分歧问题

给用户提供一些手势候选可以帮助减少手势分歧问题。在我们研究的一些任务中，这方面的提高和改进是非常明显的。比如，美国用户在电视应用场景中，当被试们有手势可供选择参考的时候，平均一致性分数从实验 1 的 0.231 提高到实验 2 的 0.390（提高了 68.6%）。在实践过程中，手势候选集可以使用以用户为中心的设计方法（Wu et al.，2016）或者使用众包的方法进行收集（Ouyang et al.，2012）。

4.5.3　手势分歧问题与具体的交互任务相关

根据我们的研究结果，不同任务所面临的手势分歧问题严重程度不一样，总的来说，有四类任务的一致性更高，包括：①与方向和顺序密切相关的任务；②与物体操作相关的任务；③与现实世界实物一一对应的任务；④与大家普遍接受的文化符号相关的任务。对于这些任务，设计师可以借用其他设计领域的手势而不必发明新的手势，比如可以借鉴一些在传统的桌面环境下的交互手势。这些应用场景下的交互任务与用户所熟悉的常规概念、现实物体或者用户行为之间有很清晰的映射关系，比如方向、前后顺序、相似物以及日常操作习惯等等，这些特征可以让用户更容易学习和掌握所对应的手势。然而，对于比较抽象的任务，由于手势分歧问题导致被试所设计的手势不尽相同，因此设计师也许会感到困惑而不知道选择哪一个手势与之匹配。比如，对任务 69 "调出主菜单"来说，美国文化组的平均一致性分数只有 0.014，被试们总共设计了 21 种不同的手势，但是最佳手势 "握拳"，只有 3 个美国被试选择，而排在第二的手势 "食指点击"，只有 2 个美国被试选择。在手势分歧问题如此严重的情况下，提供给被试一个可以支持他们自定义手势设计的便携式工具箱（Wu et al.，2016）能够在一定程度上满足不用用户的需求和偏好。

4.5.4　使用频次排序的策略来选择最佳手势的方法存在局限性

传统的手势启发式研究普遍通过频次的方法来对手势候选进行排序，然后将排在第一的最佳手势赋值给所对应的任务而拒绝其他一致性程度较低的手势，这种策略也称为 "胜者为王"，或者 "赢者通吃"，亦常见于美国总统大选中。然而，从本研究的两个实验结果来看，我们发现了这种方法的局限性。首先，由于实验条件和时间的限制，被试通常未必能在当时的实验条件下想起来一个"最好"的手势，这往往会导致启发式研究陷入局部最优值而无法发现一些更好的手势选择来匹配当前所给定的目标任务。因此，这一方法并不能保证排序之后所产生的最佳手势就是全局最优值。其次，当被试看了其他设计者所设计的候选手势后，尤其是那些很容易学习/被教会的手势，被试很可能改变自己原始的不合理的手势而去使用这些更合理的手势，这一现象在认知心理学中也被称之为"事后诸葛亮效应"（hindsight effects）。从这个例子中我们发现，传统的启发式研究所使用的"胜者为王"的策略很可能会在手势设计的初级阶段就排除了一部分可能会更受欢迎的手势候选。

4.5.5 "胜者为王"设计策略的缺陷

目前，传统的手势启发式研究过程可以大致被分为两个阶段。在第一阶段，被试针对所给定的任务自由地设计手势。然后，设计师对手势进行一致性分数的排序并挑选最受欢迎的手势。然而，在这一过程中，目前并没有一个通用的设计准则来指导到底如何对手势候选进行分组排序，以及到底应该从中选取多少种手势来赋值给所给定的任务。在绝大多数情况下，研究人员都是使用"胜者为王"（winner-take-all）的策略来选择排名最高的最佳手势（top gesture）从而忽视了其他候选手势。根据我们的研究结果，尽管某些手势的一致性分数较低，但在作为候选手势给用户选择的时候，用户仍然有可能会将这些手势选为最佳手势。因此，我们认为"胜者为王"的策略并不一定展现了大多数人的意愿和需求。本研究中的两个实验方法给手势界面研究人员在启发式研究中发掘更有意义的手势结果提供了有益的参考。

4.6 总结和展望

在本研究中，我们通过一个两阶段的实验来研究不同文化背景下以及不同使用场景中手势设计的分歧问题。本研究的主要贡献如下：

我们提供了实验证据表明在手势启发式研究中确实存在严重的手势分歧问题，交互设计师在设计中应该重视这个问题。

我们证实了传统手势启发式式研究中使用频次的方法来筛选最佳手势并不一定能保证手势是最受欢迎的。我们的实验 1 中被试所设计的一些手势（例如中国被试针对任务 69 所设计的"食指点击"手势）被当作手势候选提供给实验 2 中的被试时，这些手势很少被被试选为喜欢的手势。

我们证实了传统启发式研究中被极个别用户（根据我们的经验，经常是比较专业的用户）所提出的少数手势，反而有可能成为最受欢迎的手势。比如，美国组中针对车内开空调的任务所设计的"伸手前额擦汗"的手势，在实验 1 中并非最佳手势（事实上实验 1 中只有一个美国被试设计了这个手势），但是在实验 2 中很多新的用户觉得这个手势非常酷炫并且容易学习和记忆，因此这个手势反而成了实验 2 中的最佳手势。

我们对交互任务进行了分类，包括与方向和顺序密切相关的任务，与物体操作密切相关的任务，与现实世界——映射的任务，以及与大家普遍接受的文化符号相关的任务，等等。在这些任务身上，手势分歧问题并不严重。

根据我们的研究结果，我们有针对性地提出了一些手势设计指导，期望能够对所有基于手势的交互设计提供理论和实际应用参考价值。

最后，我们也意识到我们的研究中还有些问题值得进一步探讨。第一，尽管本研究发现了一些端倪，但是文化因素是具体如何影响用户手势设计的目前仍然不清楚。在研究中我们发现了一些有趣的结果，但是仍然需要更多的研究来控制文化变量从而得到更深层次的答案。比如，在未来的研究中我们可以收集两个文化背景下被试的手势设计，然后让被试针对每个任务选择最喜欢的手势，最后比较并检验文化因素是如何影响手势设计的。第二，我们在实验 2 中发现，不同应用场景下的平均一致性分数的提高程度不同。比如，在两个文化组中，虚拟现实场景的一致性分数提高程度都是最低的。通过文献检索我们发现，前人面向虚拟现实或者 3D 交互应用领域的一些以用户为中心的研究成果（Obaid et al.，2012；Kistler et al.，2013；Connell et al.，2013；Tung et al.，2015）可以为这个问题提供一些线索：跟汽车和电视这两个应用领域相比，大多被试都不熟悉或者完全没有体验过虚拟现实应用。由于没有标准的界面设计指导可以作为参考，被试在实验中就会随意地把他们所熟悉的其他系统（例如游戏或者智能手机）的手势交互运用到虚拟现实环境中，从而设计很多隐喻类的或者利用直接身体运动的手势。另外，虚拟现实场景中的目标任务相比其他两个应用领域更为抽象（例如任务 30 "加速前进"，任务 31 "减速前进"），需要更复杂的手势动作。所有这些都是有可能导致更低的一致性分数的客观因素，相应地设计师也会面临更多不一样的手势选择。在未来，这些问题都值得进一步研究并且需要更多的证据来支持我们的结论。

4.7　参考文献

ALKEMADE R, VERBEEK F J, LUKOSCH S G. On the efficiency of a VR hand gesture-based interface for 3D object manipulations in conceptual design [J]. International Journal of Human-Computer Interaction, 2017, 33 (11): 882 -901.

BUCHANAN S, FLOYD B, HOLDERNESS W, LAVIOLA J J. Towards user-defined multi-touch gestures for 3D objects [C]. In: Proceedings of the 2013 ACM International Conference on Interactive Tabletops and Surfaces (ITS'13), 2013: 231 -240.

BUDIU R. Memory recognition and recall in user interfaces [OL]. (2014, July 6). Retrieved August 28, 2017 from https://www. nngroup. com/articles/recognition-and-recall/.

CAI Z Y, HAN J G, LIU L, SHAO L. RGB-D datasets using Microsoft Kinect or similar sensors: a survey [J]. Multimedia Tools and Applications, 76, 2017: 4313 -4355.

CHAN E, SEYED T, STUERZLINGER W, YANG X D, MAURER F. User elicitation on single-hand microgestures [C]. In Proceedings of the ACM Conference on Human Factors in Computing Systems (CHI'16), 2016: 3403 -3414.

CHEN Z, MA X C, PENG Z Y, ZHOU Y, YAO M G, MA Z, WANG C, GAO Z F, SHEN M W. User-defined gestures for gestural interaction: extending from hands to other body parts [J]. International Journal of Human-Computer Interaction, 2018, 34 (3): 238 -250.

CONNELL S, KUO P Y, LIU L, PIPER A M. A Wizard-of Oz elicitation study examining child-defined gestures with a whole-body interface [C]. In: Proceedings of the 12th International Conference on Interaction Design and Children (IDC'13), 2013: 277 -280.

FENG Z Q, YANG B, LI Y, ZHENG Y W, ZHAO Z Y, YIN J Q, MENG Q F. Real-time oriented behavior-driven 3D freehand tracking for direct interaction [J]. Pattern Recognition, 2013, 46 (2): 590 -608.

FURNAS G W, LANDAUER T K, GOMEZ L M, DUMAIS S T. The vocabulary problem in human-system communication [J]. Communications of the ACM, 1987, 30 (11): 964 -971.

GHERAN B F, VANDERDONCKT J, VATAVU R D. Gestures for smart rings: empirical results, insights, and design implications [C]. In: ACM SIGCHI Conference on Designing Interactive Systems (DIS'18), 2018: 623 – 635.

GRIJINCU D, NACENTA M A, KRISTENSSON P O. User-defined interface gestures: dataset and analysis [C]. In: Proceedings of the Ninth ACM International Conference on Interactive Tabletops and Surfaces (ITS'14), 2014: 25 – 34.

HOFF L, HORNECKER E, BERTEL S. Modifying gesture elicitation: do kinaesthetic priming and increased production reduce legacy bias? [C] In: Proceedings of the Tenth International Conference on Tangible, Embedded, and Embodied Interaction (TEI'16), 2016: 86 – 91.

LOU X L, PENG R, HANSEN P, LI X D A. Effects of user's hand orientation and spatial movements on free hand interactions with large displays [J]. International Journal of Human-Computer Interaction, 2018, 34 (6): 519 – 532.

KISTLER F, ANDRé E. User-defined body gestures for an interactive storytelling scenario [C]. Interact'13, 2013: 264 – 281.

KRAY C, NESBITT D, ROHS M. User-defined gestures for connecting mobile phones, public displays, and tabletops [C]. In: Proceedings of the 12th International Conference on Human Computer Interaction with Mobile Devices and Services (MobileHCI'10), 2010: 239 – 248.

KRISTENSSON P O, NICHOLSON T F W, QUIGLEY A. Continuous recognition of one-handed and two-handed gestures using 3D full-body motion tracking sensors [C]. In: Proceedings of the 25th Annual ACM Symposium on User Interface Software and Technology (IUI'12), 2012: 9 – 92.

KURDYUKOVA E, REDLIN M, ANDRé E. Studying user-defined iPad gestures for interaction in multi-display environment [C]. In: Proceedings of the 25th Annual ACM Symposium on User Interface Software and Technology (IUI'12), 2012: 93 – 96.

KÜHNEL C, WESTERMANN T, HEMMERT F, KRATZ S. I'm home: defining and evaluating a gesture set for smart-home control [J]. International Journal of Human-Computer Studies, 2011 (69): 693 – 704.

LÖCKEN A, HESSELMANN T, PIELOT M, HENZE N, BOLL S. User-centered process for the definition of free-hand gestures applied to controlling music playback [J]. Multimedia Systems, 2011, 18 (1): 15 – 31.

MORRIS M R, WOBBROCK J O, WILSON A D. Understanding users' preferences for surface gestures [C]. In: Proceedings of Graphics Interface (GI'10), 2010: 261 - 268.

MORRIS M R. Web on the wall: insights from a multimodal interaction elicitation study [C]. In: Proceedings of the Ninth ACM International Conference on Interactive Tabletops and Surfaces (ITS'12), 2012: 95 - 104.

MORRIS M R, DANIELESCU A, DRUCKER S, FISHER D, LEE B, SCHRAEFEL M C, WOBBROCK J O. Reducing legacy bias in gesture elicitation studies [J]. Interactions, 2014: 40 - 45.

NACENTA M A, KAMBER Y, QIANG Y Z, KRISTENSSON P O. Memorability of pre-designed & user-defined gesture sets [C]. In: Proceedings of the ACM Conference on Human Factors in Computing Systems (CHI'13), 2013: 1099 - 1108.

NEBELING M, HUBER A, OTT D, NORRIE M C. Web on the wall reloaded: implementation, replication and refinement of user-defined interaction sets [C]. In: Proceedings of the Ninth ACM International Conference on Interactive Tabletops and Surfaces (ITS'14), 2014: 15 - 24.

NIELSEN J. 10 usability heuristics for user interface design. [OL] (1995, January 1). Retrieved August 28, 2017 from https://www. nngroup. com/articles/ten-usability-heuristics/.

NIELSEN M, STÖRRING M, MOESLUND T, GRANUM E. A procedure for developing intuitive and ergonomic gesture interfaces for HCI [C]. Gesture-based Communication in Human - Computer Interaction, 2004: 105 - 106.

OBAID M, HÄRING M, KISTLER F, BÜHLING R, ANDRé E. User-defined body gestures for navigational control of a humanoid robot [C]. In: Proceedings of the 4th international conference on Social Robotics (ICSR'12), 2012: 367 - 377.

OUYANG T Y, LI Y. Bootstrapping personal gesture shortcuts with the wisdom of the crowd and handwriting recognition [C]. In: Proceedings of the ACM Conference on Human Factors in Computing Systems (CHI'12), 2012: 2895 - 2904.

PORTA M. Vision-based user interfaces: methods and applications [J]. International Journal of Human-Computer Studies, 2002, 57: 27 - 73.

RANDOLPH J J. Free-marginal multirater kappa: An alternative to Fleiss´ fixed-marginal multirater kappa [J]. Online Submission, 2005, 4 (3): 20.

RAUTARAY S S, AGRAWAL A. Vision based hand gesture recognition for human computer interaction: a survey [J]. Artificial Intelligence Review, 2015, 43: 1 – 54.

ROVELO G, VANACKEN D, LUYTEN K, ABAD F, CAMAHORT E. Multi-viewer gesture-based interaction for omni-directional video [C]. In: Proceedings of the ACM Conference on Human Factors in Computing Systems (CHI'14), 2014: 4077 – 4086.

RUIZ J, LI Y, LANK E. User-defined motion gestures for mobile interaction [C]. In: Proceedings of the ACM Conference on Human Factors in Computing Systems (CHI'11), 2011: 197 – 206.

TAKAHASHI M, FUJII M, NAEMURA M, SATOH S. Human gesture recognition system for TV viewing using time-of-flight camera [J]. Multimedia Tools and Applications, 2013, 62 (3): 761 – 783.

TIAN F, LYU F, ZHANG X L, REN X S, WANG H A. An empirical study on the interaction capability of arm stretching [J]. International Journal of Human-Computer Interaction, 2017, 33 (7): 565 – 575.

TUNG Y C, HSU C Y, WANG H Y, CHYOU S, LIN J W, WU P J, VALSTAR A, CHEN M Y. User-defined game input for smart glasses in public space [C]. In: Proceedings of the ACM Conference on Human Factors in Computing Systems (CHI'15), 2015: 3327 – 3336.

VALDES C, EASTMAN D, GROTE C, THATTE S, SHAER O, MAZALEK A, ULLMER B, KONKEL M K. Exploring the design space of gestural interaction with active tokens through user-defined gestures [C]. In: Proceedings of the ACM Conference on Human Factors in Computing Systems (CHI'14), 2014: 4107 – 4116.

VATAVU R D. User-defined gestures for free-hand TV control [C]. In: Proceedings of the 10th European Conference on Interactive TV and Video (EuroITV'12), 2012: 45 – 48.

VATAVU R D. A comparative study of user-defined handheld vs. freehand gestures for home entertainment environments [J]. Journal of Ambient Intelligence and Smart Environments, 2013, 5: 187 – 211.

VATAVU R D, WOBBROCK J O. Formalizing agreement analysis for elicitation studies: new measures, significance test, and toolkit [C]. In: Proceedings of the ACM Conference on Human Factors in Computing Systems (CHI'15), 2015:

1325 – 1334.

VATAVU R D, WOBBROCK J O. Between-subjects elicitation studies: formalization and tool support [C]. In: Proceedings of the ACM Conference on Human Factors in Computing Systems (CHI'16), 2016: 3390 – 3402.

WOBBROCK J O, AUNG H H, ROTHROCK B, MYERS B A. Maximizing the guessability of symbolic input [C]. In: Proceedings of the ACM Conference on Human Factors in Computing Systems (CHI'05), 2005: 1869 – 1872.

WOBBROCK J O, MORRIS M R, WILSON A D. User-defined gestures for surface computing [C]. In: Proceedings of the ACM Conference on Human Factors in Computing Systems (CHI'09), 2009: 1083 – 1092.

WU H Y, WANG J M, ZHANG X L. User-centered gesture development in TV viewing environment [J]. Multimedia Tools and Applications, 2016, 75: 733 – 760.

WU H Y, ZHANG S K, LIU J Y, QIU J L, ZHANG X L. The gesture disagreement problem in freehand gesture interaction [J]. International Journal of Human-Computer Interaction, 2018.

https: //doi. org/10. 1080/10447318. 2018. 1510607.

ZAIţI I A, PENTIUC Ş G, VATAVU R D. On free-hand TV control: experimental results on user-elicited gestures with leap motion [J]. Personal and Ubiquitous Computing, 2015, 19 (5 – 6): 821 – 838.

第 5 章　基于沉浸式 VR 购物环境的用户自定义手势设计

5.1　引言

虚拟现实（VR, virtual reality）是一种非常流行的技术，近年来被广泛应用于人机交互（HCI, human-computer interaction）和其他各种不同的应用领域，其中一个被广泛关注的应用领域是用于模拟真实世界购物场景的 VR 在线购物应用。近几年中，已经有许多工作来研究将 VR 技术应用于在线购物的可行性，并开发了很多原形系统，比如虚拟超市（Elbaz et al., 2009; Josman et al., 2014），虚拟购物者（Hadad, 2012）和虚拟商城（Rand et al., 2009）。基于虚拟现实的在线购物系统能够提供有效的产品信息，不仅可以积极地影响顾客的态度，还可以影响线下销售（Altarteer et al., 2017）。

然而，大多数现有的基于 VR 的购物应用系统是在桌面虚拟环境中实现的，主要是利用了传统的输入设备例如鼠标（Cardoso et al., 2006）、键盘（Klinger et al., 2006）和手柄（Carelli et al., 2009）等帮助用户在 VR 场景中漫游、收集和操作虚拟物品等。但是，传统的图形用户界面下的 VR 系统大都基于 WIMP（window, icon, menu, pointing device）范式而设计，这种界面范式会造成一系列可用性问题，比如低输入/输出带宽、低交互自由度、离散的界面反馈和交互响应，以及对精确输入的苛刻要求等大大降低了用户的交互体验。随着 VR 技术的迅速发展，很多交互技术已经越来越重视利用普通用户在现实生活中不断构建和积累起来的知识、经验和心智模型，在这一发展趋势之下，如何有效融合终端用户的不同感知通道而提高自然人机交互的效率已经成为基于 VR 的购物系统交互设计的一个关键问题和挑战。

解决上述问题的一个有效方法是设计开发支持基于裸手自然手势（free-hand gesture）的沉浸式 VR 在线购物系统。手势，是一种灵活的输入模式，已被广泛运用在许多人机交互相关应用领域中，例如 VR/AR（Feng et al.，2013；Piumsomboon et al.，2013）、计算机游戏（Kulshreshth et al.，2014）、可穿戴设备（Tung et al.，2015；Shimon et al.，2016；Gheran et al.，2018）、智能家居（Takahashi et al.，2013；Wu et al.，2016）、机器人（Yang et al.，2007；Obaid et al.，2012）和无人机（Pfeil et al.，2013；Peshkova et al.，2017）等。目前，无线传感器技术、生物控制论技术和无标记运动捕捉技术（Yang et al.，2017；Rautaray et al.，2015；Cheng et al.，2016）的飞速发展，也进一步拓展了手势在各个不同领域中的应用范畴。

尽管目前已经有很多关于自然手势交互的研究，但是在关于手势的设计方面依然存在很多悬而未决的问题。例如，我们如何根据实际的目标系统确定最佳手势集合？一个手势和它对应的目标任务之间的最适合的映射是什么？手势启发式研究（gesture elicitation study）是参与式设计（participatory design）领域的一个研究分支，目前已引起越来越多研究人员的关注，并被广泛应用于收集最终用户对各种 HCI 系统交互任务的需求和期望。然而，传统的手势启发式研究方法在实际运用中碰到了各种问题，例如手势遗留偏见问题（legacy bias）（Morris et al.，2014）和手势分歧问题（gesture disagreement）（Wu et al.，2018a）等，并且在设计过程中用户可能受实验环境或实验时长等因素的限制，经常无法给出具体目标任务的最佳手势。

最近，很多研究人员通过在手势设计中使用由微软研究院 Morris 等人提出的 priming 和 production 技术（Morris et al.，2014；Chan et al.，2016；Hoff et al.，2016；Chen et al.，2018）来解决手势设计中的词汇分歧和遗留偏见问题。在该方法中，研究人员让被试对每一个指定的目标任务都至少设计三个手势。他们认为，通常被试第一个想出来的手势可能更容易受遗留偏见的影响，而强制要求被试设计三个以上的手势能够使他们减轻先入为主的遗留偏见影响从而在一定程度上解决这个问题。然而，这种方式在实际应用中也遇到了很多困难，例如研究人员发现让被试对每个任务都设计多个手势是很困难的，尤其是当被试对目标领域和交互任务不熟悉的时候更是如此，有很多被试绞尽脑汁也设计不出那么多手势，有的被试即便完成了任务但往往也是东拼西凑了一些手势，这些手势对后续的统计分析都带来了很多负面的影响。本章，我们介绍面向沉浸式 VR 购物应用的用户自定义手势研究（Wu et al.，2018b）。我们的工作与之前的启发式研究的主要区别在于，我们将启发式研究划分为两个不同的阶段，首先在先验阶段使用用户参与式设计方法针对每个任务设计得到两个手势，然后将所有的手势候选进行汇总，在后验阶段针对每个任务由用户在所有的手势候选中挑选出前两名最受欢迎的手势。实验结果表明，该方法可以有效解决手势分歧问题并且在一定程度上减轻传统的手势启发式研究中存在的遗留偏见问题。

5.2 相关研究

本章工作主要涉及面向 VR 购物应用的手势交互系统以及手势启发式设计研究相关方法和成果。这一节的文献回顾则主要关注这两个方面的工作。

5.2.1 基于手势交互的 VR 购物应用系统

手是我们身体上最灵巧的部位之一，并且在现实的物理世界和虚拟环境中被大量使用，用来执行各种交互任务，例如虚拟对象的操控（Song et al.，2012；Feng et al.，2013；Alkemade et al.，2017）、虚拟环境中的漫游（Tollmar et al.，2004；Sherstyuk et al.，2007；Verhulst et al.，2016）和系统控制（Kölsch et al.，2004；Colaco et al.，2013）。

除了上述研究成果之外，手势还被尝试应用在线上购物等特定的应用领域。比如，Badju 等（Badju et al.，2015）开发了一个交互系统，设计了10 个手势来执行一些诸如物品选择和系统菜单导航等交互任务。类似地，Altarteer 等人（Altarteer et al.，2017）设计了 5 种手势，来帮助消费者与一个奢侈品牌在线商店进行自然的交互。根据 Badju 和 Altarteer 等人的研究成果，基于手势的自然交互技术可以让顾客自由挑选新衣服或进行各种不同风格衣服的混合搭配，而省却了去购物中心实体店的各种麻烦，从而大大提升他们的购物体验。最近，伴随着沉浸式虚拟现实技术、新式传感器技术（比如 Kinect 和 Leap Motion）以及基于手势的自然人机交互技术的不断发展，基于 VR 购物的研究也逐渐从传统的基于 WIMP 的桌面虚拟环境（Badju et al.，2015；Altarteer et al.，2017）向更直观、更自然的沉浸式在线购物交互模式的转变，例如，Verhulst 等（Verhulst et al.，2016）开发了一个沉浸式虚拟超市系统，帮助有认知障碍的患者使用手势、手柄等不同的交互技术来完成向一个虚拟购物车中采购虚拟超市中的各种商品的任务。该研究结果表明手势比传统的手柄更自然、舒适，但是手柄在任务完成时间方面更高效。

5.2.2　手势启发式设计研究

近年来，尽管手势交互受到了越来越多的关注并被广泛应用于多个领域，但目前学术界仍然缺少通用的手势设计准则和规范。上面讨论的许多交互系统的手势集都是由专业的人机交互研究人员设计的，在系统设计时设计师经常把手势与目标任务任意映射结合（Yee，2009），在系统开发的过程中普通的用户很少有机会参与到手势设计过程中。此外，一旦系统开发完成之后，普通用户通常很少有机会根据他们自己的喜好进行手势的个性化设计与定制。因此，这样的系统往往无法识别用户做出的一些自然手势，尽管这些手势可能是最符合用户交互习惯、最匹配他们的心智模型的。这样的设计最终可能会面临系统可用性很差并且用户满意度很低的风险。为了解决上面提出的问题，大量的研究人员提倡在手势设计中引入启发式设计研究方法。

图 5.1 所示是传统的启发式设计研究的经典流程，主要目标是为系统指定的目标任务派生出一套合适的手势。在这个流程中，首先需要向最终用户依次展示每一个任务在使用手势之前和使用手势之后的预期状态转换效果，这些转换效果也被称为指示物（referents）。看完这些任务的预期演示效果之后，被试需要针对每一个任务设计出一个能够实现该效果的手势。接下来，系统设计者从最终用户那里收集所有的手势候选，并统计各个任务所对应的手势候选数量的百分比，将出现最高频率的手势（top gesture）与相应的目标任务进行一一映射对应。最近几年，启发式设计研究方法被广泛应用于很多新兴起的人机交互设备和应用系统，比如桌面计算（Wob-

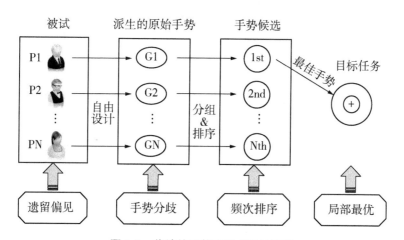

图 5.1　传统的手势启发式设计流程

brock et al.，2009；Kurdyukova et al.，2012；Buchanan et al.，2013；Grijincu et al.，2014；Valdes et al.，2014），移动交互应用（Kray et al.，2010；Ruiz et al.，2011；Seyed et al.，2012；Chan et al.，2016），虚拟/增强现实，大屏幕显示器（Morris et al.，2012；Nebeling et al.，2014；Rovelo et al.，2014；Lou et al.，2018），普适计算（Chen et al.，2018），可穿戴设备（Tung et al.，2015；Shimon et al.，2016；Gheran et al.，2018），车载信息系统（Döring et al.，2011；Angelini et al.，2014），机器人（Obaid et al.，2012），和智能家居设备等（Locken et al.，2011；Kühnel et al.，2011；Vatavu，2012；Zaiți et al.，2015；Dong et al.，2015；Wu et al.，2016）。

通过这种方法，系统设计人员可以更好地理解最终用户的交互偏好和个性化手势设计规律，最终设计出能够最大程度上匹配用户心智模型（mental modal）的手势集合。例如，Morris 等（Morris et al.，2010）比较了surface 桌面计算环境下，用户自定义手势和研究人员创作的手势，发现用户自定义的手势比专业的系统设计人员设计的手势更容易被接受。类似地，Nacenta 等人（Nacenta et al.，2013）的研究结果还表明与系统开发人员预先设计的手势相比，用户自定义的手势更容易记忆和学习，使用起来也更有趣。

5.2.3　手势启发式设计研究的局限性

尽管近年来手势启发式设计研究方法被应用于很多不同的领域并取得了很多的成果，但在实际应用中仍然存在很多缺陷（图5.1），主要表现在以下方面：

第一，由于时间和实验条件有限，参与实验的被试在实验过程中可能无法每次都设计出与指定目标任务最匹配的最佳手势。并且，即使是被试在实验中设计出来的那些手势也常常会受用户自身的个性化偏好或用户之前交互经验的影响，这一现象被称之为遗留偏见（legacy bias），比如说受传统的 WIMP 界面交互方式或者基于 surface 的多点触控用户界面的影响，被试会设计很多点击或双击手势等（Morris et al.，2014）。最近，一些研究人员（Morris et al.，2014；Chan et al.，2016）运用了 priming 和 production 的技术来消减遗留偏见对手势设计所带来的影响。在这种方法中，实验参与者被要求为每个指定的目标任务至少设计三个手势。从目前的应用来看，该方法是有效的，但也存在很多不足之处。比如，Chan 等人（Chan et al.，2016）的研究发现有很多实验参与者无法从该方法中受益。比如，有的实验参与者说他们看到某个任务时脑海中已经浮现出了一个很合适的手势，但是实验过程中研究人员要求他们至少为每个任务设计三个手势，他们往往无法完成这个要求条件，有时候甚至会感到抓狂。

第二，传统的启发式研究经常会碰到"手势分歧"问题（Wu et al.，2018a）。Wu 等人的研究成果表明，在三个不同的应用领域（汽车、虚拟现实和电视），不同用户为同一个目标任务设计相同手势的概率均低于 0.355。因此，在传统的启发式研究中研究人员期望多个不同的实验参与者可以凭直觉为一个指定目标任务设计相同的手势是不现实的。为了解决手势分歧问题，Chen 等人（Chen et al.，2018）和 Wu 等人（Wu et al.，2018a）提出在传统启发研究中为用户提供一个包含多个手势选项的列表以供用户选择。这个提议的假设前提是希望被试在看了所提供的候选手势之后，尤其是某些具有高度可学习性的手势，再经过学习和再认识过程，很多被试将可能改变初始的想法转而使用这些新的手势，从而在一定程度上提高实验被试之间的共识度，进一步减轻手势分歧问题。

第三，在传统的启发式研究中，系统设计人员经常使用"胜者为王"（winner-take-all）的策略将用户投票最多的手势（top gesture）映射给相应的目标任务。然而，在实践过程中，这个方法不一定能保证 top gesture 的可用性。Choi 等（Choi et al.，2014）的一项研究表明，使用启发式研究所导出的一套手势集在事后实验评估中，有 66% 的 top gesture 都发生了改变。因此，针对一个目标任务，使用传统的启发式研究方法可能会产生一个局部最优手势而非全局最优手势，无法发现可能会更适合这个任务的手势。

总的来说，为了设计更自然、更友好的基于手势的交互系统，我们必须考虑上述提到的几个问题，探索如何让最终用户更多、更有效地参与手势设计过程并且在启发式研究中更全面地分析用户的手势设计结果。与传统的启发式研究方法相比，在本章中我们提出了一个更实用和更有效的方法来获得更可靠的用户自定义手势（user-defined gestures）。我们的研究假设是：在用户启发式研究的先验阶段，让用户为每个任务设计两个手势并将所有的手势候选汇总，然后在后验阶段反馈给用户并且让用户针对每个任务从所有候选中选择前两个手势，可以在一定程度上减轻手势分歧问题并消除最终用户的遗留偏见。

5.3　研究方法

我们设计了两个实验来验证前面提到的假设。在第一个实验中，我们让被试自由设计手势，这一阶段所收集导出的手势候选将会在第二个实验中全部提供给被试，让被试对每一个任务都选择最喜欢的手势。跟其他的传统的启发式研究方法相比，我们的研究方法将更有效地解决手势分歧问题和手势设计中的遗留偏见问题。

5.3.1　需求分析和功能定义

为了开发一个用户体验友好的手势 VR 购物系统，重要的是要清楚地了解目标系统的使用环境，即，我们应该确定哪些目标用户将会使用这个系统，在什么条件下他们将会使用它，以及他们使用它是为了什么。

为了确定最需要的核心任务集，我们从不同的电商平台收集了用于 VR 购物应用的交互任务。此外，我们调查了之前关于基于手势的 VR 设备的研究。然后，我们进行了一次头脑风暴会议，邀请了 10 位资深购物者讨论这种系统的核心任务。头脑风暴会议的目的是验证和精炼目标任务，并识别后续实验中可能出现的问题。头脑风暴会议在一个可用性实验室进行，时间大约持续 4 小时。通过收集和对前人研究中所提出的在线购物功能进行分组合并（Cardoso et al.，2006；Klinger et al.，2006；Elbaz et al.，2009；Rand et al.，2009；Carelli et al.，2009；Hadad，2012；Josman et al.，2014；Badju et al.，2015；Verhulst et al.，2016；Altarteer et al.，2017），我们为基于手势交互的 VR 购物系统生成了一套由 22 个功能组成的功能集。

接下来，我们招募了 32 个被试（14 名男性和 18 名女性）来参与半结构化访谈。他们的年龄在 25 到 48 岁之间（均值 30.13，标准差 2.518）。他们来自各行各业，包括程序员、营销人员、家庭主妇以及大学的学生和教授。所有的被试都至少有 5 年以上的网购经验。在访谈中，所收集到的 22 个任务被用作基本信息进行讨论，被试会被问到以下问题：

- 在一个基于手势交互的 VR 购物系统中最需要的核心任务有哪些？
- 哪些任务适合用手势来完成？
- 在这样一个手势 VR 购物系统中，手势的优点和缺点分别是什么？
- 手势 VR 购物系统应该支持的手势数量最多是多少？

根据在半结构化访谈中收集的结果，可以应用在手势 VR 购物系统中的手势数量预期是 6～15 个（均值 10，标准差 2.94）。结果，我们得到了 12 个最需要的核心任务。在访谈中，只有当至少 50% 的被试选择某一个任务时，这个任务才被当作手势 VR 购物系统的核心任务。表 5.1 列出了这 12 个最需要的核心任务，表格的左侧两列用序号和任务名称标识每个任务。右侧两列表示每个任务在被试中的受欢迎程度。我们根据每个任务的受欢迎程度对它们进行了降序排列。

表 5.1 手势 VR 购物系统的核心功能集

序号	任务名称	频次	百分比
1	选取对象	32	100%
2	旋转对象	32	100%
3	放大对象	32	100%
4	缩小对象	32	100%
5	小一号尺码	32	100%
6	大一号尺码	30	94%
7	试穿衣服	30	94%
8	上一个颜色	24	75%
9	下一个颜色	24	75%
10	添加到购物车	24	75%
11	查看产品详情	22	69%
12	关闭当前窗口	16	50%

在本节中，我们收集了目标用户的实际需求，并确定了基于手势交互的 VR 购物系统应支持的最需要的核心任务。本节的结果为我们随后的研究奠定了基础。

5.3.2 用户自定义手势集导出

首先，我们设计了实验 1。在这个实验中，我们收集了有关 VR 购物系统最需要的核心任务的更多信息，这些任务都是来自前面头脑风暴的结果。我们要求被试在没有任何提示的情况下为每个任务自由地设计两个手势。我们的研究重点是了解被试对于各种 VR 购物任务的手势偏好，并将结果应用于基于手势的 VR 购物界面设计。

（1）被试。

我们招募了 32 名被试来参加我们的实验，男女性别比均衡。他们的年龄介于 23 到 41 岁之间（均值 27.94，标准差 1.390）。他们来自各行各业，包括程序员、营销人员、家庭主妇、大学的学生和教授。所有的被试都有 5 年以上的网购经验。然而，他们都没有任何使用手势进行沉浸式 VR 购物的经验。

（2）实验设置。

实验在一个可用性实验室中进行。实验环境中有一台电脑，一个 Leap Motion 传感器，和一个 HTC Vive（VR 头显产品）。它还搭载了我们事先开发好的视觉手势交互系统，用于处理来自 Leap Moption 传感器的手势输入信号，并将 VR 场景提供给 HTC 显示器。

(a) 基于手势的沉浸式 VR 购物系统

(b) 软件界面

图 5.2　实验 1 设置

（3）实验过程。

在实验之前，所有 32 名被试都被简要告知了实验目的并完成了知情同意书。在实验过程中，他们被告知使用我们开发的手势 VR 购物系统来执行表 5.1 中列出的 12 个核心目标任务。

传统的手势启发设计研究要求被试针对每个目标任务只设计一个手势（Nielsen et al. , 2004；Kray et al. , 2010；Ruiz et al. , 2011；Kühnel et al. ,

2011；Locken et al.，2011；Kurdyukova et al.，2012；Vatavu，2012；Pium-somboon et al.，2013；Grijincu et al.，2014；Wu et al.，2016；Zaiţi et al.，2015)，与之不同的是，我们要求被试在听到坐在他们身后的实验人员的任务指示之后，对每个目标任务设计两个手势。

为了消除 12 个目标任务的顺序影响，我们使用拉丁方来确定每个被试的任务顺序。为了了解被试的设计理念，实验中采用了"出声思考法"（think-aloud）。所有 32 个被试都被要求口头解释为什么他们会为指定目标任务选择某个手势。为了减少实验人员对被试的影响，我们没有给被试提供任何提示。在所有被试结束实验之后，我们要求他们填写一个关于人口统计学信息的问卷，包括年龄、性别和职业。实验中每个被试的持续时间大约是半个小时。

（4）实验结果。

在这一节中，我们介绍如何对用户自定义的手势进行分组和合并，在此基础之上计算手势的一致性分数。

● 数据处理和分析。

基于 32 个被试和 12 个 VR 购物任务，我们一共收集了 768 个（32 × 12 × 2）用户自定义手势。接下来，我们邀请了 5 名具有手势交互和界面设计专业知识的研究人员，在一个头脑风暴会议中为每个目标任务的手势进行分组与合并。在头脑风暴会议中我们使用了两个步骤来对用户自定义的手势集进行分类：①具有相同形状或轨迹的手势被直接合并为一个手势；②对于在形状和轨迹方面具有相似特征的手势，5 名研究人员重播了我们在手势启发式设计过程中收集的相关视频，并根据被试们在实验中的口头描述讨论了是否对这些手势进行分组以及如何分组。分组与合并之后，我们得到了 165 种手势类型。其中有 80 组是用户作为首选手势提出来的，其余的 85 组是用户作为次选手势提出来的。

● 一致性分数。

基于所收集的用户自定义手势，我们基于 Vatavu 等人（Vatavu et al.，2015）所提出来的一致性公式计算每个目标任务的一致性分数。下式给出了一致性分数的计算方法：

$$AR(r) = \frac{|P|}{|P|-1} \sum_{P_i \subseteq P} \left(\frac{|P_i|}{|P|} \right)^2 - \frac{1}{|P|-1} \tag{1}$$

其中，P 是任务 r 的所有手势候选的集合，$|P|$ 是集合的大小，P_i 是来自 P 的某一类型的手势子集。一致性分数用于衡量目标用户为指定任务选择相同手势的可能性：一致性分数越高，选择相同手势的可能性就越大。

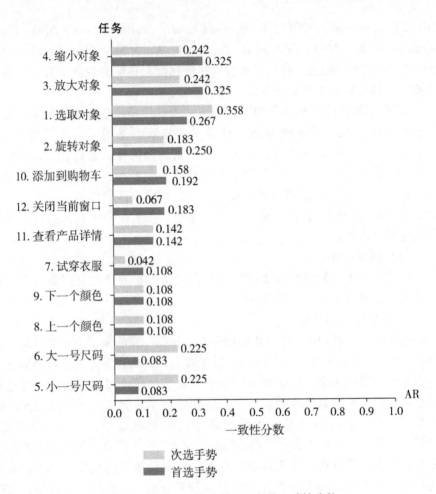

图 5.3　实验 1 中 12 个核心任务的一致性分数

对于 12 个 VR 交互任务，被试的首选手势和次选手势的平均一致性分数分别是 0.181（标准差 0.091）和 0.175（标准差 0.089）。根据 Vatavu 等人（Vatavu et al.，2015）对一致性分数的分级标准，本研究中获得的任务平均一致性分数等级属于低级。对比以往手势启发式设计研究结果的一致性分数我们可以看出，Ruiz 等人（Ruiz et al.，2011）面向移动交互所设计的手势的平均一致性分数为 0.221，Wobbrock 等人（Wobbrock et al.，2009）面向表面计算所设计的手势的平均一致性分数为 0.242，Vatavu 等人（Vatavu，2012）面向数字电视所设计的手势的平均一致性分数为 0.362，Piumsomboon 等人（Piumsomboon et al.，2013）面向增强现实所设计的手势的平均一致性分数为 0.417，Buchanan 等人（Buchanan et al.，2013）面向

3D 对象操作所设计的手势的平均一致性分数 0.430。因此，与以往的手势启发式研究相比，我们的实验所得的一致性分数显得更低。

通过使用配对样本 t 检验，被试的首选手势和次选手势之间的平均一致性分数方面并没有显著性差异（$t_{11} = 0.245$，$p = 0.811$）。然而，我们却发现目标任务的排序与首选手势和次选手势的排序显著相关（Spearman's $\rho_{(N=12)} = 0.725$，$p = 0.024 < 0.05$）。

我们首先讨论被试的首选手势。在所有的任务中，任务 4 "缩小对象"得到了最高的一致性分数 0.325。针对该任务，被试一共设计了 3 种手势，其中最佳手势是一个 "两只手从左右两边向中间靠拢"的动作，一共有 14 个人选择。其次为一个 "大拇指和食指捏合在一起"的手势，一共有 12 个人选择。相比之下，一致性分数最低的是任务 5 和 6 的手势设计。每个任务都产生了 10 种手势，然而，每个任务的最佳手势只有 8 个人选择，排名第二的手势只有 6 个人选择。

接下来讨论被试的次选手势。在所有的任务中，任务 1 "选取对象"得到了最高的一致性分数 0.358。针对该任务，被试一共产生了 4 种手势，其中最佳手势是一个 "抓取"的动作，一共有 16 个人选择；其次为一个 "食指点击"的动作，一共有 12 个人选择。相比之下，任务 7 得到了最低的一致性分数 0.042。针对该任务被试一共设计产生了 12 种手势，其中最佳手势为一个 "将想象中的衣服拖到自己身体上"，只有 6 个人选择，排名第二的是一个 "将想象中的衣服拖到一个想象中的人体模特上"，只有 4 个人选择。

（5）实验 1 讨论。

在这个实验中，我们要求被试在没有任何提示和物理限制的情况下，对每个指定任务设计两个手势。如上所述，与传统的手势启发式设计研究相比，本实验的结果产生了更低的一致性分数。由于严重的手势分歧问题以及被试之间的较低的共识度，我们无法确定满足绝大多数被试要求的，能够应用于 VR 购物系统的最佳手势集。因此，我们在下一个实验中对所有的候选手势都进行检验和可用性评估。

5.3.3 用户自定义手势集评估

尽管我们已经了解了基于手势交互的 VR 购物系统应该支持的最需要的核心任务集，以及被试对于这些任务通常喜欢使用的手势，但由于我们在前面的实验 1 中使用了启发式设计研究，这种方法带有一定的开放性质，因此目前尚不清楚这些手势在实践中真实性能如何，是否受用户欢迎。因此，我们设计了实验 2。在本实验中，我们旨在进一步研究用户所设计的手势的受欢迎度和可用性。我们尤其希望验证我们前面所提出的假设。

（1）被试和实验设置。

为了保持一致性，我们邀请了实验1中的32名被试。实验也是在跟实验1相同的可用性实验室中进行。与实验1中要求被试为每个目标任务设计两个手势相比，本实验中要求被试为每个目标任务选择两个手势。因此，我们通过笔记本电脑上的幻灯片上的文本、图片GIF动画向被试展示了应用场景和目标任务，以及每个任务所对应的手势候选（图5.4）。与实验1类似，我们没有给被试任何提示。

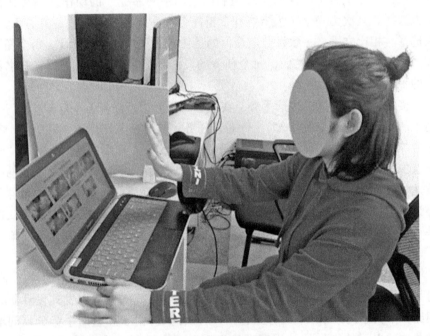

图5.4 实验2设置

（2）实验过程。

和实验1相似，所有32名被试被简要告知实验目的和要求并在实验之前完成了知情同意书。然后，我们向被试展示了VR购物的12个目标任务列表以及从实验1导出的165组用户自定义手势。在实验期间，我们向被试呈现幻灯片上每个目标任务的一组候选手势。传统的手势启发式设计研究要求被试为每个任务仅选择一个手势（Kühnel et al.，2011；Locken et al.，2012；Choi et al.，2014；Wu et al.，2016；Chen et al.，2018），与此不同的是，我们要求被试为每个任务选择两个最喜欢的手势。因为我们认为只设计一个手势往往会受到遗留偏见问题的影响。而要求被试设计两个手势会督促被试更多更深入地思考更加合适的手势选择。与实验 1 类似，本实验采用"出声思考法"（think-aloud）来记录被试为指定任务选择某个手势的原因。实验中每个被试的时间持续 20 ～ 40 分钟。

（3）实验结果。

在这个实验中，我们给被试提供了从实验 1 中所收集的 165 种不同的手势，其中包括 80 种被试的首选手势和 85 种被试的次选手势。这个实验结束后，我们收集到了 132 种不同的手势，其中包括 61 种被试的首选手势和 71 种被试的次选手势。

● 一致性分数。

与之前的实验类似，我们用 Vatavu 等人（Vatavu et al.，2015）的一致性公式计算 12 个 VR 目标任务的一致性分数。结果如下。

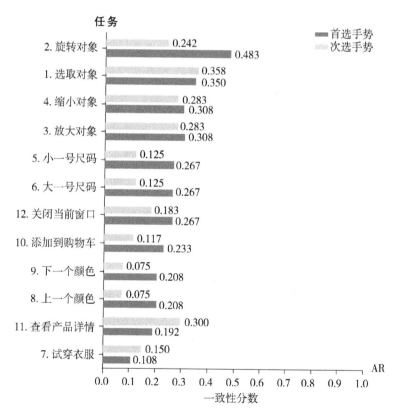

图 5.5　实验 2 中 12 个任务对应的一致性分数

对于 12 个目标任务，首选手势和次选手势的平均一致性分数分别是

0.267（标准差 0.093）和 0.193（标准差 0.096）。和实验 1 相似，本实验得到的平均一致性分数等级也很小。

与实验 1 相比，用户的首选手势比次选手势的平均一致性分数高了 38.3%。我们使用配对样本 t 检验发现，首选手势和次选手势的平均一致性分数之间存在显著性差异（$t_{11} = 2.617$，$p = 0.024$）。此外跟实验 1 类似，我们还发现目标任务的排序和首选手势以及次选手势的排序显著相关。（Spearman's $\rho_{(N=12)} = 0.781$，$p = 0.010 < 0.05$）

对于被试的首选手势，最高的一致性分数是 0.483，由任务 2 "旋转对象"获得。总的来说，被试一共选择了 4 种手势，其中选择最多的是一个"旋转手腕"的手势动作，有 22 个被试选择。第二多的是一个"旋转一个想象中的转盘"，有 6 个被试选择了这个手势。相比之下，任务 7 "试穿衣服"得到了最低的一致性分数 0.108。被试一共选择了 8 种手势，其中选择最多的是一个"拖动想象的衣服到自己身上"的手势动作，有 8 名被试选择。第二多的是一个"拍拍自己的胸脯"的手势动作，有 6 个被试选择。

对于被试的次选手势，最高的一致性分数是 0.358，对应任务 1 "选取对象"。针对该任务，被试总共选择了 4 种手势，其中选择最多的是一个"抓取"的手势动作，一共有 16 个被试选择。第二多是一个"食指点击"的动作，有 12 个被试选择。相比之下，最低的一致性分数是 0.075，对应任务 8 和任务 9。对每个任务，被试分别选择了 10 种不同的手势。但是，选择数量最多的手势仅有 8 个被试选择，数量第二多的仅有 4 个被试选择。

①第二次实验中改变首选手势的被试数量统计。

接下来，我们对第二次实验中改变首选手势的被试的个数进行统计。图 5.6 展示了在看到其他用户提出的手势集后改变了自己初始首选手势的用户的百分比。平均下来，28.1% 的用户改变了他们的首选手势。也就是说，平均三分之一的被试会改变自己的首选手势，而如果按照传统的手势启发式设计研究方法来进行筛选的话，那些首选手势最终将会是被作为最终的手势赋值给相对应的目标任务的。因此，本实验结果证明了传统的手势启发式设计研究的结果可信度是不高的，因为依据这种方法筛选出来的"最佳"手势未必是大多数用户真正喜欢的。这个结果也进一步验证了本文前面所提出的遗留偏见问题的严重性。

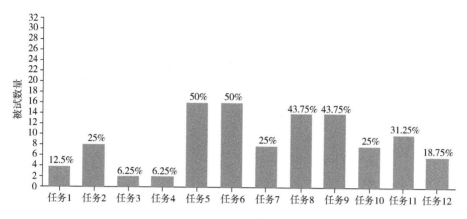

图 5.6　前后两次实验中改变了首选手势的被试数量对比

②两个实验中用户首选手势的对比。

从表 5.2 可以看出，12 个最佳手势中只有 5 个在实验 2 进行完后还被保留，这 5 个手势包括：任务 1 "选取对象" 所对应的 "抓取" 手势，任务 2 "旋转对象" 所对应的 "旋转手腕" 的手势，任务 7 "试穿衣服" 所对应的 "拖动想象中的衣服到自己身上" 的手势，任务 10 "添加到购物车" 所对应的 "拖动想象中的商品到一个想象中的购物车图标" 的手势，以及任务 12 "关闭当前窗口" 所对应的 "挥手拂去" 的手势。相比之下，任务 3、任务 4、任务 5、任务 6、任务 8、任务 9 和任务 11 这 7 个任务的最佳手势在实验 2 中都改变了。两个实验结果比较，最佳手势的改变率为 58.3%。这个结果与 Choi（Choi et al.，2014）的研究发现是类似的，他们的研究结果发现两个不同实验中最佳手势的改变率为 66%。

表 5.2　两个实验中 12 个目标任务所对应的前两名用户自定义手势比较
（按照首选手势数量排序）

目标任务	实验 1				实验 2			
	最佳的两个手势	首选手势	次选手势	总共	最佳的两个手势	首选手势	次选手势	总共
1. 选取对象	抓取	14	16	30	抓取	14	16	30
	用食指点击	10	12	22	用食指点击	14	12	26
2. 旋转对象	旋转手腕	14	10	24	旋转手腕	22	4	26
	用食指画圈	6	8	14	用食指画圈	2	14	16

续表5.2

目标任务	实验1				实验2			
	最佳的两个手势	首选手势	次选手势	总共	最佳的两个手势	首选手势	次选手势	总共
3. 放大对象	拇指和食指由捏合到张开	14	10	24	两手从中间向两边张开	14	6	20
	两手从中间向两边张开	12	12	24	拇指和食指由捏合到张开	12	10	22
4. 缩小对象	拇指和食指由张开到捏合	14	10	24	两手从左右向中间合拢	14	6	20
	两手从左右向中间合拢	12	12	24	拇指和食指由张开到捏合	12	10	22
5. 小一号尺码	向下滑动	8	2	10	在想象中的尺码面板上点击	14	8	22
	两手从左右向中间合拢	6	14	20	向下滑动	10	6	16
6. 大一号尺码	向上滑动	8	2	10	在想象中的尺码面板上点击	14	8	22
	两手从中间向两边张开	6	14	20	向上滑动	10	6	16
7. 试穿衣服	拖到自己身上	10	6	16	拖到自己身上	8	8	16
	拖到想象中的模特身上	4	4	8	拍拍自己的胸口	6	10	16
8. 上一个颜色	向右滑动	8	6	14	轻点想象中的颜色面板	12	4	16
	食指向左边	2	8	10	顺时针转动想象的颜色色轮	6	8	14
9. 下一个颜色	向左滑动	8	6	14	轻点想象中的颜色面板	12	4	16
	食指向右指	2	8	10	顺时针转动想象的颜色色轮	6	8	14

续表 5.2

目标任务	实验 1				实验 2			
	最佳的两个手势	首选手势	次选手势	总共	最佳的两个手势	首选手势	次选手势	总共
10. 添加到购物车	拖到想象中的购物车图标	10	12	22	拖到想象中的购物车图标	14	10	24
	拖到自己的口袋	10	4	14	拖到自己的口袋	8	4	12
11. 查看产品详情	食指轻点两次	10	2	12	下拉想象中的幕布	10	6	16
	食指长按 3 秒	8	10	18	食指轻点两次	8	16	24
12. 关闭当前窗口	快速扫开	12	6	18	快速扫开	16	2	18
	抓住想象中的窗口并扔掉	6	6	12	上拉想象中的幕布	4	12	16

仔细对比两个实验中的最佳手势，我们发现，对于任务 3、任务 4、任务 5、任务 6 和任务 11 这 5 个任务来说，在实验 1 中所产生的最佳手势在实验 2 中却变成了第二名，要是按照传统的手势启发式设计研究方法的话，这在实验 2 中按照频次排序的话是要被排除掉的，但是他们在实验 1 中却是最佳手势，这一结果显然是矛盾的。有趣的是，任务 5、任务 6、任务 8 和任务 9 这 4 个在实验 2 中的最佳手势却是实验 1 中的排在第二名的手势，更令人惊叹的是实验 1 里 32 个被试中竟然没有一个人把这 4 个手势当作首选手势提出来。这一结果有力地支持了我们的假设，即要求被试对每个任务设计两个手势是有必要的，这能引出许多有意义的结果，减轻传统的手势启发式设计研究中的遗留偏见问题。

但是，如果我们将实验 2 每个任务所对应的前两名最佳手势都考虑上的话，除了任务 8 和任务 9 之外，实验 1 中所导出的每个任务的最佳手势都被包含到实验 2 中的前两名最佳手势集中了。因此，最佳手势的改变率由 58.3% 降为 16.7%。因此，尽管被试有可能会改变他们的首选手势，但 83.3%（10/12）的手势在实验 2 中仍被保留了。这也进一步支持了我们的假设，即对每个任务选择前两个手势可以缓解手势分歧问题，提高被试间的选择一致性程度。

③用户自定义手势集。

通过对前两轮实验中用户自定义手势候选的分析和讨论，我们最终生成了一个用户自定义手势集，用于 VR 购物系统（图 5.7）。

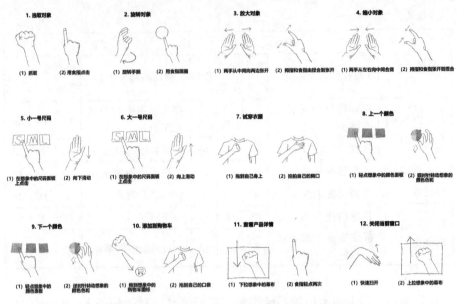

图 5.7　基于沉浸式 VR 购物的用户自定义手势集

● 用户自定义手势集的社会接受度评估。

接下来，我们评估了实验 2 产生的用户自定义手势集的社会接受度（social acceptance）。社会接受度是指用户在现实的交互上下文环境中使用这些手势时是否认为这些手势是合适的和可接受的。结果表明，首选手势和次选手势的平均社会接受度分别是 66.15% 和 53.65%。因此，我们认为两轮实验所产生的用户自定义手势被超过一半的用户所接受。在所有的首选手势中，最高的社会接受度是 93.75%，对应任务 1 "选取对象"。两轮实验中，一共有 30 个被试选择使用一个 "抓取" 的手势。其中有 14 个被试将它作为首选手势，16 个被试将它作为次选手势。排名第二的社会接受度是 81.25%，对应任务 1。在两轮实验中，总共有 26 个被试对该任务选择了 "食指点击" 的手势。其中，有 14 个被试将其作为首选手势，另外 12 个被试将其作为次选手势。

从表 5.2 的列数据可以看出，在实验 2 中选择排名前两名的最佳手势作为他们的首选手势的被试总数量从 14（任务 7）到 28（任务 1）不等（均值 10.9，标准差 2.1），作为他们的次选手势的被试的总数量从 12（任务 8 和 9）到 28（任务 1）不等（均值 8.3，标准差 2.3）。因此，实验 2 中排名前两名的手势集包含了 70% 的用户首选手势和 51.9% 的用户次选手势。接下来，根据表 5.2 中的行数据我们可以看出，实验 2 中对某一任务，愿意从排名前两名的最佳手势中选择一个手势作为他们的首选手势或者次选手势

的被试数量从 12 到 30 不等（均值 9.6，标准差 2.3）。因此，平均超过
60% 的用户至少是接受了排名前两名的最佳手势之一。如果我们将排名前两
名的最佳手势都列入考虑之中的话，这个比例将会增加。这表明了在实验 2
中导出的排名前两名的最佳手势集有着较高的社会接受度。

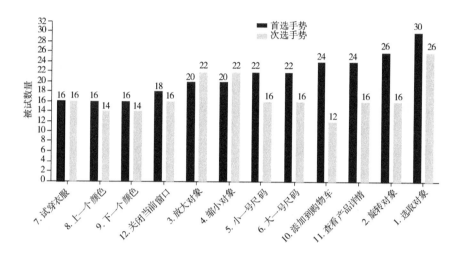

图 5.8　用户自定义手势集的社会接受度评估

（4）实验 2 讨论。

在这个实验中，我们给被试提供了实验 1 中导出的候选手势集，让被试
为每个目标任务选择两个手势。实验结果验证了我们的假设：

①要求被试对每个任务设计两个手势能够减少遗留偏见的影响。我们
的实验结果表明几乎三分之一的被试会改变他们的首选手势，并且 4 个在实
验 1 中本来是排名第二的最佳手势到了实验 2 中被重新选择成为排名第一的
最佳手势（任务 5、6、8 和 9）。

②在第二轮实验中，对每个任务都选择两个手势能缓解手势分歧问题。
我们的实验结果也从 4 个方面证实了这一假设，包括：实验 1 中总共有 165
种手势，实验 2 中经选择之后手势种类降到了 132 种；排名第一的最佳手势
在两个不同实验之间的改变率也从 58.3% 降到了 16.7%；用户首选手势的
平均一致性分数从 0.181 增加到了 0.267，用户次选手势的平均一致性分数
从 0.175 增加到了 0.193；排名前两名的最佳手势组成的集合有着较高的社
会接受度。

5.3.4 用户心智模型观察

在这一节中，我们讨论用户在设计和选择 VR 购物系统中的手势时的心智模型。尽管我们在实验过程中很谨慎，不给被试任何启发和提示，但被试还是会根据他们以前的交互经验和操作习惯进行手势的设计。我们观察到被试在实验过程中的心智模型特征表现如下：

（1）在启发式手势设计实验中，被试更喜欢模拟真实应用场景下的交互情形。这一心智模型导致了被试在手势设计上的高度一致性。这可以解释为什么在两个实验中，任务 1 和任务 4 的一致性分数总是高于其他的 8 个目标任务的一致性分数（见图 5.3 和图 5.5）。

（2）被试倾向于借用其他设计领域中已经存在的手势，比如传统的 WIMP 界面和多点触控界面中的交互方式，而不是发明一个新手势。被试在两个实验中，设计和选择手势时的口头解释可以用来作为他们心智模型的体现，比如，有被试说"我想使用一个下拉的手势动作来完成任务 11'查看商品详情'，这个动作我非常熟悉，因为这就像我在手机操作时常用的下拉菜单一样"；还有被试说，"我喜欢使用食指轻点的手势来完成任务 1'选取对象'，这个手势就像我平时使用电脑鼠标单击一样方便"；类似地还有"我愿意用食指在空中轻点两次来完成任务 11'查看商品详情'，因为这个动作就像使用鼠标双击一样容易"。

（3）被试更喜欢使用基于上下文的 2D 交互组件来完成与信息导航或信息检索相关的任务，这有点类似于传统的 WIMP 范式中使用的模式。例如在实验 2 中，对于任务 5 和任务 6，22 个被试使用了"食指轻点一个想象中的尺码面板"的手势动作（包括首选手势和次选手势）。类似地，对任务 8 和 9，16 个被试使用了"食指轻点一个想象中的颜色面板"的手势动作（同样包括首选手势和次选手势）。

（4）当被试在沉浸式 VR 购物商场里时，会想象自己有魔法或超能力。所以，在启发性手势设计中，他们会用一些真实交互场景里没有的手势。比如，16 个被试使用"拍拍自己的胸脯"的手势来完成任务 7"试穿衣服"。潜意识中，被试认为基于这个手势所选中的衣服会自动飞向他们的身体并附着在上面。另外，对于任务 10"添加到购物车"，被试想象他们可以抓取任何商品并将它们放入自己的口袋中。

5.4 讨论：对视觉手势设计的启发

基于前两个实验的结果，我们提出了对视觉手势设计的几点启发。

5.4.1　有效利用遗留偏见的影响

虽然我们实验中的被试都没有在 VR 购物应用中使用手势交互的经验，但他们表现出了使用传统 WIMP 界面或者多点触控界面（例如手机）的交互经验来设计手势的习惯，这就是遗留偏见所带来的影响。根据两个实验的结果可知，遗留偏见对于手势设计和用户的一致性既有积极的影响，也有消极的影响。它对某些特定的任务，包括虚拟对象操作的任务（例如任务 1 到任务 4）和与方向或顺序相关性很强的任务（例如任务 5 和任务 6）都显示出了积极的影响。对于这些类型的任务，用户可以使用他们在实际场景中所熟悉的操作习惯或者借用其他界面中广泛使用的手势（比如基于多点触控的用户界面），而不是发明一个新的手势。这些任务和被试之前曾经熟悉的概念、物理世界中的物体或者被试熟悉的动作之间有着清晰的映射关系，因此能够让被试更快地学习和使用这些手势。此外，受遗留偏见影响而设计出来的手势更容易被用户猜测和学习，系统开发人员也更容易实现（Wobbrock et al.，2005）。因此，系统设计人员应该有效地利用遗留偏见在手势设计中的积极影响。

除此之外，我们的实验还发现了遗留偏见所带来的消极影响。比如，对任务 8"上一个颜色"，遗留偏见就带来了消极的影响。总的来说，在实验 1 中被试对任务 8 总共设计了 8 种首选手势，包括"在想象中的颜色面板上轻点色块（WIMP 模式)""顺时针转动手腕以转动想象中的色轮（实际场景中的物理旋钮)""向右滑动（基于触摸屏的界面)""向左滑动（遥控器中的左箭头)"等等。对任务 9"下一个颜色"也出现了相同的情况。在此类任务中，被试设计手势时受到了许多不同遗留偏见的影响，因而所设计出来的手势种类就比较多而杂。在这样的情况下，系统设计师针对某个特定任务选择一个最合适的手势时就会感到很困惑。一个可行的解决办法是提供一个可供被试个性化设计手势的开发工具（Wu et al.，2016）。这样一来，各方的需求和偏好都能在同一个手势交互系统中被有效地平衡。

5.4.2　为每个任务设计两个手势

传统的启发式设计研究，通常会在前期让用户对每个任务设计一个最佳手势，并在后期由设计师对手势候选进行分组排序和筛选最佳手势，这一过程面临着手势分歧问题（Wu et al.，2018）。我们的研究表明，实验 1 和实验 2 中，被试首选手势的平均一致性分数分别是 0.181 和 0.267。通过一致性分数分析和 Kappa 一致性检验表明两者的一致性量级都很小。但是，如果对每个任务我们派生两个手势，这种情况会得到改善，主要表现在：

（1）我们观察到第二次实验后总的手势种类数目有所减少。被试将他们的选择范围从实验 1 中的 165 种缩小到了实验 2 中的 132 种，手势种类减少了 20%。具体而言，首选手势的数量从 80 降到了 61，减少了 23.8%；次选手势的数量从 85 降到了 71，下降了 16.5%。因此，首选手势的平均一致性分数由 0.181 增加到了 0.267，次选手势的平均一致性分数从 0.171 增加到了 0.193。

（2）在第二次实验中，将近三分之一的被试在看到由第一个实验中导出的手势候选后改变了他们的初始想法，并为每个任务重新选择了新的手势。因此，有些个数虽少但十分突出或者很容易被学会的手势得到了被试更多的关注。因此系统设计师也能更好地为具体的目标任务选择最佳手势，比如，对任务 2 "旋转对象"，选择 "旋转手腕" 的手势。

（3）两个实验中最佳手势的改变率从 58.3% 下降到了 16.7%。实验 1 中，12 个最佳手势里有 10 个被包括在了实验 2 中排名前两名的最佳手势集合中。所以，我们所提出的多阶段启发式设计方法可以有效减轻手势分歧的问题。

（4）除了减轻遗留偏见问题外，要求被试为每个任务设计两个手势还可以帮设计人员更多地了解用户手势接受度的信息，比如，对每个用户来说除了他们自己提出的首选手势之外，还有哪些手势（例如次选手势）他们也愿意花费时间和精力去学习。与传统启发式设计研究中按照最高频率选出相应目标任务的最佳手势的方法不同，我们的方法选择了每个任务排名前两名的最佳手势，这将保留更多有意义的手势，所产生的手势集也得到了更高的社会接受度。

5.5　总结和展望

虽然手势已经被应用到不同的领域中，但是基于手势的交互研究仍在起步阶段，目前仍缺少有效的、能用于设计特定应用场景下最优手势集的设计指导和规范。为了提高系统的可用性，启发式手势设计研究作为一种能够在特定应用场景下，面向特定任务派生用户自然手势的一种设计方法，越来越受到欢迎。但是，传统的启发式手势设计研究面临着不同程度的可用性问题，比如词汇一致性问题（Peshkova et al., 2017）、手势分歧问题（Wu et al., 2018a）和遗留偏见问题（Morris et al., 2014），经常会导致所设计的手势集陷入局部最优而非全局最优。尤其是，即便针对同样的目标任务，使用不同的启发式手势设计研究也会产生不同的手势集。所以，有必要对现有的手势启发式性设计研究方法进行重新设计和改进。本项研究就是致力于解决手势启发式设计研究的设计流程以及结果分析和手势集优化等诸多可用性问题。

本文的主要贡献在于提出了一个两阶段的手势启发式设计研究方法，在这一方法的基础上我们推导出了一套面向 VR 购物应用中的可用性更高的用户自定义手势集。我们提供了实验证据，证明了在手势启发式设计研究中，前期让用户对每个任务设计两个手势并在后期相应地选择两个手势的好处。基于实验结果，我们还提出了一套有价值的基于手势的交互设计规范。

与之前的手势启发式设计研究相似的是，我们重点讨论了在设计过程中用户的心智模型，而没有详细地讨论手势识别算法和技术。因此，基于本文工作，我们下一步的工作就是设计一个对比实验并评估我们研究导出的这套用户自定义手势集的真实识别率和现实场景中的交互效率。我们同样感兴趣的研究工作还包括开发一个基于手势交互的沉浸式 VR 购物原型系统，并且在实践中研究沉浸式环境下的自然手势交互是如何影响用户的沉浸感、临场感以及购物体验的。

5.6　参考文献

ALKEMADE R, VERBEEK F J, LUKOSCH S G. On the efficiency of a VR hand gesture-based interface for 3D object manipulations in conceptual design [J]. International Journal of Human-Computer Interaction, 2017. 33 (11): 882 -901.

ALTARTEER S, CHARISSIS V, HARRISON D, CHAN W. Development and heuristic evaluation of semi-immersive hand-gestural virtual reality interface for luxury brands online stores [C]. In: International Conference on Augmented Reality, Virtual Reality and Computer Graphics (AVR'17), 2017: 464 -477.

ANGELINI L, CARRINO F, CARRINO S, CAON M, KHALED O A, BAUMGAARTNER J, SONDEREGGER A, LALANNE D, MUGELLINI E. Gesturing on the steering wheel: a user-elicited taxonomy [C]. In: Proceedings of the 6th International Conference on Automotive User Interfaces and Interactive Vehicular Applications (AutomotiveUI'14), 2014: 1 -8.

BADJU A, LUNDBERG D. Shopping using gesture driven interaction [D].

Master's Thesis. Lund University, 2015: 1 – 105.

BUCHANAN S, FLOYD B, HOLDERNESS W, LAVIOLA J J. Towards user-defined multi-touch gestures for 3D objects [C]. In: Proceedings of the Ninth ACM International Conference on Interactive Tabletops and Surfaces (ITS'13), 2013: 231 – 240.

CAI Z Y, HAN J G, LI L, LING S. RGB-D datasets using Microsoft Kinect or similar sensors: a survey [J]. Multimedia Tools and Applications, 2017, 76 (3): 4313 – 4355.

CARDOSO L S, DA COSTA R M E M, PIOVESANA A, COSTA M, PENNA L, CRISPIN A C, CARVALHO J, FERREIRA H, LOPES M L, BRANDAO G, MOUTA R. Using virtual environments for stroke rehabilitation [C]. In: International Workshop on Virtual Rehabilitation (IWVR'06), 2006: 1 – 5.

CARELLI L, MORGANTI F, POLETTI B, CORRA B, WEISS P, KIZONY R., SILANI V, RIVA G. A NeuroVR based tool for cognitive assessment and rehabilitation of post-stroke patients: two case studies [J]. Stud Health Technol Inform, 2009, 144: 243 – 247.

CHAN E, SEYED T, STUERZLINGER W, YANG X D, MAURER F. User elicitation on single-hand microgestures [C]. In: Proceedings of the ACM Conference on Human Factors in Computing Systems (CHI'16), 2016: 3403 – 3411.

CHEN Z, MA X C, PENG Z Y, ZHOU Y, YAO M G, MA Z, WANG C, GAO Z F, SHEN M W. User-defined gestures for gestural interaction: extending from hands to other body parts [J]. International Journal of Human-Computer Interaction, 2018, 34 (3): 238 – 250.

CHENG H, YANG L, LIU Z C. Survey on 3D Hand Gesture Recognition [J]. IEEE Transactions on Circuits and Systems for Video Technology, 2016, 26 (9): 1659 – 1673.

CHOI E, KWON S, LEE D, LEE H, CHUNG M K. Towards successful user interaction with systems: focusing on user-derived gestures for smart home systems [J]. Applied Ergonomics, 2014, 45: 1196 – 1207.

COLACO A, KIRMANI A, YANG H S, GONG N W, SCHMANDT C, GOYAL V K. Mine: compact, low-power 3D gesture sensing interaction with head-mounted displays [C]. In: Proceedings of the ACM Symposium of User Interface Software and Technology (UIST'13), 2013: 227 – 236.

CONNELL S, KUO P Y, PIPER A M. A Wizard-of-Oz elicitation study examining child-defined gestures with a whole-body interface [C]. In: Proceedings of the 12th International Conference on Interaction Design and Children (IDC'13), 2013: 277 - 280.

DONG H W, DANESH A, FIGUEROA N, SADDIK A E. An elicitation study on gesture preferences and memorability toward a practical hand-gesture vocabulary for smart televisions [J]. IEEE Access, 2015: 543 - 555.

DÖRING T, KERN D, MARSHALL P, PFEIFFER M, SCHÖNING J, GRUHN V, SCHMIDT A. Gestural interaction on the steering wheel - reducing the visual demand [C]. In: Proceedings of the ACM Conference on Human Factors in Computing Systems (CHI'11), 2011: 483 - 492.

ELBAZ J N, SCHENIRDERMAN A, KLINGER E, SHEVIL E. Using virtual reality to evaluate executive functioning among persons with schizophrenia: A validity study [J]. Schizophrenia Research, 2009, 115: 270 - 277.

FENG Z Q, YANG B, LI Y, ZHENG Y W, ZHAO X Y, YIN J Q, MENG Q F. Real-time oriented behavior-driven 3D freehand tracking for direct interaction [J]. Pattern Recognition, 2013, 46: 590 - 608.

GHERAN B F, VANDERDONCKT J, VATAVU R D. Gestures for smart rings: empirical results, insights, and design implications [C]. In: ACM SIGCHI Conference on Designing Interactive Systems (DIS'18), 2018: 623 - 635.

GRIJINCU D, NACENTA M A, KRISTENSSON P O. User-defined interface gestures: dataset and analysis [C]. In: Proceedings of the Ninth ACM International Conference on Interactive Tabletops and Surfaces (ITS'14), 2014: 25 - 34.

HADAD S Y, FUNG J, WEISS R L, PEREZ C. Rehabilitation tools along the reality continuum: from mock-up to virtual interactive shopping to a living lab [C]. In: 9th International Conference on Disability, Virtual Reality and Associated Technologies (ICDVRAT'12), 2012: 47 - 52.

HOFF L, HORNECKER E, BERTEL S. Modifying gesture elicitation: Do kinaesthetic priming and increased production reduce legacy bias? [C] In: Proceedings of the TEI16: Tenth International Conference on Tangible, Embedded, and Embodied Interaction (TEI'16), 2016: 86 - 91.

JOSMAN N, KIZONY R, HOF E, GOLDENBERG K, WEISS P, KLINGER E. Using the virtual action planning-supermarket for evaluating executive functions in people with stroke [J]. J Stroke Cerebrovasc Dis, 2014, 23 (5): 879 - 887.

KLINGER E, CHEMIN I, LEBRETON S, MARIé R M. Virtual action planning in Parkinson disease: a control study [J]. Cyberpsychology and Behaviour, 2006, 9: 342 – 347.

KRAY C, NESBITT D, ROHS M. User-defined gestures for connecting mobile phones, public displays, and tabletops [C]. In: Proceedings of the 12th International Conference on Human Computer Interaction with Mobile Devices and Services (MobileHCI'10), 2010: 239 –248.

KÖLSCH M, TURK M, HÖLLERER T. Vision-based interfaces for mobility [C]. In: Mobile and Ubiquitous Systems: Networking and Services (MOBIQUITOUS'04), 2004: 86 – 94.

KÜHNEL C, WESTERMANN T, HEMMERT F, KRATZ S. I'm home: defining and evaluating a gesture set for smart-home control [J]. International Journal of Human-Computer Studies, 2011, 69: 693 –704.

KULSHRESHTH A, LAVIOLA JR J J. Exploring the usefulness of finger-based 3D gesture menu selection [C]. In: Proceedings of the ACM Conference on Human Factors in Computing Systems (CHI'14), 2014: 1093 –1102.

KURDYUKOVA E, REDLIN M, ANDRé E. Studying user-defined iPad gestures for interaction in multi-display environment [C]. In: Proceedings of the 25th Annual ACM Symposium User Interface Software and Technology (IUI'12), 2012: 93 –96.

LEE G A, CHOI J S, WONG J, PARK C J, PARK H S, BILLINGHURST M. User defined gestures for augmented virtual mirrors: a guessability study [C]. In: Proceedings of the ACM Conference on Human Factors in Computing Systems (CHI'15), 2015: 959 –964.

LOCKEN A, HESSELMANN T, PIELOT M, HENZE N, BOLL S. User-centered process for the definition of freehand gestures applied to controlling music playback [J]. Multimedia Systems, 2012, 18 (1): 15 – 31.

LOU X L, PENG R, HANSEN P, LI X D A. Effects of user's hand orientation and spatial movements on free hand interactions with large displays [J]. International Journal of Human-Computer Interaction, 2018, 34 (6): 519 –532.

MONTERO C S, ALEXANDER J, MARSHALL M, SUBRAMANIAN S. Would you do that? – understanding social acceptance of gestural interfaces [C]. In: Proceedings of the 12th International Conference on Human Computer Interaction with Mobile Devices and Services (MobileHCI '10), 2010: 275 –278.

MORRIS M R. Web on the wall: insights from a multimodal interaction elicitation study [C]. In: Proceedings of the Ninth ACM International Conference on Interactive Tabletops and Surfaces (ITS'12), 2012: 95 – 104.

MORRIS M R, DANIELESCU A, DRUCKER S, FISHER D, LEE B, SCHRAEFEL M C, WOBBROCK J O. Reducing legacy bias in gesture elicitation studies [J]. Interactions, 2014, 21 (3): 40 – 45.

NEBELING M, HUBER A, OTT D, NORRIE M C. Web on the wall reloaded: implementation, replication and refinement of user-defined interaction sets [J]. In: Proceedings of the Ninth ACM International Conference on Interactive Tabletops and Surfaces (ITS'14), 2014: 15 – 24.

NIELSEN M, STÖRRING M, MOESLUND T, GRANUM E. A procedure for developing intuitive and ergonomic gesture interfaces for HCI [C]. In: Gesture-based Communication in Human – Computer Interaction, 2004: 105 – 106.

OBAID M, HARING M, KISTLER F, BUHLING R, ANDRE E. User-defined body gestures for navigational control of a humanoid robot [C]. In: Proceedings of the 4th international conference on Social Robotics (ICSR'12), 2012: 367 – 377.

PFEIL K P, KOH S L, LAVIOLA JR, J J. Exploring 3D gesture metaphors for interaction with unmanned aerial vehicles [C]. In: Proceedings of the 26th Annual ACM Symposium User Interface Software and Technology (IUI'13), 2013: 257 – 266.

PESHKOVA E, HITZ M, AHLSTRÖM D, ALEXANDROWICZ R W, KOPPER A. Exploring intuitiveness of metaphor-based gestures for UAV navigation [C]. In: 26th IEEE International Symposium on Robot and Human Interactive Communication (RO-MAN), 2017 (a): 175 – 182.

PESHKOVA E, HITZ M. Coherence evaluation of input vocabularies to enhance usability and user experience [C]. In: Proceedings of the ACM SIGCHI Symposium on Engineering Interactive Computing Systems, 2017 (b): 15 – 20.

PIUMSOMBOON T, BILLINGHURST M, CLARK A, COCKBURN A. User-defined gestures for augmented reality [C]. In: Proceedings of the ACM Conference on Human Factors in Computing Systems (CHI'13), 2013: 955 – 960.

RAND D, WEISS P T, KATZ N. Training multitasking in a virtual supermarket: a novel intervention after stroke [J]. American Journal of Occupational Therapy, 2009, 63: 535 – 542.

RAUTARAY S S, AGRAWAL A. Vision based hand gesture recognition for human computer interaction: a survey [J]. Artificial Intelligence Review, 2015, 43 (1): 1 –54.

RITTER F E, BAXTER G D, CHURCHILL E F. Foundations for designing user-centered systems: what system designers need to know about people [M]. Berlin: Springer Publishing Company, 2014.

ROVELO G, VANACKEN D, LUYTEN K, ABAD F, CAMAHORT E. Multi-viewer gesture-based interaction for omni-directional video [C]. In: Proceedings of the ACM Conference on Human Factors in Computing Systems (CHI'14), 2014: 4077 –4086.

RUIZ J, LI Y, LANK E. User-defined motion gestures for mobile interaction [C]. In: Proceedings of the ACM Conference on Human Factors in Computing Systems (CHI'11), 2011: 197 –206.

SEYED T, BURNS C, SOUSA M C, MAURER F, TANG A. Eliciting usable gestures for multi-display environments [C]. In: ITS'12, 2012: 41 –50.

SHERSTYUK A, VINCENT D, LUI J J H, CONNOLLY K K. Design and development of a pose-based command language for triage training in virtual reality [C]. In: IEEE Symposium on 3D User Interfaces, 2007: 33 –40.

SHIMON S S A, LUTTON C, XU Z C, SMITH S M, BOUCHER C, RUIZ J. Exploring non-touchscreen gestures for smartwatches [C]. In: Proceedings of the ACM Conference on Human Factors in Computing Systems (CHI'16), 2016: 3822 –3833.

SONG P, GOH W B, HUTAMA W, FU C W, LIU X P. A handle bar metaphor for virtual object manipulation with mid-air interaction [C]. In: Proceedings of the ACM Conference on Human Factors in Computing Systems (CHI'12), 2012: 1297 –1236.

TAKAHASHI M, FUJII M, NAEMURA M, SATOH S. Human gesture recognition system for TV viewing using time-of-flight camera [J]. Multimedia Tools and Applications, 2013; 62 (3): 761 –783.

TOLLMAR K, DEMIRDJIAN D, DARRELL T. Navigating in virtual environments using a vision-based interface [C]. In: Proceedings of the third Nordic conference on Human-computer interaction (NordiCHI'04), 2004: 113 –120.

TUNG Y C, HSU C Y, WANG H Y, CHYOU S, LIN J W, WU P J, VALSTAR A, CHEN M Y. User-defined game input for smart glasses in public space [C]. In: Proceedings of the ACM Conference on Human Factors in Computing

Systems (CHI'15), 2015: 3327 - 3336.

VATAVU R D. User-defined gestures for free-hand TV control [C]. In: Proceedings of the 10th European Conference on Interactive TV and Video (EuroITV'12), 2012: 45 - 48.

VATAVU R D, WOBBROCK J O. Formalizing agreement analysis for elicitation studies: new measures, significance test, and toolkit [C]. In: Proceedings of the ACM Conference on Human Factors in Computing Systems (CHI'15), 2015: 1325 - 1334.

VALDES C, EASTMAN D, GROTE C, THATTE S, SHAER O, MAZALEK A, ULLMER B, KONKEL M K. Exploring the design space of gestural interaction with active tokens through user-defined gestures [C]. In: Proceedings of the ACM Conference on Human Factors in Computing Systems (CHI'14), 2014: 4107 - 4116.

VERHULST E, RICHARD P, RICHARD E, ALLAIN P, NOLIN P. 3D interaction techniques for virtual shopping: design and preliminary study [C]. In: International Conference on Computer Graphics Theory and Applications (VISIGRAPP'16), 2016: 271 - 279.

WOBBROCK J O, AUNG H H, ROTHROCK B, MYERS B A. Maximizing the guessability of symbolic input [C]. In: Proceedings of the ACM Conference on Human Factors in Computing Systems (CHI'05), 2005: 1869 - 1872.

WOBBROCK J O, MORRIS M R, WILSON A D. User-defined gestures for surface computing [C]. In: Proceedings of the ACM Conference on Human Factors in Computing Systems (CHI'09), 2009: 1083 - 1092.

WU H Y, WANG J M, ZHANG X L. User-centered gesture development in TV viewing environment [J]. Multimedia Tools and Applications, 2016, 75 (2): 733 - 760.

WU H Y, ZHANG S K, QIU J L, LIU J Y, ZHANG X L. The gesture disagreement problem in freehand gesture interaction [J]. International Journal of Human-Computer Interaction, 2018a. https://doi.org/10.1080/10447318.2018.1510607.

WU H Y, WANG Y, QIU J L, LIU J Y, ZHANG X L. User-defined gesture interaction for immersive VR shopping applications [J]. Behavior & Information Technology, 2018b. http://dx.doi.org/10.1080/0144929X.2018.1552313.

YANG C, JANG Y, BEH J, HAN D. Gesture recognition using depth-based hand tracking for contactless controller application [C]. In: IEEE International Conference on Consumer Electronics, 2012: 297 – 298.

YANG H D, PARK A Y, HEE S W. Gesture spotting and recognition for human-robot interaction [J]. IEEE Transactions on Robotics, 2007, 23 (2): 256 – 270.

YEE W. Potential limitations of multi-touch gesture vocabulary: differentiation, adoption, fatigue [C]. In: Proceeding of the 13th International Conference on Human Computer Interaction, 2009: 291 – 300.

ZAIţI I A, PENTIUC S G, VATAVU R D. On free-hand TV control: experimental results on user-elicited gestures with leap motion [J]. Personal and Ubiquitous Computing, 2015, 19: 821 – 838.

第三部分

手势识别技术

第6章　视觉手势识别框架

基于视觉的手势界面（vision-based gestural interfaces）是 Post-WIMP 时代的一种重要的界面形式，与传统的 WIMP 交互方式相比手势交互能够使用户摆脱鼠标键盘的束缚而采用一种更加自然、无约束的交互方式，从而提供给用户更大的交互空间、更多的交互自由度和更逼真的交互体验，具有较高的应用价值和良好的应用前景，因此迅速成为国内外研究的热点，并被广泛应用于虚拟/增强现实、普适计算、智能空间以及基于计算机的互动游戏等多个领域。尽管手势交互研究已经取得了很多研究成果，但由于视觉手势交互本身具有非接触性和模糊性等特点，因此目前对视觉手势界面的设计开发仍然是十分困难的，主要还存在以下问题：

（1）手势的理解问题。基于视觉的手势界面与传统图形用户界面（GUIs, graphical user interfaces）的一个重要区别就是其非接触性，从而导致界面设计中一个非常困难的问题即"Midas Touch"问题（点石成金问题），系统本身往往无法有效区分哪些是用户真正的交互动作，哪些仅仅是用户的下意识动作，从而无法正确感知用户的交互意图。

（2）算法的鲁棒性问题。由于手势本身具有多样性、多义性、多变性以及时空差异性等特点，因此对手势的正确分析与识别仍然是十分困难的。

（3）可扩展性问题。传统的手势训练方法过程烦琐复杂，对非专家用户来说技术门槛太高，而且手势库本身也往往只能由其设计人员制定，对普通用户来说缺乏有效的界面工具方便快捷地对其扩展以及定制新的手势类型。

本章主要针对以上三个问题，从认知心理学的角度出发，对视觉手势界面的关键技术进行了研究并给出了一个通用的视觉手势识别框架（Wu et al., 2009），希望能够为基于视觉的手势界面的设计开发提供一个统一的平台和实现方法学。

6.1　相关研究

"Midas Touch"问题是基于视觉的手势界面中普遍存在的一个难题。目前，对于该问题的解决方法大致可以分为三类：分别是基于时间延迟的策略、基于空间接近的原则以及基于界面 widget 提供交互上下文的方法。Jacob 等人（Jacob，1993）提出了一种基于时间延迟（latency-time）的策略，通过计算手势所控制的界面跟踪符号（例如光标）在某一界面对象上停留的时间长短来判断该界面对象是否被选中。但该方法一方面阻碍了技术娴熟的用户加快个人交互操作过程，另一方面也增加了用户的认知负担，因为用户必须时刻注意不能使手势在某一位置停留时间过长以免误选一些本无意选取的对象。Kato 等人（Kato et al.，2000）给出了一种基于空间接近原则的方法，通过判断用户手持的 paddle 与虚拟对象的空间接近关系来完成拣选、加载等通用的交互任务。但是，与时间延迟策略类似的缺陷是该方法仍然无法完全避免误选问题。Kjeldsen 等人（Kjeldsen et al.，2004）在手势动作与视觉界面 widget 之间建立一定的映射关系，一个可视的界面实体 widget 自身具备一定的空间位置，能够提供一定的交互上下文用来约束视觉交互行为，比如用户将手放在某一个 widget 上利用上下移动来控制某一系统参数，以此来降低由于"Midas Touch"问题所引起的系统误识率。但是 Kjeldsen 的方法不够自然并且其应用范围有限，当系统需要大量的模式切换时必须产生足够多的 widget，这不仅会加大用户的认知负担，而且会占用过多的界面空间而影响交互。

　　一个可用的视觉手势界面必须提供鲁棒的算法支持。目前，关于视觉手势分析与理解的算法比较多，Wu 等人（Wu et al.，1999）给了较为详细的综述介绍，本章在此就不再一一列举。基于视觉的手势界面设计的关键在于如何根据具体的应用需求将已有的算法进行有效的整合，从算法的实时性、鲁棒性和准确性等方面进一步提高和改进，以适应多种多样的复杂的背景环境以及光照条件，从而满足实时交互的需要。

　　视觉手势界面另一个值得关注的问题是手势的灵活定制和扩展。传统的手势识别库如 HandVu（Kölsch，2004）等通常不具备可扩展性，此类系统大都预先定义了几种可识别的手势类型，普通用户只能按照系统既定的方式参与交互，这使得用户在使用时往往要放弃自己的一些个性化习惯，违背了自然的人机交互原则。

　　本章在分析国内外已有工作的基础上，首先结合人类知觉信息加工中的注意力模型提出了一个基于非接触型交互的视觉手势状态转移模型，在这个模型的指导下设计并实现了一个视觉手势识别框架。该框架的设计模仿了人类知觉信息加工的三个不同阶段，使系统具备能够选择性地处理关键性信息而排除非关键信息干扰的能力，有效解决"Midas Touch"问题；

接下来，我们对框架的每一个实现部分都有针对性地给出了一些相应的关键技术，用以解决手势识别任务本身所面临的多样性、多义性、多变性以及时空差异性等众多问题；最后，给出了一个有效的手势界面开发工具IEToolkit，解决了传统手势工具系统复杂难用的问题，使非专家用户也能根据应用需求快速地定制新的手势类型并灵活地定义手势交互语义。

6.2 视觉手势识别框架

对于"Midas Touch"问题，传统的方法都是从视觉交互的角度出发去解决，普遍不能取得满意的结果。"Midas Touch"问题产生的根本原因是视觉处理方法本身所造成的，由于计算机系统毫无选择地对进入摄像头捕获范围内的所有信息都进行平行加工处理，因而无法区分有意识的交互动作和下意识的其他动作，正确感知用户真正的交互意图。而人类的视觉处理系统则不存在这个问题，因为大脑本身能够对输入的信息进行有效区分，分辨出哪些是需要进一步加工处理的关键信息而哪些是需要滤除的干扰信息。认知心理学认为人类大脑具备一套注意机制，能够将信息加工过程分为选择性注意、分配性注意和集中注意三个阶段（Wichens et al.，2003）。其中，选择性注意（selective attention）是指个体在同时呈现的多种外界刺激中选择一种进行注意而忽略其他的刺激的心理过程。由于人的信息加工系统处理容量有限，因此大脑在分析复杂的视觉信息时便采用选择性注意机制，滤除掉不相关的信息而将感兴趣区域移动到具有高分辨率的视网膜中央凹区，以便对该区域进行更精细的观察和分析。分配性注意（divided attention）是指个体在同一时间对两种或两种以上的刺激进行注意，或将注意分配到不同的活动中。分配性注意说明了在同时操作两个或者多个任务时分配任务的能力，有时候也可以用来说明整合多个信息源的能力。集中注意（sustained attention）是指注意在一定时间内保持在某个具体的客体或者活动上。集中注意说明个体"屏蔽掉"了外部的非关键性信息，而将注意聚焦在关键的刺激源上。认知心理学实验表明，正是由于人类具备这样的注意机制才能够对复杂的外部刺激进行有选择地过滤、对多个并行的任务有效地分配注意资源、对非关键信息及时屏蔽而将注意资源聚焦于关键信息的处理上。因此，本章认为计算机视觉系统也应该具备这样一种机制，通过模仿人类视觉系统对目标对象的识别处理机制并辅助以高层的交互语义，方能真正理解用户的交互意图，从根本上避免"Midas Touch"问题，从而有效地完成视觉手势识别交互任务。根据这一理论依据，本章将计算机视觉系统对手势信息处理过程也分为三个不同处理阶段,这三个阶段分别对应于人类注意的信息加工模型三个阶段:一是选择性处理阶段,在这个阶段中系统在复杂的背景环境里搜索关键刺激物——人手;二是分配性处理阶段,当选取了关键目标人手之后,系统除了要实时定位人手的当前最新位置外还要不断检测是否有特定的手势事件产生,即系统需要将注意资源分配到不同的任务活动中;三是集中处理阶段,系统将注意资源聚焦于具体的手势识别任务上,包括静态手势识别或者动态手势识别。

　　基于以上分析,本章将手作为一种抽象的视觉输入设备,在 Buxton 等人(Buxton et al.,1990)提出的接触型设备交互状态转移模型的基础上提出了一种可扩展的非接触型设备交互状态转移模型如图 6.1 所示,有效解决了基于视觉的手势界面中的"Midas Touch"问题。图 6.1 中,状态 0 和状态 1 均处于选择性处理阶段,其中状态 0 表示用户的手处于跟踪区域之外的 OOR(out of range)状态,此时手的移动不会对界面产生任何影响;状态 1 为手移入跟踪区域但尚未被系统检测到的状态,此时手的移动不会对交互产生影响,但会引起界面反馈例如实时显示手的原始图像,这一反馈能够充分利用用户的前庭感知和运动感知促进后续的交互;状态 2 和状态 3 同时处于分配性处理阶段,其中状态 2 表示系统已经成功检测出手,此时界面跟踪符号(例如光标)将随手的移动而移动,状态 3 表示系统需要根据一定的上下文判断当前是否存在以及存在何种类型的手势识别任务,由此来判断下一状态是静态手势识别(状态 4)还是动态手势识别(状态 5)。一旦进入某一具体的识别模块就能衍生出许多扩展状态,例如对界面交互对象的平移、旋转和缩放等,此时系统处于集中处理阶段,将对具体的手势事件进行处理和反馈。与此相反的过程不再赘述。

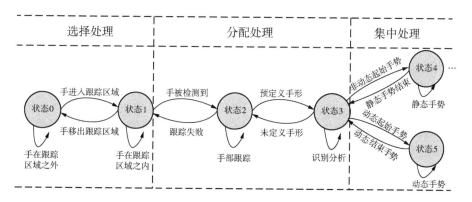

图 6.1　可扩展的视觉手势交互模型

　　针对图 6.1 的交互模型，本章提出一个视觉手势识别框架，如图 6.2 所示。与传统方法不同的是，本章的手势检测、跟踪以及识别三个模块相互交叠，两两之间又构成了内部循环。其中，手势检测模块对应于认知心理学的选择性注意阶段，负责在复杂的环境中检测出第一次以某一特定姿态出现在视频流中的手势，如果检测成功则激活后续的跟踪、识别等几个模块。在基于视觉的手势界面中这一模块是十分重要的，因为它能够有效避免整个系统时刻处于激活状态而对所有的手势动作都进行识别分析；手势跟踪模块对应于分配性注意阶段，负责解决如何对检测成功的目标手进行后续处理的问题，在这一阶段中系统将把注意资源分配到几个子任务上，它根据一定的准则判断当前跟踪是否有效，如果跟踪失效则重新返回检测模块进行检测，如果跟踪有效则在每一次成功跟踪之后都根据上下文信息判断是否有特定的手势事件产生，如果有则启动相应的识别模块。具体应该启动静态识别模块还是启动动态识别模块将由识别分析模块完成，这一模块实际上又对应于选择性注意阶段。识别模块对应了注意的集中处理阶段，在手势识别过程中系统在某一特定时刻只启动静态识别或动态识别模块之一，而并非时刻都并行地运行这两个识别模块，这样做的好处是一方面降低了系统的计算负载，另一方面由于系统聚焦于某一特定类型的识别任务，因而能够排除其他无意识手势的干扰降低了系统误识率。最终，整个识别框架向高层应用的输出包括手的数目、手势类别名称、质心运动轨迹、手形包围盒、倾斜角、手部区域的面积等多个属性。

6.2.1　手势检测

　　本章在分析视频流中被分割对象——手的特征信息以及运动信息的基础上，使用了一种基于模糊集理论的运动手势分割方法（Zhu et al., 2006）。它利用模糊集合分别描述视频流中空域和时域上的背景、肤色和运动等信息，并定义了相关的模糊计算规则。通过对模糊集合执行模糊计算，得到感兴趣区域（ROI, region of interest）的模糊表示，然后由清晰化计算得到精确的手区域，能够在实时条件下对复杂背景中的手实现区域分割。一旦分割出手势区域，我们便计算它所包含的肤色像素的数量并在 HSV 空间中建立基于直方图的统计模型。

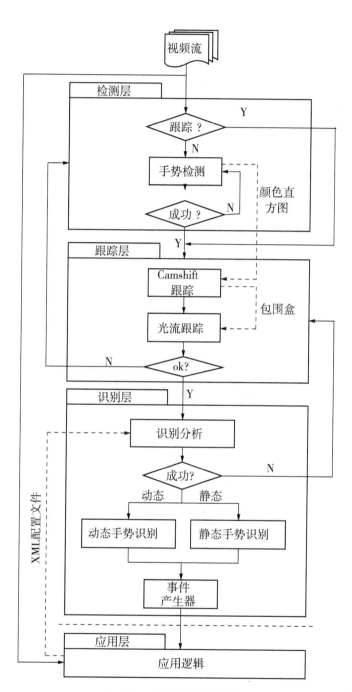

图6.2 视觉手势识别框架

手势的成功分割实现了对手部区域和轮廓的提取，接下来描述手势轮廓的形状特征。成对几何直方图（PGH, pairwise geometric histogram）是一种应用广泛的多边形形状描述子（Ashbrook et al., 1995），其编码方式基于多边形线段间的距离和角度信息，具有很好的平移、对称和尺度不变性，即便是在对象发生部分遮挡的情况下也能获得较好的效果。该方法计算简单，不仅能够克服传统的匹配算法计算量大、对形状的平滑和非平滑性不敏感、对复杂轮廓匹配实时性不高等缺点，而且只需要训练少量的手势模板就能达到很好的匹配效果。因此，本章引入 PGH 方法对手势形状进行描述。由于人手轮廓属于不规则形状，因此我们首先采用 D – P 算法（Douglas et al., 1973）对人手轮廓进行多边形近似，然后利用 PGH 对近似多边形的几何特征进行描述，从而得到手势特征向量

$$f_{\mathrm{PGH}} = \left[\, E_r(1)E_r(2)\cdots E_r(N)E_c(1)E_c(2)\cdots E_c(M)\,\right]^{\mathrm{T}}$$

其中，N 为 PGH 的行数，

$$E_r(i) = \frac{\sum_j jp(i,j)}{\sum_j p(i,j)}$$ 为第 i 行的期望，

M 为 PGH 的列数，

$$E_c(j) = \frac{\sum_i ip(i,j)}{\sum_i p(i,j)}$$ 为第 j 列的期望，

$p(i,j)$ 为点 (i, j) 的 PGH 值。

6.2.2　手势跟踪

对于手势跟踪，我们将 Cam Shift（Bradski, 1998）与金字塔光流（Bouguet, 2002）两种算法结合，综合利用了手势图像的颜色、区域和特征信息，具有较好的鲁棒性。Cam Shift 是基于颜色概率模型的跟踪方法，是 Mean Shift 算法的推广，它使目标点能够"飘移"到密度函数的局部极大值点。但 Cam Shift 算法的一个缺点是需要在跟踪开始前手工选择 ROI 来提取跟踪对象的颜色分布。本章框架由于在跟踪开始前增加了分割检测模块，手部区域已经被分割出来，所以手的肤色直方图计算是自动完成的，不再需要用户手工标定 ROI，从而实现了跟踪的自动初始化。在建立被跟踪目标的颜色直方图模型后，可将视频图像转化为基于颜色的概率分布图，跟踪的每一个迭代过程是一个反复搜索的过程，根据已有的肤色直方图模型，在计算区域内搜索窗口所覆盖部分的每个像素的肤色概率被计算出来。搜索窗口根据当前帧的肤色概率图进行位置搜索，在跟踪过程中对每一帧图像中

搜索窗口的位置和尺寸实时更新，根据搜索窗口来定位手的中心和大小。

光流法是利用光流场运动信息完成目标跟踪的方法，基于光流的跟踪方法不需要预先获取图像背景，其计算结果仅仅依靠相邻两帧中人手的相对运动，因此不受复杂环境的影响比较适用于动态手势跟踪过程。但传统的计算方法要求相邻两帧图像的亮度恒定并且运动速度不能过大，否则光流计算会产生较大的误差，难以得到精确的人手运动光流场。Bouguet 提出使用图像金字塔方法对传统的光流法进行改进（Bouguet et al.，2002），从图像金字塔的最高层（即分辨率最低的一层）开始逐渐向下，在每一层中迭代地运行传统的光流算法，通过将高层的处理结果不断向下传播最后得到总的误差累计为 $d = \sum_{L=0}^{Lm} 2^L d^L$，其中 L_m 是金字塔的高度。假定最高层可以处理的图像速度场最大为 $d_{\max}$，则整个金字塔可以处理的速度场最大能达到 $d_{\max-final} = (2^{L_m+1} - 1) d_{\max}$，从而有效解决了传统方法对像素移动速度限制的问题。

光流跟踪之前首先要初始化，即在图像中选择具有较大特征值易于跟踪的特征角点。KLT（Shi et al.，1994）是一种较为典型的算法，但是该方法所跟踪的目标仅仅是特征角点，无法提供全局的对象级信息，算法无法将手与上臂或场景中其他的运动对象有效区分。并且，KLT 比较适用于跟踪移动的刚体对象，而人手属于非刚性物体，跟踪过程中其外形会发生改变从而引起不同帧之间计算得到的特征匹配相关度降低，导致跟踪特征点丢失或逐渐转移到背景中具有更加突出的灰度梯度值的区域中，从而引起跟踪特征不一致问题。为了跟踪稳定的特征点，本章在 Kölsch（Kölsch，2004）的基础上将 Cam Shift 算法与金字塔光流进行结合，充分考虑了手势图像的肤色、区域和特征信息。为了选取好的特征点达到更好的跟踪效果，在光流跟踪之前首先利用手的肤色信息进行整体跟踪，实现对手部区域粗定位，即确定当前手势区域的外包矩形 bounding_box，然后在 bounding_box 所限定的范围之内使用金字塔光流算法有针对性地跟踪同时具有肤色和距离约束的 KLT 特征点在时空上的运动情况（见图 6.3），算法描述如下：

（1）初始化部分。

运行 KLT 算法找到 M 个彼此之间最小距离不小于 $\xi_{\min}$ 的特征点。基于颜色概率分布模型，从 M 个特征点中选取 N 个最靠近 bounding_box 中心的特征点形成特征点集 $\Re$，bounding_box 的中心坐标 P_{center} 由公式（1）计算得出：

$$X_c = \frac{M_{10}}{M_{00}}, Y_c = \frac{M_{01}}{M_{00}} \qquad (1)$$

其中，$M_{00} = \sum_x \sum_y I(x,y)$，$M_{10} = \sum_x \sum_y x I(x,y)$，$M_{01} = \sum_x \sum_y y I(x,y)$

（2）跟踪部分：

Step1：利用图像金字塔模型更新特征点集 $\Re$ 。

Step2：计算 $\Re$ 的重心 P_{median} ，在计算过程中将距离 P_{median} 较远的特征点剔出。

Step3：对 $\Re$ 中的特征点，如果不能同时满足下列三个约束条件则转 Step4，否则转 Step5。

● 与其他特征点之间的最小距离小于阈值 ξ_{min} 。

● 位于外包矩形 bounding_box 之内。

● 具有较高的特征匹配相关度。

Step4：重定位特征点，使其满足上述 3 个约束条件并且位于具有高肤色概率的位置。

Step5：计算 $\Re$ 的平均位置 P_{mean} 。

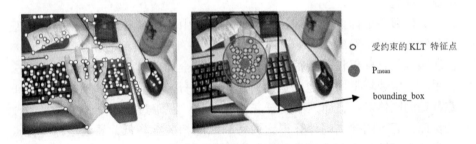

图 6.3　光流跟踪初始化

由于 Cam Shift 算法仅仅基于肤色模型跟踪，因此手势运动过程中极易受到具有肤色信息的背景干扰，造成搜索窗口定位不准确从而无法准确判断手部的正确位置，而光流跟踪计算结果仅仅依靠相邻两帧中人手的相对运动，不受复杂环境的影响能够很好地弥补 Cam Shift 的缺点。但光流跟踪的 KLT 特征点无法提供对象级信息，在跟踪过程中极易造成特征点丢失引起跟踪不一致问题。本章将这两种方法有效结合起来，跟踪初始化时利用 Cam Shift 的搜索窗口限定光流跟踪特征点的传播范围，使其局限在目标手上，在跟踪过程中实时更新 bounding_box 范围内的特征点。系统使用权值法对两种方法进行有效的组合：如果跟踪过程中 KLT 特征点丢失或者逐渐转移到了背景中那些具有更加突出的灰度梯度值的区域中，其重要性权值将不断下降，当低于一个特定的阈值时系统将使用颜色概率分布模型利用 bonding_box 对特征点进行重定位；如果 Cam Shift 的跟踪窗口"飘移"到了与肤色相近的背景物体上，即 P_{center} 与 P_{mean} 的距离超过一定的阈值时，系统

将根据 P_{mean} 对 bonding_box 重新调整。

6.2.3　手势识别

（1）静态手势识别。

静态手势是仅依靠手的外部形状与轮廓传递信息的方式，在人机交互中不仅可以表达某些概念或意图，还能作为某些特殊的状态控制系统转移，因此对手形的识别成为手势应用中的主要研究内容之一。要进行静态手势识别，首先要训练手势模型库，识别时将提取的手势特征向量代入模型库中的各个模型，取概率值最大者为待识别手势。本章首先使用 6.2.1 节基于 PGH 的描述方法计算得到静态手势的特征向量 f_{PGH}，然后采用贝叶斯分类器对手势进行分类。贝叶斯分类器是基于贝叶斯决策理论的分类器，有着成熟完善的数学基础，它通过选择最小化条件风险的分类方式来使预期的损失最小化，对所有的 $i=1，2\cdots m$，计算条件风险

$$R\left(a_i \mid X\right) = \sum_{j=1}^{c}\lambda\left(a_i \mid \omega_j\right)p(\omega_j \mid X)$$

其中，$\lambda(a_i \mid \omega_j)$ 为风险函数，描述了类别状态为 ω_j 采取行动 α_i 的风险。使总风险最小的类别划分 ω_j 就是 X 所属的类。$p(\omega_j \mid X)$ 通常被认为符合高斯分布模型，这种模型运算简单，而且现实世界中的很多事件都与高斯分布有极大的相似性。高斯型贝叶斯分类器的模型参数（均值矢量与协方差矩阵）是通过对训练样本的学习得到的，经过训练后的高斯型贝叶斯分类器根据手势的特征向量 f_{PGH} 进行分类，按照最大似然假设，最终得到手势的所属类别。

（2）动态手势识别。

动态手势是具有时空模型概念的手势，可以表达更加丰富和准确的信息，也是人们日常生活中最常用的交流方式之一，它主要由姿势信息（形状、位置和方向）和运动信息（一系列跟踪手势质心点的像素坐标）来表示。由于手的三维姿态信息在没有其他辅助设施的条件下是很难实时恢复的，因此本章将动态手势建模为参数空间里的一条轨迹而不考虑手的姿势信息，轨迹中的点数取决于视频捕获的帧率以及手部运动速度。传统的动态轨迹识别方法如 HMMs、神经网络和统计分类器等都需要大量的训练样本，建模过程中需要很多人工干预，对很多普通用户来说使用起来较为困难，并且它们针对的是特定的手势集合，很难对其进行扩展。本章提出了一种基于小样本学习的模板匹配方法，可以在少量样本情况下取得较高的识别率。下面给出一个动态手势分类问题的描述：

对于一个有 M 个数据类的分类问题，其中 $\psi_i，\forall i \in \{1，\cdots，M\}$ 称

为一个类，每一类别代表一组相似的手势模板。令 T_{ij} 表示类别 ψ_i 所对应的第 j 个手势模板，它是由许多个二维轨迹点构成。一个分类任务就是判断待识别样本 X 的类别所属，分类问题可转化为样本 X 与已定义的模板 T_{ij} 的最佳匹配度问题。

由于不同的用户做手势时运动的速度、空间、幅度和完整性等方面都是有非常明显的差异的，即使是同一用户每次做同一种手势时在这些方面也会有很大的不同。为了消除同类别不同动态手势之间的时空差异性，在分类之前我们首先对其进行预处理，使其具备平移以及尺度变换的不变性。下面给出算法流程：

Step1：使用线性插值法对样本重采样，使所有样本具有相同数目的采样点；

Step2：将样本缩放到一个既定大小的正方形区域内，并将左上角顶点平移到（0，0）；

Step3：使用公式（2）计算待识别样本 X 与模板 T_{ij} 的平均欧式距离用于在线模板匹配。

$$d_{ij} = \frac{\sum_{k=1}^{N} \sqrt{(X[k]_x - T_{ij}[k]_x)^2 + (X[k]_y - T_{ij}[k]_y)^2}}{N} \qquad (2)$$

其中，待识别样本 X 与模板 T_{ij} 均具有 N 个采样点，（$X[k]_x$，$T_{ij}[k]_x$）和（$X[k]_y$，$T_{ij}[k]_y$）分别为 X 和 T_{ij} 中第 k 个采样点的横纵坐标。取最小值 d_{ij}^* 所对应的标号 i（$1 \leqslant i \leqslant M$）作为样本 X 的类别标号，此时样本 X 属于类 ψ_i。图 6.4 给出了几组动态轨迹手势预处理结果的实例，其中每一组的前一个为原始轨迹，后一个为预处理后的结果。

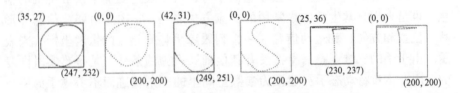

图6.4　原始手势运动轨迹以及相应的处理结果示例

（3）识别管理模块。

识别管理模块是识别框架的智能核心，它能够根据一定的上下文对当前的手势识别任务进行适当的调度。上下文是计算系统运行环境中的一组状态或变量，这些状态和变量可以直接改变系统的行为。上下文感知是指系统自动地对上下文、上下文变化以及上下文历史进行感知和应用，根据它来调整自身的行为（Dong，2003），是提高计算智能性的重要途径。本章在识别管理模块中引入了上下文的概念，系统运行时将通过上下文信息对当前的手势识别任务进行分析，将手势识别重定向到合适的识别模块中，比如当系统检测到一个"fist"的手势后开始启动动态手势识别模块，用户的手部运动轨迹将被识别成某种特定的语义符号，从而使系统具有一定的"智能性"，这样系统在某一特定时刻只需要运行一个识别模块而不必同时激活所有的手势识别模块，不仅降低了系统的计算负载而且能有效避免由于"Midas Touch"引起的误识别问题。系统提供了可视化的界面，设计开发人员可以通过界面对特定手势识别任务的上下文语义信息进行灵活地设置，系统内部则实现了以 XML 为主的应用上下文管理机制，对用户所有的操作或更改都生成一个 XML 配置文件，该配置文件在识别时由应用层提供给识别管理模块，如图 6.2 箭头所示。

6.2.4　手势事件

基于视觉的手势界面主要是通过视觉手势事件驱动的，手势事件是形成交互的最终数据形态，事件的语义信息由界面设计人员定义，通常与任务直接相关，手势事件模块则是整个手势识别框架与高层应用的接口。下面给出一个通用的动态手势事件（DGE，dynamic gesture event）的形式化描述：

DGE = < *ID*，*Type*，"*posture*"，*start_Gesture*，*end_Gesture*，*t*，*r*，*data*，*sample_Rate*，*mean_Time*，*variance_Time* > .

其中 *ID* 是事件的唯一标识符；

Type 指定该事件的类别；

posture 是字符串，标识手势事件的语义信息，例如"挥手"表示关闭一个文档；

start_Gesture 为一个预定义的静态手形，用来触发一个动态手势的开始；

end_Gesture 为一个可选的预定义静态手形，用来结束一个动态手势；

t 为标志位，如果目标手正在被跟踪则为"1"，否则为"0"；

r 为标志位，如果手势识别成功则为"1"，否则为"0"；

data 为浮点数组，用来储存归一化的运动轨迹点坐标；

sample_Rate 表示数组中点的采样率；

mean_Time 和 *variance_Time* 分别表示从检测到目标手的第一帧起持续时间的均值和方差，单位为秒。

由于 XML 具有平台无关性、自描述性、易于标准化等特点，因此我们选择 XML 语言来表达视觉交互应用中的各种事件，用户引发的各种手势事件被封装成 XML 节，每一个 XML 节表示一个单一的事件，应用端通过解析 XML 字符流还原事件，然后根据会话标志符和事件参数将事件发送给上层的逻辑处理模块。使用 XML 描述手势事件有两大优点：一方面，XML 的可扩展性使得界面设计人员可以针对具体的应用定义自己的标签，以统一的方式描述各种手势事件，作为信息共享与数据交换的基础，从而极大地方便了系统的扩展；另一方面，XML 作为数据表示的一个开放的国际化标准，将数据表示独立于机器平台、供应商以及编程语言，使得它能够较为容易地与传统的界面设计工具有效集成。

6.3　应用实例与实验评估

6.3.1　应用实例

与传统交互方式不同，基于视觉手势的交互必须要从一个含噪声的输入中获得用户的真实意图，同时每个用户又有着不同的交互习惯和个人特点。为了解决个人特性问题，对交互系统进行训练是很有必要的，界面设计者应该允许用户根据个人的喜好调整界面元素和系统设置。鉴于目前缺乏此类有效的手势界面开发工具问题，我们基于前面所述的手势识别框架设计开发了一个面向互动娱乐的视觉手势界面工具 IEToolkit，其目的是使得非计算机视觉专业的游戏开发人员不必局限于复杂的图像处理、机器学习等底层的技术细节，从而有效地加速游戏开发过程。该平台从底层到高层完全基于视觉手势的交互特征进行设计，能够支持灵活的视觉手势交互信息的处理，支持高层的手势语义事件的定义和管理，支持不同手势类型的灵活定制，支持快速的原型系统开发，简化基于视觉的手势界面的开发过程。鉴于本章的重点在于介绍一个通用的视觉手势识别框架，因此 IEToolkit 工具箱的具体技术实现过程将在第 10 章中详细描述。

图 6.5（a）所示为平台运行界面：其中左上角为样本编辑区，用户可以利用鼠标在视频流中采集不同的静态/动态手势样本；左下角为提取的手势模板；中间面板为训练学习区，上半部分显示样本缩略图，下半部分显示分类器列表，用户可以选择不同的分类器或分类器组合进行手势模板训练；右下角为应用配置面板，系统提供了可视化界面，开发人员可以根据应用需求对输出结果进行配置，并设定上下文约束条件或自定义高层交互语义，为手势与系统命令或场景行为之间建立起一定的映射关系；右上角为游戏测试区，可以对手势训练情况进行实时测试与评估。目前基于该平

台已经构造出多个原型系统，如基于视觉手势的虚拟家居展示系统、城市漫游系统、吞食鱼游戏等，实践表明它能够有效支持基于视觉的手势界面原型的便捷开发。

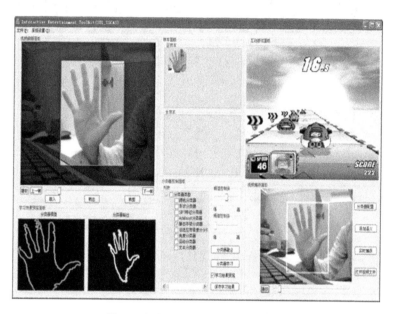

图 6.5（a）　IEToolkit 工具箱界面

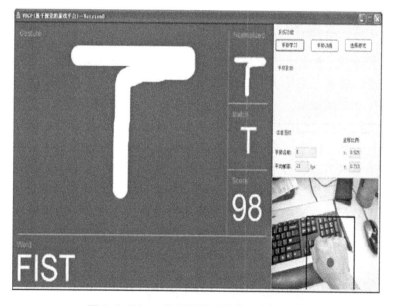

图 6.5（b）　基于视觉手势的写字板系统

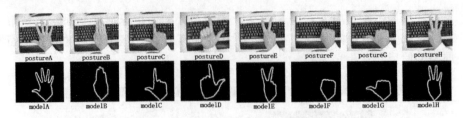

图 6.5（c）　　标准静态手势集

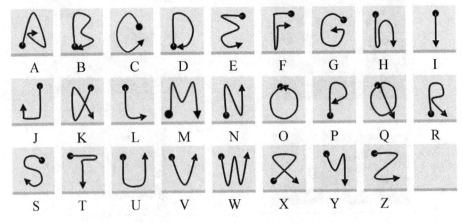

图 6.5（d）　　标准动态手势集

6.3.2　实验评估

我们邀请了 6 名人机交互专业的研究生分别从手势识别率、手势跟踪性能以及交互任务完成情况等方面对本章所提出的视觉手势识别框架的可用性进行了初步的评估，这 6 名研究生虽然都来自计算机专业但以前均未接触过视觉交互，由他们来模仿非视觉专业的普通系统设计开发人员具有一定的代表性。为了便于比较，Kölsch（Kölsch，2004）所设计的 8 种手势类型被作为本章的静态手势评估数据集，而动态手势评估方面则选择了 26 个英文字母作为测试集，原因是这 26 个英文字母涵盖了多种多样的动态手势变化，能够较好地验证本章识别算法的通用性及可用性。下面给出本章的实验条件：

（1）所有用户首先使用 IEToolkit 工具箱平台对 8 类静态手势和 26 类动态手势进行样本的采集、训练和测试。评估结果中的识别率采用交叉验证的方法计算得到，即从数据集中分别选择不同的样本作为训练样本，剩余的样本作为测试样本而得到的识别率的平均值。实验中每种手势类型都将在用户相关的手势库（即手势库中所存的手势模板均取自当前被试用户）中测试10次，为了最大限度验证本章方法的识别性能，我们对手势库中每种手势只保存1个模板，因此实验中用户共需完成6×（1+10）×8＝528个静态手势样本，以及6×（1+10）×26＝1716个动态手势样本。

（2）实验场景中包含了各种不同颜色和形状的物体，这些物体具有多种多样的色度值，其中包括一些和人手色度值非常接近的物体，例如图6.5（b）中右下角的黄色盒子。

（3）本章实验硬件配置为Intel酷睿四核处理器，时钟频率为2.66GHz，内存为4GB，ATI Radeon HD 3650集成显卡，容量为1GB，输入视频分辨率大小为320×240。

表6.1　8种静态手势的识别率

手势类型	识别率/%	误识率/%
postureA	83	4
postureB	75.5	5.5
postureC	62	20
postureD	63.5	18
postureE	91	2
postureF	85.5	8
postureG	83	10.5
postureH	61	21

在上述实验条件下，我们对8类静态手势和26类动态手势进行了测试，其识别率分别见表6.1和图6.6。其中，表6.1给出了8种静态手势的识别率与误识率。其识别率是指手势被识别出来且能与模板正确匹配的比率，误识率是指手势被识别出来但被误匹配成了其他手势类型。表6.1中postureE的识别率最高，达到了91%，postureH的识别率最低但也超过了60%；postureC和postureD之间以及postureF和postureG之间由于手形相近比较容易混淆，具有较高的误识率；postureH容易被识别为postureA或postureE。本章实验结果并没有达到很多文献中所提方法90%以上甚至高达100%的识别率，主要是由于PGH算法本身的特点以及本章所使用的手势集中部分手势之间的相似度较高所造成的。PGH算法的核心思想是分别以手势轮廓多边形线段间的最大、最小距离差以及相对夹角为行和列所构成的直方图匹

配为基础的，而本章所招募的 6 名用户以前从未接触过视觉手势，在手势测试过程中部分手形不太规范，对于比较接近的几种手势经轮廓提取后计算得到的 PGH 直方图之间相似性较高，产生了较高的误识率。为了进一步验证本章方法，我们测试了上述手势集的几个子集，其中具有高度相关性的几个手势被分配到不同的子集中，平均识别率达到了 92% 以上。

动态手势识别结果可以从图 6.6 中体现出来，可以看出大部分手势的识别率均超过 80%，部分手势保持了 100% 的识别率，但也有部分手势识别率很低，经分析发现主要是这部分手势如 D、O、P、Q 之间以及手势 U、V 之间具有较高的相关度，产生了较高的误识率，影响了整体识别率。本章实验结果有助于为相关开发人员提供有益的借鉴，在动态手势设计时可以考虑避开相关度较高的手势，而选择相关度较低的手势以提高整体识别率。

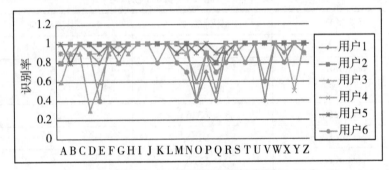

图 6.6　26 种动态手势的识别率

为了验证本章方法在交互任务完成方面的可用性，以及能否有效解决"Midas Touch"问题，我们基于 IEToolkit 设计开发了一个基于视觉的写字板系统如图 6.5（b）所示[①]。6 名被试分别使用上述 26 种动态视觉手势完成指定数量的单词拼写，系统使用本章 6.2.3 节提出的模板匹配方法对动态手势轨迹进行识别。由表 6.1 可见 postureE 具有最高的识别率和最低的误识率，因此系统使用 postureE 作为系统初始化的检测手势，一旦检测到 postureE 则启动后面的跟踪识别模块。交互任务完成过程中，涉及空格、删除和撤销等三种基本的系统操作命令，这三种交互命令分别由三种不同的静态手势来完成，用户可以在图 6.5（c）的静态手势集中挑选三种相关度较低且符合自己交互习惯的手势类型，并通过 IEToolkit 的应用配置面板对所选

---

① 本系统是基于 http://www.dncompute.com/blog/2006/05/22/gesture-recognition-in-flash.html 的视觉手势交互应用。

的几种手势添加高层交互语义从而为手势与系统命令之间建立起一对一的映射关系。

基于视觉的手势界面的交互质量和可用性主要取决于实时性、准确性和鲁棒性等几个因素（Kölsch，2004），因此我们从上述几个指标出发对本章方法进行定量评估：

（1）准确性方面。6 名被试均选择使用 postureF 即保持握拳姿势作为动态勾画时的开始手势，而负责删除、空格和撤销等系统控制的三种静态手势则根据每个用户的喜好和选择各有不同。由于每个用户选择的三种静态手势之间的相关度较低，因此手势的整体识别率有了显著提高，平均识别率达到了 96%。我们将 postureF 手势的质心即 P_{mean} 映射为界面光标完成字母轨迹的勾画，通过目测发现光标的移动能够与手部运动较好地匹配。

（2）实时性方面。系统在使用 postureF 进行动态轨迹勾画时，跟踪速度最快达到了 32 fps，而删除、空格和撤销等其他三种静态手势的平均跟踪速度为 25fps，实时性方面满足人机交互的需求。

（3）鲁棒性方面。实验结果表明本章方法能够有效适应各种不同的复杂背景与光照条件，图 6.5（b）中黄色盒子和人手色调值非常接近，利用本章方法也可以非常精确地排除它的干扰，有效跟踪时间长度占总时间的 97% 以上，从而验证了本章方法的鲁棒性。

在完成上述定量评估基础上，我们采用了调查问卷的形式收集用户反馈意见，请 6 名被试从易学性、易用性、自然性、满意度等几个方面对本章方法进行了定性评估，结果如图 6.7 所示。

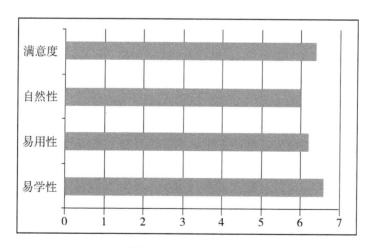

图 6.7　用户主观评分

从图 6.7 可以看出，用户对本章方法给予了较大肯定：

在易学性方面，IEToolkit 实现了本章所提出的视觉手势识别框架中的关键技术并提供了灵活的训练、学习机制和可视化的用户界面，降低了学习门槛，开发过程中不需要用户从底层的代码入手而只需要关注于高层的交互任务，即便是新手学习起来也较为容易，对用户来说普遍容易掌握。

在易用性方面，IEToolkit 工具箱为用户提供了个性化定制和扩展功能，用户能够根据喜好选择并使用符合自己习惯的交互手势，交互过程中不需要过多的认知负担而将精力集中于具体的任务本身，从而大大提高了交互效率。

在自然性方面，手势交互一方面具有灵活、自然和高自由度等优点，另一方面又受非接触性输入影响而不可避免地产生"Midas Touch"问题。本章将视觉手势识别框架中的关键技术应用到系统设计中，智能的识别框架与鲁棒的算法支持成功地滤除了用户无意识的手势动作而提取出真正的交互意图，实验中用户能够灵活地在不同的静态手势和动态手势之间切换而不会产生歧义，解决了"Midas Touch"问题并有效完成了任务。

最后，我们给出了本章方法与 Kölsch（Kölsch，2004）方法的比较结果见表 6.2：

表 6.2 与 Kölsch 方法的比较

	本章方法	Kölsch 的方法
平均跟踪速度（fps）	25	12
是否支持动态手势识别	是	否
训练过程	简单	复杂
模板数量	少量	大量
受样本相关度的影响	高	低

（1）在处理速度方面。Kölsch 扩展了 Viola（Viola et al.，2001）的对象检测方法用于在跟踪过程中实时识别静态手势，在本章上述机器配置条件下对各种手势的平均跟踪速度为 12 fps；而本章方法在跟踪过程中采用 PGH 算法对手势轮廓进行描述并利用 Bayesian 分类器进行手势分类，对各种手势的平均跟踪速度为 25fps。

（2）在训练方法方面。Kölsch 的方法手势训练过程复杂烦琐，为了训练图 6.5（c）的静态手势集共需收集 2300 多张不同性别、不同背景和光照的手势图片作为正样本，23000 多张不含手部区域的背景图片作为负样本，然后使用交叉验证的方法进行训练，即将样本集一分为二，其中一半作为训练集另一半为测试集；而为了简化训练过程方便非视觉专业的普通用户使用，我们开发了 IEToolkit 工具箱实现了本章所提的方法，基于 IEToolkit 平台手势训练过程非常简单，用户只需要在界面上的样本编辑窗口中利用鼠标圈选就能在视频流中实现对不同静态或者动态样本的采集，样本训练过程对用户是可见的，用户只要选择了"学习结果预览"选项就能实时查看样本的训练结果，如果对学习结果不满意还可以通过界面提供的阈值控制条对分类器学习参数的阈值进行调节，总的来说这一训练过程是一个"取样—检查反馈—修正"迭代渐进的过程。训练过程透明化对用户而言可以在短时间内迅速掌握选取与应用领域最为相关的样本以及分类器训练技巧，通过这种训练策略有助于用户迅速了解分类器的功能以及内部工作机制而不再把分类器当作一个黑盒子，从而帮助他们建立起一种本能的直觉从而在以后的开发过程中大大缩减训练时间，提高开发效率。最后，通过本章上面的实验结果可以看出，不管是静态手势识别还是动态手势识别，本章方法都不需要太多的模板就能达到较高的识别率，取得满意的结果。

（3）对动态手势的支持方面。Kölsch 的方法不支持动态手势识别；而本章方法同时支持静态手势识别和动态手势识别，并能够根据上下文在两种不同的识别模块之间灵活地切换，有效地完成人机交互任务。

（4）在样本相关度影响方面。Kölsch 的方法受的影响比较低，本章方法在具有更多手势类型的情况下，由于受相似手势形状的影响在一定程度上降低了识别效率。

6.4 总结和展望

基于视觉的手势界面以其自然、无约束的交互方式受到了广泛关注并被应用到了多个领域，但是相比传统的 GUIs 来说，基于视觉的手势界面的设计开发更加复杂。本章针对基于视觉的手势界面存在的三个问题，以认知心理学中注意的信息加工模型为理论依据，从交互模型、识别框架和开发工具三个方面对视觉手势界面的关键技术进行了讨论，提出了一套整体的解决方案，对人机交互及基于视觉的手势界面领域的研究和应用具有一定的借鉴意义。本章提出的手势识别框架以及在此基础上开发的工具箱平台 IEToolkit 具有广阔的应用前景。我们在一个基于视觉手势的写字板系统中，针对具体的交互任务对本章所提出的解决方案进行了实验测试与评估，验证了本章方法的有效性。

本章接下来的工作包括：在算法实现方面，目前该框架基于 PGH 算法进行静态手势识别，在实验中发现 PGH 算法对于用户相关的训练和应用具有较高的识别率，但对于用户无关的训练应用识别率并不高。因此，下一步的工作是研究 PGH 与简单形状描述子（SSD, simple shape descriptors）的有效组合，增强算法的通用性；在应用开发方面，目前已设计实现了手势界面工具 IEToolkit 并开发了面向互动娱乐的几个典型的应用系统，下一步我们将在该平台基础上开发面向其他领域的手势界面系统，从而支持更多的手势交互应用开发。

6.5　参考文献

ASHBROOK A P, THACKER N A, ROCKETT P I. Pairwise geometric histograms: a scaleable solution for the recognition of 2d rigid shape [C]. In: Proceeding of the 9th Scandinavian Conference on Image Analysis. Uppsala. Sweden, 1995 (1): 271 –278.

BOUGUET J Y. Pyramidal implementation of the Lucas Kanade feature tracker description of the algorithm [R]. Intel Corporation. Microprocessor Research Labs, 2002.

BRADSKI G R. Real time face and object tracking as a component of a perceptual user interface [C]. In: Proceeding of the IEEE 4th Workshop on Application of Computer Vision, 1998: 214 –219.

BUXTON W. A three-state model of graphical input [C]. Human-Computer Interaction-INTERACT'90. Amsterdam: Elsevier Science Publishers B. V., 1990: 449 –456.

DOUGLAS D H, PEUCKER T K. Algorithms for the reduction of the number of points required to represent a digitized line or its caricature [J]. Canadian Cartographer, 1973, 10 (2): 112 –122.

JACOB R J K. Eye-movement-based human-computer interaction techniques: toward non-command interfaces [J]. Advances in Human-Computer Interaction. Ablex Publishing Corporation. Norwood. New Jersey, 1993: 151 –190.

KATO H, BILLINGHURST M, POUPYREV I. Virtual object manipulation on a table-top AR environment [C]. In: Proceedings IEEE and ACM International Symposium on Augmented Reality (ISAR2000), 2000: 111 –119.

KJELDSEN R, LEVAS A, PINHANEZ C. Dynamically reconfigurable vision-based user interfaces [J]. Machine Vision and Applications, 2004, 16 (1): 6 – 12.

KÖLSCH M. Vision based hand gesture interfaces for wearable computing and virtual environments [D] Ph. D. dissertation. University of California. Santa Barbara, 2004.

SHI J, TOMASI C. Good features to track [C]. In: Proceeding of the IEEE Conference on Computer Vision and Pattern Recognition, 1994: 593 – 600.

VIOLA P, JONES M. Robust real-time object detection [C]. In: Proceedings of the 2th International Workshop on Statistical and Computational Theories of Vision-Modeling, Learning, Computing, and Sampling, 2001: 1 – 25.

WICHENS C D, HOLLANDS J. Engineering psychology and human performance [M]. London: Prentice Hall, Inc., 2003: 82 – 133.

WU H Y, ZHANG F J, LIU Y J, DAI G Z. Research on key issues of vision-based gesture interfaces [J]. Chinese Journal of Computers, 2009, 32 (10): 2030 – 2041.

WU Y, HUANG T S. Vision-based gesture recognition: a review [C]. In: Proceeding of the Gesture Workshop, 1999: 103 – 115.

董士海. 智能用户界面、主要技术及实例 [C]. 中国人工智能学会 2003 全国学术年会（CAAI – 10）论文集（上册）. 北京邮电大学出版社, 2003: 632 – 637.

武汇岳, 张凤军, 刘玉进, 戴国忠. 基于视觉的手势界面关键技术研究 [J]. 计算机学报, 2009, 32 (10): 2030 – 2041.

朱继玉, 王西颖, 王威信, 戴国忠. 基于结构分析的手势识别 [J]. 计算机学报, 2006, 29 (12): 2130 – 2137.

第7章　基于视觉注意的手势识别方法

随着人机交互技术的不断发展，各种新的交互手段不断涌现，使人机交互朝着更加自然、高效和智能化的方向发展。基于视觉的手势用户界面是目前主动式自然用户界面的主流方式之一，同时也是普适计算环境中自然人机交互的核心和热点问题之一。与传统的 WIMP 交互方式相比，视觉手势交互能够使用户摆脱鼠标、键盘的束缚而采用一种更加自然、无约束的交互方式，从而给用户提供更大的交互空间、更多的交互自由度和更逼真的交互体验。因此受到了国内外广泛的关注（Nguyen et al.，2005；Wang et al.，2008；Alon et al.，2009；Feng et al.，2009），迅速成为人机交互领域的一个热门研究方向，并被广泛应用于虚拟现实、普适计算、智能空间以及基于计算机的互动游戏等多个领域。

"Midas Touch"问题是视觉手势交互的一个难题。与传统的键盘、鼠标等输入设备不同，摄像头是一种非接触类输入设备，在人机交互过程中用来感知用户及周围环境的变化，并未真正地参与交互。研究人员通过提取手的颜色、形状或者动作等特征信息，使用机器学习和模式识别等方法识别出高层的手势事件并赋予其一定的交互语义才能真正实现交互。因此，视觉手势交互具有非接触性和模糊性等特点，在为普通用户提供了自然、无约束的交互方式的同时，也给研究人员带来了很大的困难。由于用户所有的动作都在视觉监控范围之下，因此系统很难自动、正确地区分哪些是用户有意识的手势交互行为，哪些是用户下意识的动作，从而正确地感知用户的交互意图。

针对这一问题研究人员提出了很多解决办法。但目前常规的解决方法，例如隐马尔科夫模型（HMM，hidden Markov model）、神经网络（NN，neural network）和动态时间规整（DTW，dynamic time warping）等大都是基于自底向上的纯数据驱动的模式来建模动态手势，并非真正的自顶向下控制的智能识别方法，在现实应用中往往难以达到满意的效果。而通过类比学习研究发现，人类大脑具备一套视觉注意机制，能够有效地对摄入的外界信息进行有效的区分和加工，具有良好的工作机制。

本章主要贡献在于从认知心理学角度出发，模拟人类的视觉注意机制构建了一个基于"what-where"通路的视觉注意模型（Wu et al.，2016），并以此为基础设计和实现了相关手势交互技术，为解决视觉手势交互中存在的"Midas Touch"问题提供了一种解决思路。本章方法对其他的非接触类型的人机交互技术应用亦有一定的借鉴意义。

7.1　相关研究

手有 27 个自由度，是人体最灵敏的部位，在现实生活中能够被用来完成各种操作任务，因此灵敏的双手往往也被用来执行人机交互的各种交互任务。近年来，随着计算机软硬件技术的不断发展，新的传感器技术、生物控制理论以及无标记深度感知技术得到了飞速发展，为视觉手势交互技术提供了更大的设计开发和应用的空间。基于此，研究人员提出了许多视觉手势交互技术（Lee et al.，1999；Kato et al.，2000；Nguyen et al.，2005；Alon et al.，2009；Ren et al.，2013）。

尽管取得了许多研究成果，但是视觉手势交互研究中仍然存在一个难题，即"Midas Touch"（点石成金）问题。这一问题最早由人机交互领域著名学者 Jacob 在 1993 年针对 Post-WIMP 界面的模糊交互特征而提出（Jacob，1993）。由于视觉手势的输入设备为摄像头，属于非接触性隐式交互，在交互过程中，不能像鼠标那样通过触发按键消息来进行显性的状态切换，因此如果不加区分的话，用户所有的手势动作都会被摄像头捕获当作命令执行而导致系统状态紊乱。例如，用户的一个挥手动作，可能是一个"关闭文档"的手势命令，也可能是与其他人打招呼的非手势行为。"MidasTouch"问题的危害在于给摄像头捕获的底层连续数据与高层的用户交互意图之间架起了一个语义鸿沟，限制了视觉手势交互技术的发展和应用。目前对该问题的解决方法大致可分为两类，一类是基于底层视觉线索推理的解决方法，另一类是基于高层语义约束的解决方法。

7.1.1　基于底层视觉线索推理的方法

Lee 等人（Lee et al.，1999）使用隐马尔科夫模型（HMM，hidden Markov model）训练手势模板来区分有意义的手势行为和无意义的手势动作，但是该方法只限于离线识别，并且在背景较为复杂的情况下难以取得满意的效果。Nguyen 等人（Nguyen et al.，2005）提出了一种在线实时手势识别方法，在无约束的复杂背景下也取得较好的识别效果，但是该方法仅仅针对静态手势而没有考虑动态手势。Alon 等人（Alon et al.，2009）提出了一个统一的手势识别框架，能够用来自动完成非限定手势的时空分割和识别，为识别复杂环境下有效的手势动作提供了一种解决思路。

7.1.2 基于高层语义约束的方法

Jacob（Jacob，1993）提出了一种基于时间延迟的策略，通过计算手势所控制的界面跟踪符号在某一界面对象上停留的时间长短来判断该界面对象是否被选中。但该方法一方面降低了技术娴熟的用户的操作效率，另一方面也增加了用户的认知负担，因为用户必须时刻注意避免在某一对象上停留时间过长以免误选对象。Kato 等人（Kato et al.，2000）提出了一种基于空间接近原则的策略，通过判断用户手持的 paddle 与虚拟对象之间的空间接近关系来完成选取、加载等交互任务。与时间延迟策略类似的缺陷是该方法仍然无法完全避免误选问题。Kjeldsen 等人（Kjeldsen et al.，2004）通过在手势动作与视觉界面 widget 之间建立一定的映射关系，一个可视的界面实体 widget 自身具备一定的空间位置，能够提供一定的交互上下文用来约束视觉交互行为，比如用户将手放在某一个 widget 上利用上下移动来控制某一系统参数，以此来降低由于"Midas Touch"问题所引起的系统误识率。但是 Kjeldsen 的方法不够自然并且其应用范围有限，当系统需要大量的模式切换时必须产生足够多的 widget，这不仅会加大用户的认知负担，而且会占用过多的界面空间而影响交互。

总之，对于手势交互中的"Midas Touch"问题，基于底层视觉线索推理的方法和基于高层语义约束的方法，均未能取得满意的效果。我们认为，"Midas Touch"问题产生的根本原因是视觉处理机制问题，由于系统毫无选择地对进入摄像头范围内的所有信息都进行平行加工，因而无法自动区分用户有意识的交互动作和其他的下意识行为并正确感知用户的交互意图。而人类的视觉系统具备一套有效的注意机制，能够对复杂的外部刺激进行有选择地过滤、对多个并行的任务有效地分配注意资源、对非关键信息及时屏蔽而将注意资源聚焦于关键信息的处理上。因此，本章将认知心理学相关原理引入到手势识别中，为解决"Midas Touch"问题，提高计算机视觉感知能力提供了一种解决思路。

7.2　视觉注意感知模型

注意是视觉信息加工系统中一项重要的心理调节机制。视觉系统首先以一种快速的、自动的并且是平行的方式感知视觉空间中的刺激（对象的颜色、形状等初级特征），这一知觉子系统被称之为预注意阶段。而对象的识别则是一种串行加工的过程，是集中注意的结果，将某些特征动态组合后形成一个统一的整体（Treisman et al. , 1980）。这种心理调节机制也被称之为神经系统的注意机制。

注意机制由 what 和 where 两条具有层次结构的视觉通路构成（Ungerleider et al. , 1982）。一条是自下而上的注意，由输入特征驱动（Koch et al. , 1985）；另一条是自上而下的注意，是系统的一种自动的搜索或选择性控制，与任务、知识等相关（Itti, 2000）。在这两条通路中，视觉信息的处理过程是一个既有信息横向流动，又有信息纵向流动的复杂过程（见图7.1）。

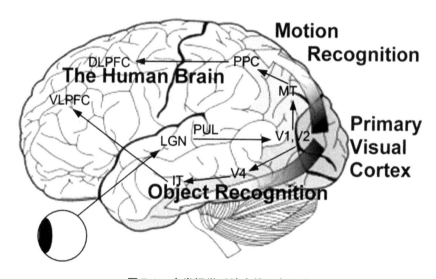

图7.1　人类视觉系统中的两条通路

基于人类视觉"what-where"两条通路理论，本章构建了一个融合自顶向下和自底向上注意的层次并行感知模型（见图7.2），以此来影响视觉注意，将注意吸引到显著的手势动作区域，为空间连续动态手势识别提供高层的理论指导。

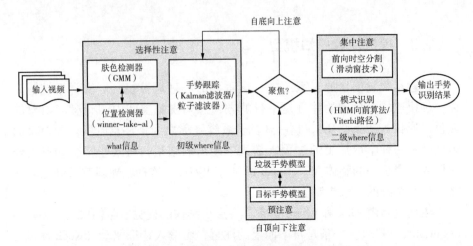

图 7.2　基于视觉注意的层次并行感知模型

在自顶向下和自底向上注意控制之下，输入的连续视频信息被分为 what 和 where 两条并行分等级的通路。其中，what 通路感知手的颜色、亮度、形状等静态特征信息，主要用于目标的识别；where 通路感知手势动作过程中的上下文信息和手在视觉空间中的位置、方向和速度等动态特征信息，主要用于空间定位。

整个视觉信息处理过程由选择性注意、预注意和集中注意三个关键模块组成。其中，选择性注意模块由肤色检测器和位置检测器两个关键子模块构成，主要用来在复杂的背景环境中有效地分割出待识别目标，并滤除掉其他不相关的视觉刺激。选择注意过程主要包括特征提取和特征整合。其中特征提取主要采用高斯混合模型等相关算法提取肤色、亮度、形状、边缘、位置、方向等初级视觉线索，其工作机制类似于人类大脑视觉系统中的 V1 区。特征整合主要基于不同的启发式算法或推理规则融合不同的特征线索并采取"胜者为王"的策略（winner-take-all）分割出待识别目标，类似于视觉子系统中的 V2 和 V3 区。特征提取和特征整合主要感知手的 what 信息和初级 where 信息，共同构建起数据驱动的自底向上的注意感知模型。预注意模块主要研究从空间域中提取与给定任务相关的所有目标，使用启发式方法模拟任务驱动的注意机制，为目标手势出现与否提供先验知识，构建自顶向下的注意感知模型，加强自顶向下机制在手势预测中的作用。集中注意模块包括时空分割和模式识别两个关键模块。时空分割主要依据预注意模型的参数估计对动态手势进行时空分割，有效确定目标手势的起止位置，得到手势的二级 where 信息，也就是目标手势的有效运动路径。系统一旦检测到目标手势动作的起始点信号便自动激活识别模块，使用隐马尔科夫模型向前算法（forward algorithm）并结合韦特比路径（viterbi path）进行模式匹配，当检测到手势动作的结束点信号便停止模式匹配并输出最终的手势识别结果。

在图 7.2 的基础上，本章采用概率统计模型进行手势检测与动作识别。令 G 表示动态手势（gesture），T 表示手势类别（type），$L = (L_s, L_e)$ 表示动态手势运动路径的有效起止位置，L_s（起点）和 L_e（终点）是空间中的点 $p_t = (x, y, z)$，E 表示经训练得到的手势特征和环境上下文信息（environment），则动态手势 G 在当前上下文环境下出现的条件概率 $P(G \mid E)$ 可以按照公式（1）的方法计算得到：

$$P(G \mid E) = P(L \mid T, E) P(T \mid E) \tag{1}$$

其中，似然函数 $P(T \mid E)$ 和 $P(L \mid T, E)$ 分别对应视觉注意的两个阶段：预注意阶段和集中注意阶段。在预注意阶段，结合手势特征和上下文信息估计似然函数 $P(T \mid E)$ 的值，为动态手势出现与否提供先验，做出是否继续注意的决定：如果 $P(T \mid E)$ 大于某个事先设定的阈值 ξ，则将注意指向动态手势最有可能出现的区域，即集中注意区域，建立了两条视觉通路协同工作的层次并行模型；否则，停止集中注意。$P(T \mid E)$ 可以按照公式（2）的方法计算得到：

$$P(T \mid E) = \frac{P(E \mid T) P(T)}{P(E \mid T) + P(E \mid {}^{\neg}T) P({}^{\neg}T)} \tag{2}$$

在集中注意阶段，似然函数 $P(L \mid T, E)$ 表示在当前上下文环境 E 下，动态手势在位置 $L = (L_s, L_e)$ 出现的概率。$P(L \mid T, E)$ 可以用来指导自底向上的注意，将 $P(L \mid T, E)$ 与手在视觉空间中的运动轨迹相结合，将分割出有效的手势运动路径，即二级 where 信息。接下来，对分割出的有效运动路径（二级 where 信息）通过模式匹配得到最终的手势输出结果。$P(L \mid T, E)$ 可以按照公式（3）的方法计算得到：

$$P(L \mid T, E) = \frac{P(L, E \mid T)}{P(E \mid T)} \tag{3}$$

7.3　基于视觉注意的手势识别方法

7.3.1　选择性注意模块

选择性注意模块包括肤色检测器和位置检测器两个关键子模块。其中，肤色检测器主要用来检测肤色信息。本章在 YC_rC_b 色彩空间中应用高斯混合模型（GMM, Gaussian mixture model）来对肤色进行训练和检测。为了减少环境光照变化对手势检测带来的负面影响，我们忽略亮度信息 Y 而只使用

色度信息 $C_r C_b$。接下来，我们使用像素点色度向量 $[C_r, C_b]^T$ 的均值 u_0 和协方差 k_0 来建立背景和前景的高斯混合模型如公式（4）所示：

$$P(X) = \frac{\exp\left[-\frac{1}{2}(X-u_0)^T k_0^{-1}(X-u_0)\right]}{(2\pi)^{\frac{m}{2}}|k_0|^{\frac{1}{2}}} \tag{4}$$

位置检测器用来检测并计算得到每一个像素的 3D 空间位置信息，这样每一个像素在颜色属性的基础上增加位置属性后构成一个六元组 $pix = (Y, C_b, C_r, x, y, z)$。我们使用 K-Means 算法基于肤色和 Euclidean 距离两个特征对像素点进行聚类，使其生长产生区域。

单纯依靠肤色检测器，并不能保证从视频流中分割出的一定是目标人手，例如对于视频流中的某一帧 f，可能有 n 个候选区域被检测到（人手、人脸或者背景中其他近肤色干扰物）。接下来，对视频流中第 i 帧中的第 j 个候选区域，我们提取其特征向量 $Q_{ij} = (color, position, velocity)$。其中，$color$ 表示提取的肤色特征信息，$position = (x_{ij}, y_{ij}, z_{ij})$ 表示候选区域质心在 3D 空间坐标中的位置，$velocity = (u_{ij}, v_{ij}, w_{ij})$ 表示表示候选区域质心点的运动速度。当需要判定某个区域是否为人手的时候，系统在多个候选区域之间进行比较筛选，产生一张真值表（truth table），采取胜者为王的策略（winner-take-all）给出最终的推荐结果，从而完成选择性注意。以表 7.1 为例，我们给出了一个系统在 4 个候选区域之间进行选择性注意的过程。

表 7.1　真值表

候选区域	Color	Position	Velocity
ID #1	+	不确定	+
ID #2	−	不确定	+
ID #3	+	−	不确定
ID #4	不确定	−	不确定

从表 7.1 可以看出，当比较 Color 时，初步排除#2，保留#1、#3 和#4 为候选；进一步比较 Position，可以排除#3 和#4。但此时，尚不能完全确定#1 就是最终选择的结果。接下来继续筛选过程，直到比较完 Velocity 后检测到 #1 仍然为 "+"，那么可以确定#1 为最终结果。由此，系统选择最大的显著值 $Q^* = \max[Q_{ij}]$ 作为以 $position$ 为质心的手部区域的 what 信息和初级 where 信息进行视觉注意。

一旦对手检测成功就在该位置区域建立一个 blob 块呈现手的整体形状，并在接下来的处理过程中动态更新每一个 blob 块的空间模型。通过计算并储存每一只手的 blob 块的包围盒及手的质心位置，利用 Kalman 滤波预测下一帧中每一个 blob 块的位置并更新手的包围盒和质心位置，从而得到手势的运动轨迹（初级 where 信息）。

7.3.2　集中注意模块

传统的动态手势识别方法如 Lee 等人（Lee et al.，1999），使用了后向时空分割识别机制。该方法首先需要确定一个动态手势的终止位置，然后反向追溯至该动作的起始位置从而分割出一个完整的手势动作，接下来再进行模式匹配，很显然这种方法存在一定的时间延迟，无法满足人机交互的实时性要求。与 Lee 等人方法不同，本章使用了一种前向时空分割方法，通过构建目标手势模型和垃圾手势模型，能够排除干扰动作，有效判断目标手势是否出现，以便引起系统的集中注意并对手势进行在线识别，具有较好的实时性。

手势运动过程中可产生位置、速度和方向三类基本特征信息。而相对于位置和速度，将方向作为特征信息进行提取能够得到更高的识别率（Nianjun et al.，2004）。因此，本章通过计算手势运动轨迹中相邻两点的角度值来提取方向特征信息。设 t 时刻手势质心坐标为 $P_t=(x,y)$，$t+1$ 时刻质心为 $P_{t+1}=(x',y')$，则利用公式（5）计算手势轨迹相邻点的角度：

$$\theta = \tan^{-1}\left(\frac{y'-y}{x'-x}\right) \tag{5}$$

接下来，我们将得到的轨迹点间夹角除以 20 度并离散化为 18 个不同等级（码字，也称为 codeword），如图 7.3 所示。

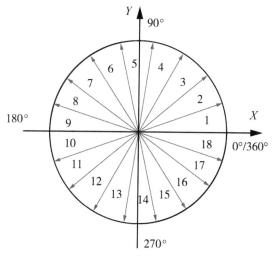

图 7.3　方向角量化示意

　　由于在一个手势动作不同分段之间有着较强的时序约束关系，因此我们将手势库中的每一个动态手势都建模为一个左右带状拓扑结构（LRB，left-right banded）的隐马尔科夫模型，每一个状态只能跳转至其自身或其下一个状态。其中，手势笔画的不同分段被映射为 HMM 模型中的不同状态，不同状态之间的转移则对应了原手势轨迹路径的顺序结构，一个动态手势 HMM 模型总的状态数量取决于该手势本身的复杂程度。手势模型的参数训练主要通过 Baum-Welch 算法完成。图 7.4 所示是动态手势 "A" 和 "B" 的 HMM 模型。

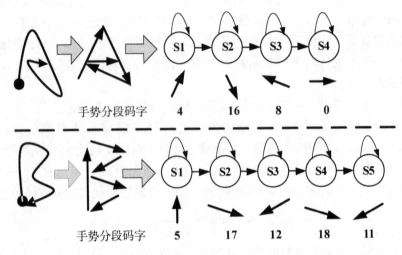

图 7.4　动态手势 "A" 和 "B" 的分段码字示意

　　系统运行时，以一定的时间间隔从视频流中提取动态手势的特征信息可得到观察值序列 $O = O_1 O_2 O_3 \cdots O_T$。手势在线识别则采用 Viterbi 算法（Rabiner，1989）实现，方法如下：

Step 1. 初始化（$t = 1; 1 \leqslant i \leqslant N$）：

$$\delta_1(i) = \prod_i b_i(O_1)$$

$$\psi_1(i) = 0$$

Step 2. 递归（$2 \leqslant t \leqslant T; 1 \leqslant j \leqslant N$）：

$$\delta_t(j) = \max_i \delta_{t-1}(i) a_{ij} b_j(O_t)$$

$$\psi_t(j) = \operatorname*{argmax}_i \delta_{t-1}(i) a_{ij}$$

Step 3. 终止：

$$p(O \mid \lambda_k) = \max_i \delta_T(i)$$

$$q_T^* = \underset{i}{\mathrm{argmax}}\,\delta_T(i)$$

其中，Π_i 表示状态 i 的初始概率分布；

　　a_{ij} 表示状态 i 到状态 j 的转移概率；

　　$b_j(O_t)$ 表示状态 j 在 t 时刻的观察概率；

　　$\delta_t(j)$ 表示状态 j 在 t 时刻的最大可能值；

　　N 表示所有状态总数。

7.3.3　预注意模块

在预注意阶段，目标似然值的计算是一个基于高斯混合模型的学习训练过程，得到的信息是关于过去在相似的情境下成功识别出特定类别手势的经验知识，即通过学习得出什么类别的手势最有可能出现。例如，如果用户当前正在利用手势进行系统控制，那么命令类手势（select，copy，zoom 等）比其他非命令类手势出现的概率更高。用于学习似然函数 $P(E \mid T)$ 的训练集是一组包含 T 类手势完整动作序列的视频片段（VC，video clips），$\Re = \{VC_1, VC_2, \cdots, VC_N\}$。训练数据是根据这组视频片段提取的特征信息 E。当样本的数据量足够大的时候，可以近似地认为出现一个 T 类手势与一个非 T 类手势的概率均为 50%，即 $P(T) = P(\neg\, T) = 1/2$。

通过分析图 7.4 所示的手势隐马尔科夫模型的特点可以看出，模型内部每一个状态及其自转移描述了一个目标手势内部某一具体笔画片段自身的模式属性，而每一个状态到下一个状态的转移则描述了目标手势内部不同笔画片段之间的连接属性。基于这一特点，本章构建了一个全连接型垃圾手势模型用以区分手势和非手势动作。我们将空间域中每一个手势动作分别建模为一个 HMM 模型，而所有的其他非手势动作（包括两个连续手势之间的过渡动作）都统一建模为一个统一的垃圾手势模型，构建方法如下：

*Step*1. 将所有目标手势模型中的所有状态 i 及其观察概率值 $b_i(k)$ 直接复制到垃圾模型，然后利用高斯平滑滤波器对观察概率重新估计。

*Step*2. 增加两个虚拟状态，即起始状态（S）和终止状态（E）。

*Step*3. 垃圾模型中每个状态的自转移概率与原手势模型中的状态自转移概率保持一致。

*Step*4. 垃圾模型中两个空状态与其他非空状态之间的转移概率由公式（6）计算得到：

$$
\begin{aligned}
a_{Si} &= \frac{1}{N} \\
a_{iE} &= 1 - a_{ii}
\end{aligned}
\tag{6}
$$

其中，a_{Si} 表示起始空状态 S 到其他非空状态之间的转移概率；

a_{iE} 表示其他非空状态到终止空状态之间的转移概率；

a_{ii} 表示非空状态的自转移概率；

N 表示所有目标手势模型中的所有状态数目之和。

*Step*5. 垃圾模型中非空状态之间的转移概率由公式（7）计算得到：

$$a_{\widehat{ij}} = \frac{1 - a_{ij}}{N - 1},\text{其中 } i \neq j \tag{7}$$

其中，$\hat{a}_{ij}$ 表示垃圾模型中从状态 S_i 到状态 S_j 之间的转移概率；

a_{ij} 表示原手势模型中从状态 S_i 到状态 S_j 之间的转移概率；

N 表示所有目标手势模型中的所有状态数目之和。类似于手势模型的建模方法，本章使用 LRB 结构建立垃圾手势模型，如图 7.5 所示：

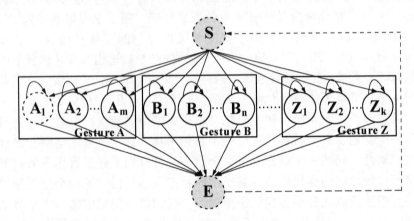

图 7.5 垃圾手势模型

相对于手势模型，垃圾手势模型状态之间的前向转移概率大大降低，因此垃圾手势模型本身是一个弱模型，它表示了空间域中除了目标手势之外的所有其他的可能模式。只不过对一个待识别的目标手势来说，由垃圾模型计算得到的概率值要远小于手势模型的概率值，因此从这一点上来说，垃圾模型能够为系统提供一个置信度量，作为目标手势何时开始和结束的判断依据，判断准则如公式（8）所示：

$$P(O_g \mid \lambda_g)P(g) > P(O_g \mid \lambda_{garbage-gesture})P(\hat{O}_k)$$
$$P(\hat{O}_k \mid \lambda_g)P(g) < P(\hat{O}_k \mid \lambda_{garbage-gesture})P(\hat{O}_k) \tag{8}$$

其中，O_g 表示一个目标手势序列；

λ_g 表示目标手势的 HMM 模型；

$\hat{O}_k$ 表示一个垃圾手势序列；

$\lambda_{\text{garbage-gesture}}$ 表示垃圾手势模型。我们可以看出，一个目标手势能够与其对应的手势 HMM 模型更好地匹配，反之，一个垃圾手势将与垃圾手势模型更好地匹配。

实时运行时，系统使用滑动窗技术对手势的起止位置进行分割。当滑动窗 Sw 内的连续图像帧数积累到滑动窗宽度 w 后（w 为经验值，需要通过实验测得），对窗体内的该段视频流进行特征提取并计算手势模型和垃圾手势模型的观察概率值，具体实现方法如下：

Step 1. 初始化滑动窗 Sw；

Step 2. 令 $t = 1$；

Step 3. 计算 $\zeta = P(O \mid \lambda_k) - P(O \mid \lambda_{\text{garbage-gesture}})$；//$\lambda_k$ 指手势集中具有最大观察概率值的手势模型；

Step 4.　if　$\zeta < 0$　//未检测到动态手势起点，

滑动窗口向下平移一个单元，

$t + = 1$，

返回 Step 3；

Step 5.　$x' = \{x_t\}$；　　//观察 t 时刻的手势分段 x

Step 6. 计算概率值 $p(y \mid x', \lambda)$；

滑动窗口向下平移一个单元；

$t + = 1$；

Step 7. 计算 ζ 的值；

Step 8.　if　$\zeta > 0$　// 动态手势开始

$x' = x' \cup \{x_t\}$；　　//合并手势分段

　　　　　返回 Step 6；

　　　else　　//动态手势结束

输出手势识别结果；

系统一旦检测到动态手势的起点，便转移到集中注意模块，并立即激活识别引擎，使用隐马尔科夫模型向前算法（forward algorithm）并结合韦特比路径（viterbi path）进行手势识别；当检测到动态手势结束时便停止集中注意，并输出最终结果。

7.4　应用实例与实验评估

7.4.1　应用实例

基于以上方法，我们构建了一个基于视觉注意的动态手势识别处理平台 DGRS（dynamic gesture recognition system）（Wu et al.，2011）（见图 7.6）。整个平台分为离线训练和在线识别两大部分。其中，离线训练主要任务是训练选择注意模型、预注意模型和集中注意模型中的关键参数。其中，选择性注意模型中需要基于训练数据构建肤色和非肤色的高斯混合模型。预注意模型中动态手势类别 T 的后验概率模型 $P(E \mid T)$ 和 $P(E \mid \neg T)$ 的训练采用的是期望最大化算法（EM，expectation maximum）获得，根据最大似然准则对模型的各个参数进行迭代式的重新估计，直到得到最大似然意义下的最优模型参数值。接下来将学习结果带入到公式（2）中计算得出似然函数 $P(T \mid E)$ 的值，从而为系统是否需要集中注意提供先验知识和判断准则。对于集中注意模型有几个关键问题，包括特征函数的选取（直接关系到模型的性能），参数估计（从已标注好的训练数据集学习各个特征函数的权重向量 λ）和模型的推理（根据参数 λ 预测最可能的状态序列）。限于篇幅本章在此不对其做详细描述。

在线识别部分主要是指摄像头实时采集用户的手势动作，并将视频流发送至视觉注意各个模块，利用离线训练好的模型对当前待识别对象进行处理并实时输出手势类别。本章将系统识别出来的手势封装成具有交互语义的手势事件，用来驱动高层的应用。事件的交互语义由手势设计开发人员自由定义，通常由任务模型驱动。DGRS 提供了一套自定义机制，设计人员可以根据任务模型，灵活地个性化定制新的手势事件。一个动态手势事件 GE（gesture event）可形式化表示为以下形式：

GE = < ID, $Type$, "$posture$", $startPt$, $endPt$, t, r, $data$, $sampleRate$ >

其中，ID 是动态手势的唯一标识；

$Type$ 表示动态手势类别；

$posture$ 表示手势的高层交互语义，由用户个性化定制，例如一个"删除"命令；

$startPt$ 和 $endPt$ 分别表示动态手势的有效起止位置，由预注意模块进行时空分割而得；

t 表示动态手势有效持续时间，可用来区分短手势和长手势；

r 是标志位，表示当前动态手势是否被系统成功识别；

data 定义为一个浮点数组，主要用来储存动态手势运动路径轨迹点的三维坐标；

sampleRate 是动态手势运动路径中轨迹点的采样率。

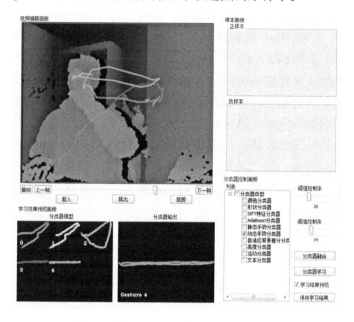

图 7.6　基于 DGRS 平台的离线手势训练

基于 DGRS 平台，我们创建了一个包含 26 个英文字母的动态手势库（见图 7.7），并设计开发了一个动态手势写字板系统，该系统支持用户在空中徒手书写英文单词。

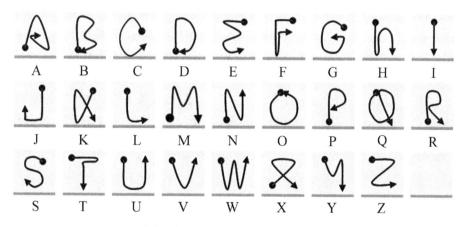

图 7.7　动态手势集（其中黑点表示动态手势的起点）

7.4.2　实验评估

为了验证本章方法的有效性，我们设计了可用性评估实验。实验条件为一台 Intel 酷睿 i7 双核四线程处理器，CPU 为 2.9GHz，内存为 8.0GB，操作系统为 64 位 Windows 7 Professional，视频输入设备为微软 Kinect 深度摄像头，分辨率大小为 640×480。由于本章综合使用了肤色信息和 3D 深度信息，因而系统具有良好的鲁棒性，能够在复杂的背景下进行手势检测，并很好地减少由于光照、阴影和部分遮挡等所带来的不利影响。接下来我们设计了一个两阶段实验：第一阶段，基于本章所提出的方法，进行离线手势测试，目的是测试训练所得的手势模型是否合理，垃圾手势模型是否能够产生合理的阈值；第二阶段，在线手势识别，目的是测试预注意模型对集中注意的导向功能，即动态手势起止点的时空检测和分割效果，以及集中注意时系统的识别率。

基于以上实验条件，我们首先对图 7.7 所示的 26 个动态手势进行了离线测试。实验开始之前，要求被试使用 DGRS 平台进行样本的采集和训练。我们采用交叉验证的方法进行手势的识别率计算。针对每一类手势，我们均收集包含完整手势动作的 70 个视频片段，其中前 45 个手势样本用来做训练集，剩余的 25 个手势样本用来做测试集。因此，实验总共收集了 $70 \times 26 = 1820$ 个手势样本，其中训练集有 1170 个动态手势，测试集有 650 个动态手势。通过实验，进一步测出滑动窗体的宽度 w 的理想值为 4。当 w 保持为 4 的时候，26 个动态手势的平均识别率为 97.5%，识别结果见表 7.2。

接下来，我们对 26 个动态手势进行在线识别测试，根据离线手势识别结果，我们设定系统滑动窗宽度 $w=4$。与离线识别所不同的是，在线识别要求被试连续输入两个以上的动态手势。系统利用视觉注意模型对动态手势区域进行集中注意处理，使用前向时空分割方法自动分割出不同手势的起止位置，并利用隐马尔科夫算法对分割出的手势路径进行模式识别。图 7.8 所示为系统的运行效果。

图 7.9 所示是两个连续手势 "S" "T" 以及垃圾手势在第 80 帧到 200 帧之间的概率值随时间的变化曲线。可以看出，在 80 至 99 帧之间，垃圾模型的概率最大，此时系统拒绝识别任何手势，对应到图 7.8 中可以看出，这个阶段是手势 "S" 之前的一个过渡手势动作（垃圾手势）；从 99 至 145 帧，手势 "S" 的概率远超过垃圾手势和手势 "T" 的概率，对应到图 7.8 可以看出此时用户完成了一个目标手势 "S"；在第 145 至 163 帧之间，垃圾手势模型的概率又变得最大，此时对应了手势 "S" 和手势 "T" 之间的

一段过渡动作（垃圾手势）；同理，163 至 184 帧对应了手势"T"，184 至 200 是一段无意义的垃圾手势。

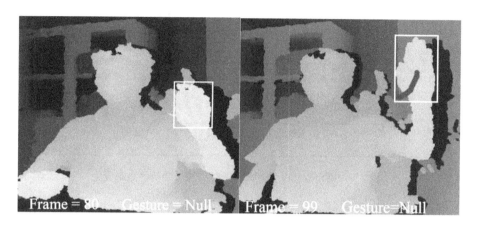

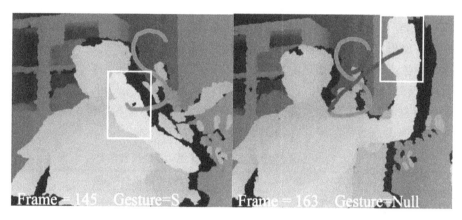

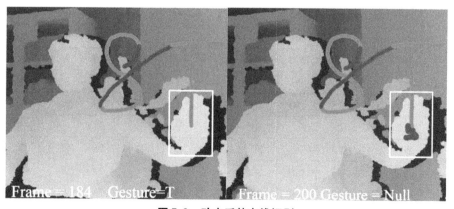

图 7.8　动态手势在线识别

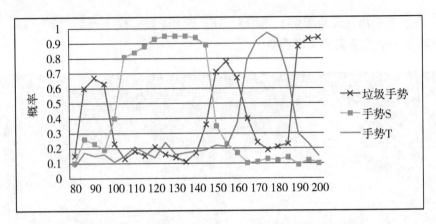

图7.9 两个连续手势"S""T"和垃圾手势的概率变化

    为了测试预注意模型对动态手势起止点的时空检测和分割效果，我们
定义了三类检测错误，分别是过检测（检测到了不存在的手势）、未检测
（没检测到目标手势）和误检测（对手势误分类），见表7.2。在线手势识
别时，如果发生了过检测情况，系统会强迫预注意模型拒绝真正的手势，
从而导致未检测和误检测的发生，所以我们在计算"识别率"的时候，将
过检测错误数排除在外，只考虑未检测和误检测的个数。而使用另一个度
量"可靠性"来描述因过检测所带来的影响。当保持滑动窗体的宽度 w 为4
时，26个动态手势的平均在线识别率达到了为93.8%。

表7.2 A～Z 26个动态手势的离线和在线识别结果

手势名称	训练数据	离线手势识别结果			在线手势识别结果						
		测试	正确	识别率（%）	测试	过检测	未检测	误检测	正确	识别率（%）	可靠性（%）
A	45	25	25	100	30	1	0	1	29	96.7	93.5
B	45	25	24	96	30	0	1	1	28	93.3	93.3
C	45	25	25	100	30	0	1	0	29	96.7	96.7
D	45	25	24	96	30	1	1	3	26	86.7	83.8
E	45	25	25	100	30	0	1	0	29	96.7	96.7
F	45	25	23	92	30	0	0	3	27	90	90
G	45	25	24	96	30	0	0	2	28	93.3	93.3
H	45	25	25	100	30	0	1	0	29	96.7	96.7
I	45	25	25	100	30	2	3	1	26	86.7	81.3

续表 7.2

手势名称	训练数据	离线手势识别结果				在线手势识别结果						
		测试	正确	识别率（%）	测试	过检测	未检测	误检测	正确	识别率（%）	可靠性（%）
J	45	25	25	100	30	1	1	1	28	93.3	90.3
K	45	25	25	100	30	0	0	1	29	96.7	96.7
L	45	25	25	100	30	0	2	0	28	93.3	93.3
M	45	25	24	96	30	0	0	2	28	93.3	93.3
N	45	25	24	96	30	0	0	2	28	93.3	93.3
O	45	25	24	96	30	0	1	2	27	90	90
P	45	25	25	100	30	0	1	0	29	96.7	96.7
Q	45	25	24	96	30	0	0	2	28	93.3	93.3
R	45	25	25	100	30	0	0	1	29	96.7	96.7
S	45	25	25	100	30	0	0	0	30	100	100
T	45	25	24	96	30	1	0	2	28	93.3	90.3
U	45	25	23	92	30	1	1	2	27	90	87.1
V	45	25	23	92	30	0	0	3	27	90	90
W	45	25	24	96	30	0	1	1	28	93.3	93.3
X	45	25	25	100	30	0	0	1	29	96.7	96.7
Y	45	25	25	100	30	1	0	0	30	100	96.8
Z	45	25	24	96	30	0	1	1	28	93.3	93.3
合计	1170	650	634	97.5	780	8	16	32	732	93.8	92.9

识别率：＝正确识别手势个数／测试样本数

可靠性：＝正确识别手势个数／（测试样本数＋过检测手势个数）

　　为了验证本章方法的实效性，我们还将前向时空分割方法与后向时空分割方法两种不同的动态手势切分机制进行了对比。图 7.10 所示为建立在 26 个英文字母组成的测试集上，两种方法对动态手势起止位置的平均切分时间。从图 7.10 中可以看到，利用前向分割方法系统平均处理时间为 0.33 秒（标准差 0.10），利用后向分割方法系统平均处理时间为 0.71 秒（标准差 0.14）。配对样本 t 检验（matched-pairttest）结果表明两种不同的交互技术存在显著性差异（$t_{25} = -23.047$，$p < .001$）。

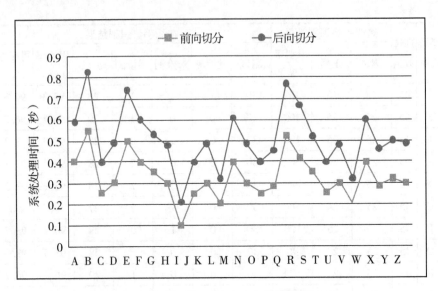

图 7.10   前向/后向两种不同方法处理时间对比

最后，我们将本章方法与 Kristensson 等人（Kristensson et al.，2012）的方法做了对比。之所以选择 Kristensson 的方法作为比较对象，主要基于三方面的原因：①二者都使用了 Kinect 作为视觉手势输入设备，并且在实验环境配置上有很大的相似性；②二者都使用了前向时空分割机制，在手势运行过程中，通过概率统计的方法实时预测当前的手势类别，而不像 Lee 等人（Lee et al.，1999）那样使用后向分割法，在实时人机交互中可能会造成一定的时间延迟；③二者的测试手势集都包含 26 个英文字母的动态手势，具有一定的可比性。最终，我们选择将 26 个英文字母作为测试的动态手势集进行对比，实验结果见表 7.3：

表 7.3   与 Kristensson 方法的比较

识别 \ 方法		Kristensson 方法	本章方法
在线识别率（%）	单手	92.7	93.8
	双手	96.2	不支持
连续手势识别		不支持	支持
系统处理时间（秒）		0.35	0.33
不完整手势预测率（%）	1/5 手势	46	62
	4/5 手势	80	95

（1）在识别率方面，Kristensson 方法对单手手势的在线识别率平均可达 92.7%，本章方法则高出 1.1 个百分点。但是 Kristensson 的方法支持双手手势在线识别，而本章目前并未考虑双手同时手势的情况，这也是本章下一步的研究工作之一。

（2）Kristensson 的方法不支持连续的多个动态手势在线识别，两个不同的手势动作之间必须显性地分次输入。而本章由于增加了视觉预注意机制，对每一个动态手势进行有效的时空切分，能够对视觉集中注意进行有效引导，因此可以支持多个动态手势的连续识别。

（3）在动态手势的时空切割方面，Kristensson 方法的系统平均处理时间为 0.35 秒，我们的方法是 0.33 秒，二者没有显著性差异。

（4）在不完整手势的预测率方面，当一个动态手势仅仅完成 1/5 时，Kristensson 方法的预测率为 46%，只有当一个动态手势几乎完成了 4/5 时，系统的预测率才达到 80% 以上。而相比之下，由于本章增加了预注意机制，在手势模型和垃圾手势模型的共同作用影响之下，当一个动态手势完成 1/5 时，系统准确预测率可达到 62%，当已完成 4/5 时，准确预测的概率为 95%。当然，这只是一个整体的平均值比较，而对某些特定的手势来说，预测率则达不到这么高，例如手势集中的成对手势"I"和"J"，"N"和"M"，"O"和"Q"，以及"V"和"W"的预测率则相对要低一些。这主要是手势库中所包含的手势样本特点所决定的（图 7.7）。上述几对手势之间的相似度较高，而且从形态结构上来看，手势对中的一个手势是另一个手势的子手势，当手势动作不完整时，系统无法根据当前情况准确预测用户的意图，例如到底是一个完整手势"N"，还是另一个手势"M"的未完成部分？如果降低手势库中手势样本之间的相关度（对手势动作进行重新设计），其预测率将会有所改善。

7.5　总结和展望

视觉手势用户界面是目前自然用户界面的一个研究热点。尽管目前取得了很多研究成果，但是对于动态手势的时空分割和识别仍然存在着难以克服的"Midas Touch"问题。为了解决这一问题，本章从认知心理学的角度出发，模拟人类的视觉注意机制，构建了一个基于视觉注意的层次并行感知模型，将视觉信息处理过程划分为选择性注意阶段、预注意阶段和集中注意阶段。接下来在此模型的基础上，设计实现了相关的手势分割和识别算法。最后，我们设计开发了一个支持离线训练和在线识别的动态手势平台 DGRS，并构建了一个包含 26 个英文字母的动态手势库。实验结果验证了本章方法的有效性。

本章目前还存在一些问题尚未解决。例如，在动态手势的集中注意阶段，我们通过构建垃圾手势模型来区分用户有意义的手势行为和无意义的手势动作。而垃圾模型的状态数量与手势模型的状态数量呈线性比例关系，当手势集扩充的时候，垃圾模型的状态数量会急剧上升，虽然不会影响最终的手势识别率，但是会增加系统时间和空间上的资源开销。而通过实验我们发现，当手势状态数量增多的时候，有很多的状态具有类似的概率分布，因此本章下一步的工作是引入相对熵的方法来缩减垃圾模型中的状态数量，从而提高系统处理的效率。另外，本章所提出的方法目前并未考虑双手同时手势的情况，而只是在单手手势集上进行了实验验证，下一步将会对于双手手势和其他复杂的情况进行深入的研究和论证。

7.6 参考文献

ALON J, ATHITSOS V, YUAN Q, SCLAROFF S. A unified framework for gesture recognition and spatiotemporal gesture segmentation [J]. IEEE Transactions on Pattern Analysis and Machine Intelligence, 2009, 31 (9): 1685 – 1699.

ITTI L. Models of bottom – up and top – down visual attention [D]. Doctoral Dissertation. Pasadena: California Institute of Technology, 2000

JACOB R J K. Eye movement-based human-computer interaction techniques: toward non-command interfaces [J]. Advances in Human-Computer Interaction, 1993, 4: 151 – 190.

KATO H, BILLINGHURST M, POUPYREV I. Virtual object manipulation on table-top AR environment [C]. In: Proceedings IEEE and ACM International Symposium on Augmented Reality, 2000: 111 – 119.

KJELDSEN R, LEVAS A, PINHANEZ C. Dynamically reconfigurable vision-based user interfaces [J]. Machine Vision and Applications, 2004, 16 (1): 6 – 12.

KOCH C, ULLMAN S. Shifts in selective visual attention: towards the underlying neural circuitry [J]. Human Neurobiol, 1985, 4: 219 – 227.

KRISTENSSON P O, NICHOLSON T F W, QUIGLEY A. Continuous recognition of one-handed and two-handed gestures using 3D full-body motion tracking sensors [C]. In: Proceedings of the 25th Annual ACM Symposium User Interface

Software and Technology（IUI'12），2012：89 – 92.

LEE H, KIM J. An HMM – based threshold model approach for gesture recognition［J］. IEEE Transactions on Pattern Analysis and Machine Intelligence, 1999, 21（10）：961 – 973.

NGUYEN D B, ENOKIDA S, TOSHIAKI E. Real-time hand tracking and gesture recognition system［C］. In：Proceedings of International Conference on Graphics, Vision and Image Processing（IGVIP'05），2005：362 – 368.

NIANJUN L, BRIAN C L, PETER J K, RICHARD A D. Model structure selection & training algorithms for a HMM gesture recognition system［C］. In：Proceedings of the Ninth International Workshop on Frontiers in Handwriting Recognition（IWFHR），2004：100 – 106.

REN Z, YUAN J S, MENG J J, ZHANG ZY. Robust part-based hand gesture recognition using Kinect sensor［J］. IEEE Transactions on Multimedia, 2013, 15（5）：1110 – 1120.

TREISMAN A M, GELADE G. A feature-integration theory of attention［J］. Cognitive Psychology. 1980. 12（1）：97 – 136.

UNGERLEIDER L G, MISHKIN M. Two cortical visual systems［M］. Ingle, D. J. , Goodale, M. A. , Mansfield, R. W. Analysis of Visual Behavior. Cambridge：The MIT Press, 1982：549 – 586.

WU H Y, WANG J M. A visual attention-based method to address the Midas touch problem existing in gesture-based interaction［J］. Visual Computer, 2016, 32（1）：123 – 136.

冯志全，杨波，李毅，郑艳伟，张少白. 以时间优化为目标的粒子滤波手势跟踪方法研究. 电子学报［J］. 2009, 37（9）：1989 – 1995.

王西颖，戴国忠，张习文，张凤军. 基于 HMM – FNN 的复杂动态手势识别. 软件学报［J］. 2008, 18（9）：2302 – 2312.

武汇岳，张凤军，戴国忠. 基于视觉的互动游戏手势界面工具. 软件学报［J］. 2011, 22（5）：1067 – 1081.

第 8 章　基于隐马尔科夫模型和模糊神经网络的手势识别方法

在基于视觉手势的用户界面设计中，由于受到手势的高维复杂信息、手势交互的模糊语义以及一些无意识的身体运动等因素的影响，识别连续的、复杂的动态手势成为一项十分有挑战性的任务。在本章中，我们提出了一种混合模型来进行连续复杂动态手势识别（Wu et al.，2017），该模型充分利用了隐马尔科夫模型的时序建模能力和模糊神经网络的模糊推理能力。首先，我们将复杂的动态手势进行降维和分解处理后输入到混合模型中，利用隐马尔科夫模型估计手势观测序列的似然概率，并将之作为模糊神经网络中相应模糊类变量的模糊隶属度。接下来，利用模糊神经网络对手势类进行模糊规则建模和模糊推理。为了将有意识的关键手势和无意识的垃圾手势准确地区分开来，我们构建了阈值模型来计算待识别手势的似然阈值，并为系统提供是否接受该手势并进行下一步继续处理的可靠性度量。最后，我们面向智能家庭中的交互式数字电视应用领域，设计了 10 个用户自定义的动态手势，并使用本文方法进行了识别验证。实验结果表明，与传统的手势识别方法相比，本文所提出的方法在关键手势分割准确率以及手势识别率方面表现更好。

8.1　引言

近年来，自然人机交互技术得到了飞速发展，在此基础上人们可以在很多不同的应用领域使用自然手势来与系统进行交互，例如虚拟/增强现实（Feng et al.，2010），计算机游戏（Kulshreshth et al.，2014）和普适计算（Pfeil et al.，2013）等。在这些应用中，用户的自然手势动作被摄像头捕获并被实时转换为特定的交互命令。与鼠标和键盘等传统输入技术相比，基于手势的输入技术具有交互更加自然、无约束以及非侵入式等优点。

手势可以分为静态手势和动态手势两大类（Mitra et al.，2007；Rautaray et al.，2012；LaViola et al.，2014）。静态手势，也称为手的姿态，指的是静态的手部形状而不包括手在空间中的移动。动态手势则主要关注手在空间中的运动轨迹。再往下细分的话，动态手势可以分为简单动态手势和复杂动态手势。简单动态手势仅涉及手的运动轨迹，而复杂的动态手势不仅涉及手的运动轨迹，还涉及运动过程中手形的变化，例如常见的手语（sigh languages）。

复杂的动态手势通常涉及两个独立的单元，即手形的变化和手运动轨迹的变化。例如，一个移动物体的手势可以细分为三个子手势：一个开始时抓住物体的手势，保持抓取的姿态并移动到另一个地方的手势，以及一个在结束时释放物体的手势。正是因为高维度的复杂信息导致了在实际应用中识别复杂动态手势是非常具有挑战性的。

从一系列连续的运动序列中自动识别出一个复杂的动态手势需要知道该手势的起点和终点以便准确地对该手势进行时空切分。此外，复杂的动态手势也可能在持续时间、运动幅度和手势完整性等方面受到不同因素的影响。尽管在过去几年中已经有许多基于手势的应用研究成果，但这些应用大多集中于静态手势识别（Kölsch et al.，2004；Stenger et al.，2006；Stergiopoulou et al.，2009；Ren et al.，2013），或是简单的动态手势识别（Lee et al.，1999；Bobick et al.，2001；Kim et al.，2001；Yang et al.，2007；Seo et al.，2011；Oz et al.，2011；Sohn et al.，2013）。

在本章中，我们提出了一种新的方法，用于连续的复杂动态手势识别。我们的方法结合了隐马尔科夫模型（HMM，hidden Markov model）和模糊神经网络（FNN，fuzzy neural network）。其中，HMM 用于建模并分析从手部运动得到的时间序列数据，FNN 被集成到了 HMM 中用于对包含模糊语义的手势序列进行智能推理。我们还基于 HMM-FNN 开发了一个差分阈值模型（DTM，difference threshold model），以解决基于视觉手势的用户界面中广泛存在的"MidasTouch"（点石成金）难题（Jacob et al.，1993）。

本章的结构如下。第 8.2 节回顾相关研究工作。第 8.3 节描述了我们的手势检测和特征提取方法。第 8.4 节介绍了用于连续复杂动态手势识别的 HMM-FNN 模型，并解释了该模型中的许多关键技术。第 8.5 节给出了一个系统原型并基于我们的模型进行了实验验证。第 8.6 节是本章总结并讨论了未来可能的研究方向。

8.2　相关研究

迄今为止，人们已为开发手势识别系统应用做了许多努力和尝试。然而，目前为止基于连续复杂动态手势识别的研究工作并不常见。总的来说，与手势识别有关的研究方法可大致可以划分为两大类：基于模板匹配的方法和基于概率统计推理的方法。

8.2.1 基于模板匹配的方法

基于模板匹配的方法通常使用模板将手势输入样本与预定义的一组模板手势进行匹配。例如，Bobick 等人（Bobick et al.，2001）开发了一个手势识别系统，利用模板匹配的方法来识别用户的手势。然而，该系统的算法严格要求待识别的手势不能被其他物体遮挡，因而大大限制了在现实生活的应用。Stenger 等人（Stenger et al.，2006）基于分层贝叶斯过滤器提出了一种基于模板的手势跟踪和识别方法，能够在一定程度上解决手势遮挡问题，但是他们的方法需要训练大量的模板库，这会大大增加系统的负担，并大大限制了其在需要实时手势识别的真实场景中的应用。为了减少训练样本的数量，Seo 等人（Seo et al.，2011）提出了一种基于时空局部自适应回归核的手势识别方法和矩阵余弦相似性度量的手势识别方法。他们的方法使用手势的单个样本作为查询条件来查找类似的匹配模板，并且在识别之前不需要进行样本的实时分割和预处理等操作步骤。类似地，Sohn 等人（Sohn et al.，2013）通过组合动态时间扭曲算法（DTW，dynamic time warping）和 K-最近邻（K-NN，k-nearest neighbor）分类器，开发了一个基于单样本的手势识别方法达到了很好的识别效果。

总的来说，基于模板匹配的方法不需要太多的样本具有轻量化的优点，但是这类方法普遍缺乏泛化能力，不能够灵活处理一些具有可变性的手势。此外，基于模板匹配的方法使用自下而上（bottom-up）或数据驱动（data-driven）的范式来进行手势识别，由于缺乏更高层的语义交互模块的指导，基于这些方法开发的系统通常无法识别非精确和模糊输入的手势样本。

8.2.2 基于概率统计推理的方法

基于概率统计推理的方法通常用于对具有随时间变化而内部状态也发生变化的目标手势进行建模。手势的内部状态指的是手形和手空间位置的组合。每个状态都有自己的动态特征，所有状态都通过一定的概率相互联系。HMM 是目前流行的统计建模工具之一，近年来在基于手势的应用程序中受到了很多的关注。例如，Peng 等人（Peng et al.，2011）提出了一种基于 HMM 的在线手势识别方法。此外，通过将传统的 HMM 方法例如 continuous HMM、discrete HMM、partial HMM、coupled HMM、parallel HMM 和 parametric HMM 等（Bilal et al.，2013）进行一定程度的扩展，可以用来解决更复杂的识别问题。尽管这些方法在手势识别方面取得了一定的成功，但基于 HMM 的方法仍然存在一个瓶颈问题，即关键手势的时空切分问题（Yang et al.，2007），这个问题指的是系统能够自动地将有意义的手势动作与无意义的手势动作区分开来。传统的基于 HMM 的系统识别算法通常建立在待识别手势已经进行了时空切分的基础假设之上，而这种情况只能应用在实验室条件下进行简单的识别验证，无法应用在复杂多变的现实世界的场景中。为了解决关键手势的时空切分问题，研究人员已经提出了不同的解决方案。例如，Kim 等人（Kim et al.，2001）引入了类依赖阈值模型，基于该模型他们取得了 96.88% 的手势识别率。Lee 等人（Lee et al.，1999）和 Yang 等人（Yang et al.，2007）通过把所有手势 HMM 的状态都连接起来，构建了一种基于 HMM 的阈值模型，用于手的动态运动轨迹识别。尽管他们使用了相对熵（relative entropy）来减少阈值模型中的状态数量，但是剩余状态的数量仍然很大，并且需要很高的成本来建模和分割手势和非手势。

神经网络是手势分类任务的另一种常见方法，能够解决传统的基于规则的方法难以解决的一些问题。一些研究人员将神经网络方法应用于静态手势识别。例如，Stergiopoulou 等人（Stergiopoulou et al.，2009）使用神经网络形状拟合技术来识别静态手形。其他研究人员则使用神经网络来识别动态手势，例如 Oz 等人（Oz et al.，2011）利用神经网络方法进行美国手语（ASL，American sign language）识别。然而，神经网络通常需要更大的存储容量和更多资源用于对手势的时序数据进行建模。

神经网络比普通的参数估计统计方法更加强大、也更为有效。一些研究人员探索了使用 HMM 和神经网络相结合进行手势识别的可能性。例如，Wang 等人（Wang et al.，2007a）提出了一种通过结合 HMM 和模糊神经网络 FNN 来识别复杂动态手势的方法。实验结果表明，与单独使用 HMM 或者 FNN 的方法相比，该方法可以有效地提高手势的识别精度。但是 Wang 等人的方法对所有的手势输入数据流都不加区分地予以建模和识别，在夹杂了很多复杂无意义的手势交互场景中这种方法无疑造成了计算的资源浪费以及手势识别效率的下降。在 Wang 等人的基础上，本章研究了一种可以在手势识别的早期阶段拒绝非手势输入的差分阈值模型，该方法可以在系统识别的早期阶段准确地切分出关键的有意义的手势动作序列，同时减少系统对时间和空间的要求，减轻系统的负担。

除了上述方法之外，还有各种其他基于概率统计的方法被提出并用于手势识别。例如，高斯混合模型（GMM, Gaussian mixture model），有限状态机（FSM, finite state machine），支持向量机（SVM, support vector machine），条件随机场（CRF, conditional random fields），boosting，决策树（decision tree）和决策森林（decision forest），等等。此外，还有一些研究组合了以上几种方法来探索技术可行性。例如，Pedersoli 等人（Pedersoli et al.，2014）分别使用 SVM 和 HMM 开发了面向静态手势和简单动态手势识别的开源框架。我们在本章中并不准备提供这些方法的详细介绍，因为我们的研究重点是探索使用 HMM 和 FNN 的混合模型来识别连续复杂的动态手势。有关基于视觉的手势识别各种基础算法的详细回顾，可参阅 Mitra 等人（Mitra et al.，2007）、Rautaray 等人（Rautaray et al.，2012）和 LaViola 等人（LaViola et al.，2014）的综述文章。

8.3 手部检测和特征提取

特征选择和提取是手势建模和识别的基础。手势的特征是指手势的构成元素，或为静态特征（例如手形、大小、颜色和亮度）或为动态特征（例如运动速度、运动方向、运动轨迹和运动持续时间）。复杂的动态手势通常包含高维特征数据。为了降低计算成本，动态手势的高维特征被转换为若干低维特征。然后，将这些低维特征分别发送到不同的手势模型中以进行分类和识别。

8.3.1 静态手势的特征提取

本章，我们将手势的静态特征描述为一个一维变量。我们在手势特征提取阶段引入了模糊集理论，首先利用肤色和手的位置等组合信息从背景中分割出手（Zhu et al.，2006）。然后，应用实时跟踪算法来捕获具有空间变形的手势运动（Wang et al.，2007b）。一旦成功地从背景中检测到手，则将手的轮廓用多边形近似，并且用成对几何直方图（PGH, pairwise geometric histogram）进行手形的形式化描述（Coupe，2009）。整个特征提取过程如下：

步骤 1. 假设手部多边形由 N 条线段组成。将每个线段视为其方向上的基准线。

步骤 2. 计算这条线段与所有其他线段之间的相对角度 $\theta \in [0, \pi]$ 和最大最小垂直距离（$d_{\max}, d_{\min}$）。

步骤 3. 将相对角度定义为直方图的行，然后在其中增加对应的计算出来的最大和最小距离的所有直方块，从而得到待识别手形的 PGH。这种用直方图形状表示对象的方法目前已成功应用于不规则物体的表征（Coupe，2009）。

步骤 4. 为了减小 PGH 的大小，计算所有行和列的条件期望值，然后用特征向量 f_{PGH} 描述。令 $p(i,j)$ 为位置 (i,j) 计算得到的 PGH 值，则使用如下公式计算特征向量 f_{PGH}：

$$f_{PGH} = [E_r(1)E_r(2)\cdots E_r(N)E_c(1)E_c(2)\cdots E_c(M)]^T \tag{1}$$

其中，M 和 N 分别是行数和列数，$E_r(i)$ 和 $E_c(j)$ 分别是第 i 行和第 j 列的条件期望值。通过这样做，我们可以将特征数量从 $(M \times N)$ 个减少到 $(M + N)$ 个。从公式（2）中我们可以看到 f_{PGH} 具有平移、旋转和缩放不变性。

$$E_r(i) = \frac{\sum_j j \times p(i,j)}{\sum_j p(i,j)}, \quad E_c(j) = \frac{\sum_i i \times p(i,j)}{\sum_i p(i,j)} \tag{2}$$

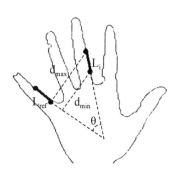

图 8.1（a）　两条线段之间的垂直
　　　　　距离以及相对角示意

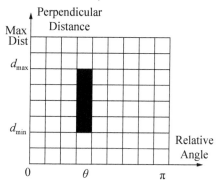

图 8.1（b）　成对几何直方
　　　　　图示意

8.3.2　动态手势的特征提取

手部运动轨迹由一系列 3D 点组成。通常，传统的方法在识别空间手势的运动轨迹时将手势限制在 2D 平面上或通过投影将它们转换成 2D 手势。这种方法通常会导致 3D 手势运动信息的丢失并导致识别性能下降。与传统方法相比，我们的方法直接提取手势的 3D 轨迹数据。设 $P_t = (x,y,z)$ 和 $P_t = (x,y,z)$ 是手势运动轨迹上的两个相邻点。然后，计算差分向量 $\vec{v}$ 如下：

$$\vec{v} = P_{t+1} - P_t = [\Delta x, \Delta y, \Delta z]^T \tag{3}$$

其中，$\vec{v}$ 是当前点 P_t 与下一个点 P_{t+1} 之间的差值；

$\Delta x, \Delta y, \Delta z$ 是差分向量的三个空间分量。为了满足平移、缩放和速度不变性，我们使用方程（4）对差分向量进行归一化处理：

$$\frac{\vec{v}}{|v|} = [\triangle x', \triangle y', \triangle z']^T. \qquad (4)$$

然后，动态手势的运动轨迹可以表示为归一化差分向量的序列。Linde-Buzo-Gray 算法（Linde et al.，1980），也称为 LBG 算法，是用于矢量量化的经典且有效的技术。然而，LBG 算法基于硬决策过程，并且对初始码本敏感，因此面临产生局部最优量化器的风险。在本章中，我们使用基于模糊聚类的软决策过程。在此过程中，假设每个训练向量属于具有不同隶属度的多个群集。给定一个未标记的差分向量集 $V = \{v_i, i = 1, 2, \cdots, N\}$，将 V 分成 n 个模糊子集（$1 < n < N$）。整个矢量量化过程如下：

输入：失真阈值 δ，模糊隶属度权重 m，最大迭代次数 t_{max}

输出：最终的码本 A_{t+1}

1：随机初始化码本 $A_0 \leftarrow \{y_i, i = 1, 2, \cdots, M\}$

2：$t = 0$

3：　do

4：　　for $i = 1$ to N do

5：　　　for $j = 1$ to M do

6：　　　　for $k = 1$ to M do

7：　　　　　$\widehat{\mu_{ij}} += \left(\frac{\| v_i - y_j \|}{\| v_i - y_k \|} \right)^{\frac{2}{m-1}}$

8：　　　　end for

9：$\mu_{ij} \leftarrow 1/\widehat{\mu_{ij}}$ {计算第 i 个输入向量 v_i 对第 j 个模糊类 y_j 的模糊隶属度}

10：　　end for

11：　end for

12：for $i = 1$ to M do

13：　　for $k = 1$ to M do

14：　　　$a_i += \mu_{ki}^m v_k$

15：　　　$b_i += \mu_{ki}^m$

16：　　end for

17：　　　$A_{t+1} \leftarrow \{y_i \mid y_i = a_i/b_i\}$ {更新码本}

18：　end for

19：for $i = 1$ to N do

20：　　　$E^{t+1} += \| y_i^{t+1} - y_i^t \|$ {计算码本的失真}

```
21：   end for
22：   t ← t + 1;
23：   while ( E^{t+1} < δ‖t > t_{max} )
```

8.4　连续复杂动态手势识别模型

8.4.1　手势模型

我们设计开发了两种类型的手势 HMM，一种连续 HMM 用于模拟手形变化，另一种离散 HMM 用于模拟运动轨迹的变化。考虑到手势模型中的强时序约束关系，我们选择左右带状 HMM（left-right banded，LRB）（Rabiner，1989）进行手势建模，因为它具有自然性和直观性的特点。LRB-HMM 中的每个状态只能随时间变化跳转到下一个状态或保持不变。与传统的手势建模过程不同，我们在 LRB-HMM 手势模型中增加了两个非跳转状态：开始状态和结束状态，从而可以容易地区分两个连续的手势。手势 HMM 中的状态数量由手势的复杂性确定。一个手势的 HMM 可以被特征描述为 $\lambda = (A, B, \pi)$，其中 A 是 $N \times N$ 的状态转移概率分布矩阵，B 是 $N \times N$ 的观察符号概率分布矩阵，π 是初始状态分布。对于连续的手势 HMM，我们使用高斯混合模型 GMM 来估计观测符号的概率密度，其计算公式如下：

$$p(O \mid \lambda) = \sum_{i=1}^{M} \omega_i g_i(x).　\quad (5)$$

其中，O 是观测序列；

ω_i 是第 i 个高斯分量的权重；

$g_i(x) \sim N(\mu, \delta^2)$ 是一维高斯概率密度函数。所有的手势 HMM 都使用 Baum-Welch 算法进行训练（Rabiner，1989）。接下来我们使用维特比算法（Viterbi，1967）用于实时识别时评估所训练的手势 HMM。

8.4.2　阈值模型

一些基于 HMM 的手势识别方案采用非手势模型（也称为垃圾模型）来拒绝错误的或无意识的手势输入（Lee et al.，1999；Yang et al.，2007；Yang et al.，2009）。垃圾手势模型主要通过将所有手势 HMM 的所有状态连在一起来构建。然而这种方法的缺点是，随着手势状态数量的增加，系统需要更高的存储容量和计算成本来构建和评估垃圾手势模型。在本章中，我们提出了一种替代方法，使用自适应阈值模型来对实时输入的手势样本的似然阈值进行基准测试，然后提供置信度分数以判断是否接受此输入作为待验证的手势样本。构建阈值模型的详细过程如下：

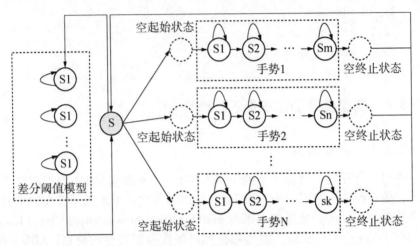

图 8.2　差分阈值模型

步骤 1. 假设我们在手势集中有 M 个类 $\aleph = \{\lambda_1, \lambda_2, \cdots, \lambda_M\}$。根据 M 个手势类，我们将训练集划分为 M 个子集，$S = \{S_1, S_2, \cdots, S_M\}$。对于 S_i 中的某一个训练样本 S_{ij}，如果能够找到可用等式（6）产生的最大似然的手势模型 λ^*，那么我们就可以说 S_{ij} 属于手势类 λ^*。

$$\lambda^* = \underset{\lambda_i \in \aleph}{\mathrm{argmax}}\, p(S_{ij} \mid \lambda_i) \tag{6}$$

步骤 2. 使用等式（7）从剩余的类 $\aleph' = \{\aleph - \lambda^*\}$ 中计算第二大后验似然 λ^{**}。

$$\lambda^{**} = \underset{\lambda_i \in \aleph'}{\mathrm{argmax}}\, p(S_{ij} \mid \lambda_i) \tag{7}$$

步骤 3. 为每个类别 λ_i 定义差分阈值 $\bar{\xi}_i$，其中 $\bar{\xi}_i$ 是指 S_i 中所有训练样本的 $p(O \mid \lambda^*)$ 和 $p(O \mid \lambda^{**})$ 之间的差值的平均值。$\bar{\xi}_i$ 计算如下：

$$\bar{\xi}_i = \frac{1}{N} \sum_{j=1}^{N} |p(S_{ij} \mid \lambda^*) - p(S_{ij} \mid \lambda^{**})| \tag{8}$$

其中，S_{ij} 是子集 S_i 中的第 j 个训练样本；

N 是 S_i 中的训练样本的总数量。

步骤 4. 对于给定的待识别手势样本，系统首先找到产生最大似然的手势模型 λ_i。然后，计算 λ_i 的对应差值阈值 ξ_i。如果 ξ_i 大于 λ_i 的预定阈值 $\bar{\xi}_i$，我们就可以说待识别手势样本属于手势类 λ_i。否则，拒绝该样本。

如上述过程所示，阈值模型提供了拒绝或接受一个手势输入样本的置信限度。当输入样本与手势模型 λ_i 匹配时，差分阈值 ξ_i 越大，输入样本越可能属于手势类别 λ_i。不失一般性，系统开发者可以为差分阈值定义校正系数 $\alpha \in (0, 1)$，在实践过程中通过改变 α 来灵活地调整拒绝水平。

8.4.3 HMM-FNN 混合模型

一个复杂动态手势识别系统应当从实时的视频流中接收连续的手势输入，而不是仅仅能够处理预先切分好的手势片段。在本节中，我们构建了一个用于连续动态手势识别的混合 HMM-FNN 模型，如图 8.3 所示。这个 HMM-FNN 模型分为五层。其中，第一层、第二层和 HMM 层构成模糊预处理组件；第三层和第四层是模糊推理组件；第五层是去模糊化组件。

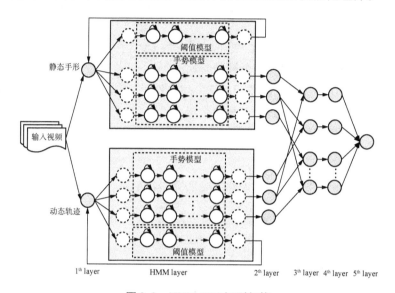

图 8.3　HMM-FNN 识别架构

（1）第一层是整个混合模型的输入接口，主要负责将手势输入空间中的精确变量转换为模糊变量。系统将一个复杂的动态手势分解为两个组件，分别是手形的变化和空间运动轨迹的变化，然后将这两个组件与第一层中的两个神经元相关联并作为独立的观察序列。在经过一定的数据转换之后，两个观察序列将被分别发送至 HMM 层中的两组手势 HMM 作为输入参数。

（2）HMM 层和第二层都隶属于模糊化层。在 HMM 层中的每一个手势模型都与第二层中的一个神经元之间存在一对一的映射关系。第二层中的每个神经元都代表一个模糊子类（例如，用户做了一个"手枪"的静态手势或一个"画圆"的动态手势）。如果观察序列被检测到是错误的或无关的，那么它将被阈值模型所拒绝。否则，它将由手势 HMM 进行计算并输出最终结果，其结果将指明该观察序列所隶属的模糊子类。对于一个输入观测序列 O，其似然概率 $p(O \mid \lambda_i)$ 被用作相应的模糊子类的模糊隶属度。第二层中的神经元定义了模糊规则的条件部分。

（3）第三层是模糊推理层。该层中的每个神经元都代表一条模糊规则。由于贝叶斯规则对于大型网络来说具有不确定性，因此我们使用了 Sum-Product 算法用于模糊推理。例如，如果手的运动轨迹像是一个顺时针的圆圈（条件 C_1），同时其手形保持一个"枪"的形状（条件 C_2），那么系统将检测到一个"打开电视"的手势（规则结论）。第三层中的神经元数量等于模糊规则的数量。第二层和第三层之间的神经元的连接权重定义了条件部分对模糊规则的结论部分的贡献程度。第三层的输出计算公式如下：

$$O_j^{(3)} = \sum_{j=0}^{N} \omega_{ij} p(O \mid \lambda_i), \quad \sum_i \omega_{ij} = 1. \tag{9}$$

其中，$O_j^{(3)}$ 是第三层中的第 j 个神经元；

ω_{ij} 是第二层中第 i 个神经元与第三层中第 j 个神经元之间的连接权重；

n 是第 j 个神经元的条件部分的数量。

（4）第四层是归一化层，旨在提高手势训练过程中的收敛速度。归一化公式如下：

$$O_j^{(4)} = O_j^{(3)} / \sum_{j=0}^{N} O_j^{(3)} \tag{10}$$

（5）第五层是去模糊化层。与第一层相比，该层旨在将模糊变量转换为精确的输出变量。第五层的输出公式计算如下：

$$O_j^{(5)} = \sum_{j=0}^{N} \omega_j O_j^{(4)}, \quad \sum_{j=0}^{N} \omega_j = 1. \tag{11}$$

其中，ω_j 是第 j 个规则对最终分类结果的贡献；

N 是模糊规则的数量。

8.5 实验

8.5.1 实验设置

我们在一个可用性实验室中测试了本章所提出的方法。在实验中将一个 Kinect 深度摄像头连接到一个事先安装了本章所提出的连续复杂动态手势识别系统的 PC。该 PC 配备了 2.9GHz 双核处理器，8GB 内存和 500GB 硬盘。Kinect 深度摄像头的感知距离介于 $1.2 \sim 3.5$ 米之间，分辨率为 640×480 像素，帧速率为每秒 30 帧。我们使用本章所提出的混合 HMM-FNN 方法实现连续复杂动态手势识别，主要用于控制数字电视。根据交互的需求，我们设计了十个最常用的手势交互命令，并使用以用户为中心的方法（Wu et al.，2016）为每个命令定义了一个动态手势，如图 8.4 所示。

打开电视（顺时针画圈）

关闭电视（逆时针画圈）

增大音量（向上挥手）

减少音量（向下挥手）

下一个频道（向右挥手）

上一个频道（向左挥手）

主菜单（张开拳头）

确认（OK的手势）

选择（抓取）

帮助（空中画一个问号）

图 8.4　十个用户自定义电视手势

我们之所以选择这 10 个手势，主要出于以下几个原因：首先，目前已经有越来越多的消费者产品在其中集成了基于手势的交互技术。例如，三星的智能电视系统就支持用户通过使用手势来与数字电视进行互动。相比之下，基于 PC 端的手势交互应用则大多集中在简单的交互操作上，例如指点和勾画（Mo et al.，2005；Wilson，2006；Colaco et al.，2013）以及对象操纵（Hilliges et al.，2009；Song et al.，2012；Feng et al.，2013）。其次，在评估我们的系统时，我们希望将我们系统的识别结果与其他系统的识别性能进行比较。但是，目前尚没有可用于对我们的系统进行基准测试的手势数据库。因此，我们只选择了具有高度一致性的手势用于测试，基于 Wobbrock 等人（Wobbrock et al.，2009）所提出的一致性标准，我们排除了低一致性的手势保留了这 10 个高一致性的手势。

如图 8.4 所示，这 10 个复杂动态手势可以通过特征降维的方法分解为 5 个静态手势和 8 个简单动态手势，每个复杂动态手势由部分静态手势和简单动态手势表示。图 8.5 显示了分解后的静态手势和简单动态手势。

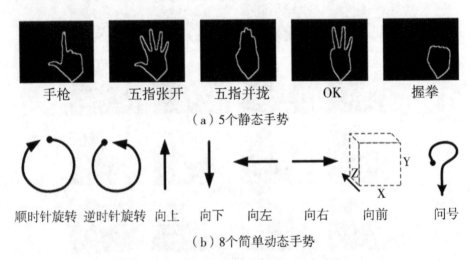

手枪	五指张开	五指并拢	OK	握拳

（a）5 个静态手势

| 顺时针旋转 | 逆时针旋转 | 向上 | 向下 | 向左 | 向右 | 向前 | 问号 |

（b）8 个简单动态手势

图 8.5　降维分解后的用户自定义电视手势

8.5.2　HMM/FNN 混合模型的训练

实验开始前，我们首先从一系列训练手势中提取手形和手部运动轨迹数据。然后，使用 Baum-Welch 算法训练所有手势 HMM 并根据最大似然准则获得最优参数。这个训练过程有助于重新估计并更新离散 HMM 的状态转移概率矩阵 A 和发射概率矩阵 B，以及更新连续 HMM 高斯混合模型的期望和方差。

接下来，训练 FNN 模型的权重。由于与传统 FNN 不同的网络结构，由手势 HMM 估计的似然概率 $p(O \mid \lambda_i)$ 被用作第 i 个手势类 λ_i 的观察序列 O 的模糊隶属度。FNN 模型所需的训练参数包括两部分：公式（9）中的权重 ω_{ij} 和公式（11）中的贡献 ω_j。整个训练过程使用了 BP 反向传播（back-propagation）算法。令 $J_e = \dfrac{1}{2}(t-z)^T(t-z)$ 为 FNN 模型的学习误差函数，权重调整公式如下：

$$\begin{aligned} \Delta\omega_k^{(5)} &= -\eta\delta^{(5)}O^{(5)} = -\eta(t-z)I_k^{(5)}, \\ \Delta\omega_{ij}^{(3)} &= -\eta I_i^{(3)}\delta_j^{(3)} = -\eta(\omega_i^{(5)}\delta^{(5)})I_i^{(3)} = -\eta(\omega_j^{(5)}(t-z))I_i^{(3)}. \end{aligned} \quad (12)$$

其中，t 和 z 分别是第五层的期望输出和实际输出；

η 是学习率；

$I_i^{(k)}$ 和 $O_i^{(k)}$ 是第 k 层中第 i 个神经元的输入和输出。

用公式（13）迭代地更新权重，直到系统收敛到稳定状态。

$$w(T+1) = w(T) + \Delta w \quad (13)$$

需要指出的是，混合 HMM-FNN 模型中使用的模糊规则是由用户的经验决定的。在实际应用场景中，系统开发人员可以采用适当的方法来修剪网络，以降低计算成本。例如，如果动态手势仅仅涉及运动轨迹的变化，则可以从网络中移除与手形变化相关的连接。

8.5.3　手势切分测试

我们邀请了 10 名参与者（5 名男性和 5 名女性）参加了这次实验。在实验之前，他们都没有基于手势交互的经验。对于每个参与者，我们收集了 80 个手势样本序列。为了测试阈值模型对于连续动态手势的切分性能，我们要求参与者在每次输入序列中输入多个手势。输入序列的长度为 180～280 帧。

图 8.6 所示为包含两个连续的用户自定义手势和未分类的动作的输入序列。手势和无意识的垃圾手势 HMM 的概率时间演变曲线表明，系统在从帧 0 到帧 40 期间，检测到了一个"调出主菜单"手势（具有最大的概率），接下来是未分类的手势。从输入流中，我们也可以看出在此期间，用户正在触摸他的后脑勺并思考下一步的手势，因此这个动作被系统标定为无意识的垃圾手势，这个垃圾手势总共持续了 80 帧，然后其概率下降到零，紧接着系统检测到一个有意义的"帮助"手势。

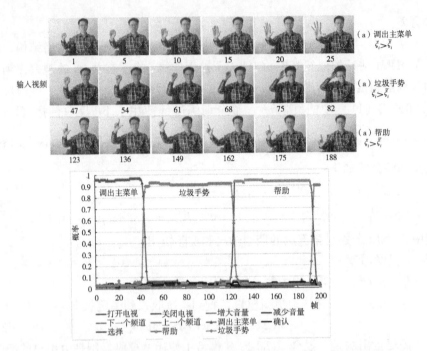

图8.6　包含两个有意义的手势和一个无意识的垃圾手势的时序概率演化过程

借鉴传统的错误类型定义方法（Lee et al.，1999；Yang et al.，2007），我们的系统中也定义了三种类型的错误，分别是插入错误（insertion error）、删除错误（deletion error）和替换错误（substitution error）。当阈值模型报告不存在的手势时，此时发生插入错误。当阈值模型无法检测到手势时，会发生删除错误。当阈值模型错误对手势进行分类时发生替换错误。然后，根据三种类型的错误和可靠性来测量系统性能。本方法对关键手势的切分精度为94.6%，见表8.1。

表8.1　使用阈值模型的切分结果

手势	样本个数	Results					
		插入错误	删除错误	替代错误	正确	检测率/%	可靠率/%
打开电视	55	0	1	2	52	94.5	94.5
关闭电视	58	2	1	3	54	93.1	90
增大音量	62	0	0	0	62	100	100
减小音量	60	3	1	4	55	91.7	87.3

续表 8.1

手势	样本个数	Results					
		插入错误	删除错误	替代错误	正确	检测率/%	可靠率/%
下一个频道	51	3	1	2	48	94.1	88.9
上一个频道	51	2	1	2	48	94.1	90.6
调出主菜单	49	0	1	1	47	95.9	95.9
确认	52	0	3	2	47	90.4	90.4
选择	47	1	0	1	46	97.9	95.8
帮助	50	1	2	1	47	94	92.2
总计	535	12	11	18	506	94.6%	92.5%
检测率 = 正确检测出的手势个数 / 总的输入样本							
可靠率 = 正确检测出的手势个数 / （总的输入样本 + 插入错误的样本）							

8.5.4　手势识别测试

在本实验中，每个手势由 10 个被试分别执行 15 次。使用交叉验证的方法，我们使用前 10 个输入样本进行训练，使用最后 5 个输入样本进行测试。因此，我们的数据库包含 10 × 10 × 15 = 1500 个手势样本，其中 1000 个被划分为训练集，500 个被划分为测试集。

测试结果见表 8.2，其中的误差主要是由于特征提取失败导致手部手势和运动轨迹数据失真。应该注意的是，在该测试中得分较低的两个手势"减少音量"和"下一个频道"在手势切分实验测试中得分也较低。

表 8.2　离散手势的识别率

手势	训练数据	测试数据	正确	错误	识别率/%
打开电视	100	50	50	0	100
关闭电视	100	50	49	1	98
增大音量	100	50	50	0	100
减少音量	100	50	46	4	92
下一个频道	100	50	47	3	94
上一个频道	100	50	48	2	96

续表8.2

手势	训练数据	测试数据	正确	错误	识别率（%）
调出主菜单	100	50	50	0	100
确认	100	50	48	2	96
选择	100	50	49	1	98
帮助	100	50	49	1	98
总计	1000	500	486	14	97.2
识别率 = 正确识别的手势 / 总的输入手势样本					

如上所述，目前大多数手势识别方法仅限于静态手势识别（Kölsch et al. ，2004；Stenger et al. ，2006；Stergiopoulou et al. ，2009；Ren et al. ，2013）或简单动态手势识别（Lee et al. ，1999；Bobick et al. ，2001；Kim et al. ，2001；Yang et al. ，2007；Seo et al. ，2011；Oz et al. ，2011；Sohn et al. ，2013），而用于实时人机交互的连续复杂动态手势识别的相关研究很少。并且，目前并没有统一的数据库可供研究人员对连续复杂动态手势识别进行基准测试。因此，我们在本实验中比较了静态手势的 HMM（记为 HMM^p）（Rabiner，1989），简单动态手势的 HMM（记为 HMM^t）（Rabiner，1989），没有差分阈值模型的混合 HMM-FNN（Wang et al. ，2007a），和本文方法集成了差分阈值模型的 HMM-FNN（记为 $HMM-FNN^T$），在基于视觉手势的电视控制系统中进行比较验证。

表8.3为传统 HMM 与本文所提出的方法之间的识别率比较结果。从表 8.3 可以看出，传统 HMM 方法对静态手势（HMM^p）和运动轨迹（HMM^t）的平均识别准确率分别为80.4%和86.7%。第4列中所示的混合 HMM-FNN 方法的识别率要高于 HMM^p 和 HMM^t 的识别率。原因在于混合 HMM-FNN 方法是传统 HMM 模型的增强，由于在 HMM 基础上额外增加了 FNN，可以校正一些中间过程中的手势分类错误，并通过模糊推理的功能提高整体手势分类性能。然而，由于缺少用于关键手势切分的阈值模型，HMM-FNN 的平均识别准确率要低于 $HMM-FNN^T$ 的平均识别准确率。

表8.3 本文方法与传统隐马尔科夫模型方法的比较

手势	HMM^p	HMM^t	HMM-FNN	$HMM-FNN^T$
打开电视	87.8	80.7	94.7	100
关闭电视	87.8	76.9	92.6	98

续表8.3

手势	HMM^p	HMM^t	HMM-FNN	HMM-FNN^T
增大音量	90.2	92.8	95.4	100
减少音量	71.5	84.3	89.2	92
下一个频道	73.7	89.6	92.3	94
上一个频道	84.6	91.3	93.5	96
调出主菜单	76.6	92.8	95.1	100
确认	72.9	92.1	93.9	96
选择	78.4	93.2	94.7	98
帮助	80.1	73.5	90.9	98
总计	80.4	86.7	93.2	97.2

HMM^{p}指的是使用传统的隐马尔科夫模型方法进行静态手势识别（Rabiner，1989）

HMM^{t}指的是使用传统的隐马尔科夫模型方法进行运动轨迹识别（Rabiner，1989）

HMM-FNN 指的是使用不带差分阈值模型的隐马尔科夫模型＋模糊神经网络的混合模型进行手势（Wang et al.，2007a）

HMM-FNN^{T}指的是使用嵌入了差分阈值模型的隐马尔科夫模型＋模糊神经网络的混合模型进行手势识别（本文方法）

接下来，我们与 Pedersoli 等人（Pedersoli et al.，2014）提出的方法进行了比较，结果见表8.4。

表8.4　我们的方法与 Pedersoli 等人方法的比较

手势 \ 方法		Pedersoli 等人的方法	我们的方法
支持的手势类型	静态手势	√	√
	简单动态手势	√	√
	复杂动态手势		√
系统输入		所有的手势 （包括有意义的和无意义的）	有意义的手势
手势切分		基于时间阈值的策略	差分阈值模型
识别率	静态手势	91%	80.4%
	简单动态手势	70%	86.7%
	复杂动态手势		97.2%

（1）Pedersoli 等人所提出的手势识别框架可以识别静态手势和简单的动态手势，但是它们框架中两个相应的手势分类器是独立运行的。因此，在实际应用中系统开发人员需要额外设计开发一个高层的逻辑语义处理模块来组合两个分类器以便进行复杂的动态手势识别。相比之下，我们的方法可用于直接识别复杂的动态手势。

（2）Pedersoli 等人的系统对所有的手势输入都不加区分地进行统一处理，因而浪费了大量的计算资源。而由于集成了差分阈值模型，我们的系统可以在手势识别的早期阶段拒绝无意义的垃圾手势输入，从而减少系统对时间和空间的计算需求并减轻系统的负担。

（3）对于手势切分，Pedersoli 等人的方法需要用户显性地插入一个静态手形用于在两个连续的动态手势之间进行分割。尽管他们在手势识别任务中取得了较高的识别率，但是静态手形的使用却引来了时间延迟问题，这会影响到实际 HCI 应用场景中的交互实时性能。相比之下，我们的方法可以使用差分阈值模型自动切分关键手势并支持连续识别多个复杂动态手势。

（4）Pedersoli 等人的方法在识别某些复杂的动态手势时识别率较低（例如，识别动态手势"j"的平均识别率仅仅为87%，同样的手势"j"用静态手形表示的话识别率就能达到97%）。他们认为，较低识别率的主要原因可能是由于系统对手势到底是静态还是动态的模糊语义解释所致。相比之下，我们所使用的混合 HMM-FNN[T] 模型在复杂动态手势识别方面能够达到比静态手势识别和简单动态手势识别更高的识别率（97.2% vs. 80.4% vs. 86.7%）。我们认为，识别率的提高可能是由于 FNN 的模糊推理能力和我们所设计开发的阈值模型的准确切分能力所导致的。

8.6　总结和展望

复杂动态手势的连续识别对于实时人机交互来说是一项极其具有挑战性的任务。本章设计开发了一种基于混合 HMM-FNN 模型的手势识别模型，并在模型中集成了一个差分阈值模型，用于在手势正式识别之前就做出是否接受或拒绝输入样本的判断以此来减轻系统的认知负载并提高手势识别率。首先，我们使用特征降维的方法对多维度的连续复杂动态手势进行分解，接下来通过特征提取的方法，获取静态手形和简单动态手势两组观察序列并将其输入到混合 HMM-FNN 模型中。与传统的 FNN 不同，由手势 HMM 估计的输入观察序列的似然概率被定义为相应的模糊类变量的模糊隶属度。接下来，HMM-FNN 模型使用模糊规则来对输入的手势序列进行分类。实验结果表明，混合 HMM-FNN 模型在关键手势切分方面具有 92.5% 的准确度，在手势分类识别方面达到了 93.2% 的准确度。此外，当我们将所设计开发的差分阈值模型集成到混合 HMM-FNN 模型中之后，又进一步提高了系统的平均识别率。

与传统的基于 HMM 的手势识别方法相比，我们研究的主要贡献有四个：①模型中使用的降维方法可以减轻传统方法对于高维复杂手势的特征描述负担，从而降低计算成本，提高系统性能；②差分阈值模型的使用可以在手势识别的早期阶段拒绝无意识的垃圾手势输入样本，并减少系统的资源开销；③采用模糊规则进行不确定推理可以提高系统的鲁棒性；④将用户的使用经验整合到 HMM-FNN 混合模型中有助于构建和优化整个手势识别网络结构。

基于本文工作，下一步的研究方向是在其他领域中进一步探索我们所提出的手势识别方法的有效性，比如智能家居系统、基于 PC 的交互系统以及移动机器人系统；除此之外，我们准备进一步验证所提出的方法在其他不同系统中所使用的手势集的实际应用性能。

8.7　参考文献

BILAL S, AKMELIAWATI R, SHAFIE A A, SALAMI M J E. Hidden Markov model for human to computer interaction：a study on human hand gesture recognition [J]. Artificial Intelligence Review, 2013, 40 (4)：495 – 516.

BOBICK A F, DAVIS J W. The recognition of human movement using temporal templates [J]. IEEE Transactions on Pattern Analysis and Machine Intelligence, 2001, 23 (3)：257 – 267.

COLACO A, KIRMANI A, YANG H S, GONG N W, SCHMANDT C, GOYAL V K. Mime：compact, low-power 3D gesture sensing for interaction with head-mounted displays [C]. In：Proceedings of the ACM Symposium of User Interface Software and Technology (UIST'13), 2013：227 – 236.

COUPE S. Machine learning of projected 3D shape [D]. PhD Thesis. University of Manchester. Manchester, 2009.

FENG Z Q, ZHANG M M, PAN Z G, YANG B, XU T, TANG H K, LI Y. 3D – freehand-pose initialization based on operator's cognitive behavioral models [J]. The Visual Computer, 2010, 26 (6 – 8)：607 – 617.

HILLIGES O, IZADI S, WILSON A D, HODGES S, MENDOZA A G, BUTZ A. Interactions in the air: adding further depth to interactive tabletops [C]. In: Proceedings of the ACM Symposium of User Interface Software and Technology (UIST' 09), 2009: 139 - 148.

JACOB R J K. Eye movement-based human-computer interaction techniques: toward non-command interfaces [J]. Advances in Human-Computer Interaction, 1993, 4: 151 - 190.

KIM I C, CHIEN S I. Analysis of 3D hand trajectory gestures using stroke-based composite hidden Markov models [J]. Applied Intelligence, 2001, 15: 131 - 143.

KÖLSCH M, TURK M, HÖLLERER T. Vision-based interfaces for mobility [C]. In: Mobile and Ubiquitous Systems: Networking and Services (Mobiquitous'04), 2004: 86 - 94.

KULSHRESHTH A, LAVIOLA JR, J J. Exploring the usefulness of finger-based 3D gesture menu selection [C]. In: Proceedings of the ACM Conference on Human Factors in Computing Systems (CHI'14). 2014: 1093 - 1102.

LAVIOLA J J. An introduction to 3D gestural interfaces [C]. In: Proceedings of ACM Special Interest Group for Computer Graphics (SIGGRAPH'14). ACM SIGGRAPH 2014 Courses. Article No. 25. DOI: 10.1145/2614028.2615424.

LEE H, KIM J. An HMM - based threshold model approach for gesture recognition [J]. IEEE Transactions on Pattern Analysis and Machine Intelligence, 1999, 21 (10): 961 - 973.

LIANG H, YUAN J S, THALMANN D, ZHANG Z Y. Model-based hand pose estimation via spatial-temporal hand parsing and 3D fingertip localization [J]. The Visual Computer, 2013, 29 (6 - 8): 837 - 848.

LINDE Y, BUZO A, GRAY R M. An algorithm for vector quantizer design [J]. IEEE Transactions on Communications, 1980, 28 (1): 84 - 95.

MO Z Y, LEWIS J P, NEUMANN U. SmartCanvas: a gesture-driven intelligent drawing desk [C]. In: Proceedings of the ACM Symposium of User Interface Software and Technology (UIST'05), 2005: 239 - 243.

MITRA S, ACHARYA T. Gesture recognition: a survey [J]. IEEE Transactions on Systems, Man, and Cybernetics - Part C: Applications and Reviews, 2007, 37 (3): 311 - 324.

OPRISESCU S, RASCHE C, SU B. Automatic static hand gesture recognition using ToF cameras [C]. In: Proceedings of the 20th European Signal Processing Conference (EUSIPCO'12), 2012: 2748 – 2751.

OZ C, LEU M C. American sign language word recognition with a sensory glove using artificial neural networks [J]. Engineering Applications of Artificial Intelligence, 2011, 24: 1204 – 1213.

PEDERSOLI F, BENINI S, ADAMI N, LEONARDI R. XKin: an open source framework for hand pose and gesture recognition using Kinect [J]. The Visual Computer, 2014, 30 (10): 1107 – 1122.

PENG B, QIAN G. Online gesture spotting from visual hull data [J]. IEEE Transactions on Pattern Analysis and Machine Intelligence, 2011, 33 (6): 1175 – 1188.

PFEIL K P, KOH S L, LAVIOLA JR JJ. Exploring 3D gesture metaphors for interaction with unmanned aerial vehicles [C]. In: Proceedings of the 26th Annual ACM Symposium User Interface Software and Technology (IUI'13), 2013: 257 – 266.

RABINER L R. A tutorial on hidden Markov models and selected applications in speech recognition [M]. Readings in Speech Recognition. San Francisco: Morgan Kaufmann Publishers Inc, 1990: 257 – 286.

RAUTARAY S S, AGRAWAL A. Vision based hand gesture recognition for human computer interaction: a survey [J]. Artificial Intelligence Review, 2015, 43: 1 – 54.

REN Z, YUAN J S, MENG J J, ZHANG Z Y. Robust part-based hand gesture recognition using Kinect sensor [J]. IEEE Transactions on Multimedia, 2013, 15 (5): 1110 – 1120.

SEO H J, MILANFAR P. Action recognition from one example [J]. IEEE Transactions on Pattern Analysis and Machine Intelligence, 2011, 33 (5): 867 – 882.

SOHN M K, LEE S H, KIM D J, KIM B, KIM H. 3D hand gesture recognition from one example [C]. In: IEEE International Conference on Consumer Electronics, 2013: 171 – 172.

SONG P, GOH W B, HUTAMA W, FU C W, LIU X P. A handle bar metaphor for virtual object manipulation with mid-air interaction [C]. In: Proceedings of the ACM Conference on Human Factors in Computing Systems (CHI'12), 2012: 1297 – 1306.

STENGER B, TORR P H S, CIPOLLA R. Model-based hand tracking using a hierarchical bayesian filter [J]. IEEE Transactions on Pattern Analysis and Machine Intelligence, 2006, 28 (9): 1372 – 1384.

STERGIOPOULOU E, PAPAMARKOS N. Hand gesture recognition using a neural network shape fitting technique [J]. Engineering Applications of Artificial Intelligence, 2009, 22 (8): 1141 – 1158.

VITERBI A J. Error bounds for convolution codes and an asymptotically optimum decoding algorithm [J]. IEEE Transactions on Information Theory, 1967, 13: 260 – 269.

WANG X Y, DAI G Z. A novel method to recognize complex dynamic gesture by combing HMM and FNN models [C]. In: IEEE Symposium on Computational Intelligence in Image & Signal Processing (CIIP'07), 2007 (a): 13 – 18.

WANG X Y, ZHANG X W, DAI G Z. Tracking of deformable human hand in real time as continuous input for gesture-based interaction [C]. In: Proceedings of the 20th Annual ACM Symposium User Interface Software and Technology (IUI'07), 2007 (b): 235 – 242.

WILSON A D. Robust computer vision-based detection of pinching for one and two-handed gesture input [C]. In: Proceedings of the ACM Symposium of User Interface Software and Technology (UIST'06), 2006: 255 – 258.

WU H Y, WANG J M, ZHANG X L. User-centered gesture development in TV viewing environment [J]. Multimedia Tools and Applications, 2016, 75 (2): 733 – 760.

WU H Y, WANG J M, ZHANG X L. Combining hidden Markov model and fuzzy neural network for continuous recognition of complex dynamic gestures [J]. Visual Computer, 2017, 33 (10): 1227 – 1263.

YANG H D, PARK A Y, LEE S W. Gesture spotting and recognition for human-robot interaction [J]. IEEE Transactions on Robotics, 2007, 23 (2): 256 – 270.

YANG H D, SCLAROFF S, LEE S W. Sign language spotting with a threshold model based on conditional random fields [J]. IEEE Transactions on Pattern Analysis and Machine Intelligence, 2009, 31 (7): 1264 – 1277.

ZHU J Y, WANG X Y, WANG W X, DAI G Z. Hand gesture recognition based on structure analysis [J]. Chinese Journal of Computers, 2006, 29 (12): 2130 – 2137.

第9章 基于小样本学习的3D动态手势识别

基于视觉手势的用户界面是目前主动式用户界面的主流方式之一，同时也是普适计算环境中自然人机交互的核心和热点问题之一。视觉手势交互技术受到了国内外越来越多的关注，迅速成为人机交互领域的一个热门研究方向，并被广泛应用于虚拟/增强现实、普适计算、智能空间以及基于计算机的互动游戏等多个领域。

但是，视觉手势交互技术在给普通用户带来方便的同时，也给专业研究人员带来了很多挑战。设计鲁棒和精准的跟踪和识别算法、有效的输入/输出技术、便利的设计开发工具和有效的评估方法成为该领域中的关键问题 (Ren et al. , 2000；Moeslund et al. , 2006；Du et al. , 2007；Xu et al. , 2007)。有的系统依赖于事先构建好的先验知识库或者目标用户的3D骨骼模型 (Tollmar et al. , 2004)；有的系统易受到不稳定的光照条件或复杂背景的影响 (Hilliges et al. , 2009)；有的系统在跟踪失败后难以自动初始化 (Sidenbladh et al. , 2000)；有的系统需要繁琐复杂的训练过程，而且手势集一旦确定就难以进行个性化定制和扩展 (Kölsch，2004)。上述种种约束使得多年来视觉手势技术更多的只是进行实验性研究，而难以在人们的日常生活中得以广泛应用。

近年来，新的传感器技术、生物控制理论以及无标记动作捕获技术的研究进展，极大地推动了视觉手势交互技术的发展。像索尼的 Eyetoy、微软的 XBOX360 以及 ION 的 Educational Gaming System 都已达到商业级应用。而另一方面，三网融合下的交互式数字电视 (iDTV, interactive digital television) 如今更像是一台多媒体电脑，能够上网、玩游戏以及处理一些日常生活/办公事务。相对于以前单向推送的大众传播方式，如今的数字电视可以为受众提供检索、导向和双向互动性功能，受众则变被动接受为主动参与，体现出更大的交互性。在现代数字家庭中利用自然手势操纵数字电视能够发挥人类固有的技能，增强用户对界面的感知，诱导用户去主动完成特定的交互任务。很显然，在普通用户家庭中使用传统的方法如 HMM 等进行手势训练与识别应用是非常困难的。鉴于此，本章提出了一种基于小样本学习的三维动态视觉手势个性化交互方法（Wu et al.，2013），降低了学习的门槛，并应用在了 iDTV 中进行了可用性验证，取得了满意的实验结果。本章方法不仅能够应用于数字电视，还可以应用于其他数字设备的交互（例如智能空调、智能窗帘等）或者基于 PC 的虚拟现实/增强现实以及互动游戏等不同领域。

9.1　相关研究

手是人类最灵敏的身体部分，在物理世界中能够被用来完成各种操作任务，而具有高效运动/操作技能的双手也可以很方便地被训练用来执行人机交互上下文中的各种虚拟控制任务。例如，将手映射为一个虚拟鼠标，来完成虚拟场景中各种指点和勾画任务（Mo et al.，2005）；将手势应用在虚拟/增强现实环境下，用来驱动漫游或者完成对虚拟对象的抓取、平移、旋转和缩放等各种操作（Kölsch et al.，2004）；将手势应用在交互桌面系统中，使得用户能够像在物理桌面上操作真实物体一样操作交互桌面系统中的数字物体（Hilliges et al.，2009）。

除了双手之外，更大幅度的肢体/全身运动也被很多研究人员利用来设计更多的交互系统。MIT 的研究人员开发了一系列基于肢体手势的互动娱乐系统（Wren et al.，1997）；Tollmar 等人开发了一个无约束的 3D 手势漫游系统（Tollmar et al.，2004）；另外，Sony、Microsoft 和 GestureTek 等国际大公司也都开发了商业级的视觉手势应用系统，像 Eyetoy、XBOX360 和 GestureFX 等。

但是上述手势交互技术大都利用了一些较为简单的身体动作来控制基于 PC 的各种游戏类应用，很少有用来控制精确的交互任务，例如菜单漫游或者导航等。Freeman 等人（Freeman et al.，1995）设计了一个概念原型，用户能够利用双手控制屏幕光标来调节电视的音量、对比度和亮度等；Bretzner 等人（Bretzner et al.，2001）设计了一套静态手势，用来触发相应的电视操作命令，例如打开/关闭电视，切换到上/下一个频道等。但是 Freeman 和 Bretzner 等人只是提出了一个概念原型，系统离真正实用还有一定的距离，而且他们的系统无法支持手势的个性化定制，这是本章重点解决的问题之一。

9.2　视觉手势交互模型

9.2.1　数字电视任务模型

在开发一个基于视觉手势交互的 iDTV 原型系统之前，首先要从用户的视角来定义系统的功能和任务模型，以此来帮助开发人员在系统设计之初就准确地把握用户的需求，从而提高系统的可用性。为此，我们设计了一个实验来收集用户的需求反馈。12 名来自不同专业的在校大学生参加了本次实验，这 12 名大学生的年龄介于 16～23 岁之间，以前从未接触过视觉手势交互技术。

实验被安排在一个配有数字电视的可用性实验室中进行，用来模拟用户看电视的场景。整个过程分为两个部分：①我们对被试进行 1 对 1 的面对面访谈，要求每个被试在纸上列出基于视觉手势的电视系统所需要具备的最基本的功能，接下来我们对所有用户的数据进行汇总统计，得出一个通用的功能集合；②我们要求所有被试独立地设计出一套适合于完成这些功能的手势集合。为了不受当前手势识别算法和交互技术的限制和影响，以便收集到用户最自然和最习惯的手势动作，我们使用了"Think-aloud"技术来确定用户的动作语义，即用户必须大声说出他们正在从事的手势的设计原因以便于实验人员记录；同时，我们使用了"绿野仙踪"（WOZ，Wizard of Oz）方法（Höysniemi et al.，2005）来实时呈现用户的动作效果，用户被告知他们正在使用一个手势识别系统与电视交互，但实际上身后的一个实验人员（Wizard）使用一个遥控器控制电视来产生该动作的预期效果。为了保证手势集的原始创新性，实验过程中我们并不给用户提供任何语言/动作提示以及手势的识别反馈。

实验使用了 5 个监控摄像头从不同角度对 12 名被试的所有的交互行为进行录制并进行后续数据分析和提取，对 12 名被试的实验结果进行定量分析和统计，结果见表 9.1。

表 9.1　iDTV 交互任务映射模型

手势	语义	功能
Push	水平前推	确认/选择/进入；播放/暂停；取消
Swipe left	水平向左	下一页/上一页

续表9.1

手势	语义	功能
Swipe right	水平向右	上一页/下一页
Swipe up	水平向上	增大音量/对比度/亮度；取消；上一页；关闭电视
Swipe down	水平向下	减小音量/对比度/亮度；下一页
Clockwise circular motion	顺时针画圆	进入/选择/确认；下一页；播放
Double-push	双击	停止
Anticlockwise circular motion	逆时针画圆	返回主菜单；取消；上一页；停止
Waving goodbye	挥手再见	关闭电视
Double-swipe right	重复水平向右	快进
Double-swipe left	重复水平向左	快退

实验发现1 手势的个性化需求。为了完成同一个交互任务，不同的用户设计了不同的手势动作。例如，对于一个切换到下一页（Turn to next page）的命令，有7个用户设计了 Swipe left，2个用户设计了 Swipe right，2个用户设计了 Swipe down，还有1个用户设计了 Clockwise circular motion 手势。

实验发现2 手势的可重用性需求。例如，用户使用了一个 Push 手势来完成一个播放电影的命令，紧接着又重用 Push 手势来停止电影播放。

实验发现3 上下文需求。在视觉手势交互中上下文是一个非常重要的因素。设计合理的上下文有助于手势的重用，并能有效避免所谓的"点石成金（Midas Touch）"问题（Jacob，1991）。我们发现，用户在每一个手势动作的开始之前和结束之后都会有意识地明显停顿，以此来区分不同的手势语义。

基于上述实验发现，接下来本章提出了一个基于视觉手势的3D动态手势状态转移模型，用以指导视觉手势交互技术的设计和实现，在实践中有效避免 Midas Touch 问题；提出了一种基于小样本学习的3D动态手势识别方法，并在此基础上开发了一个手势设计工具，用以满足不同用户的手势个性化定制需求。

9.2.2 交互状态转移模型

摄像头属于非接触性输入设备，只是用来捕获人体运动以及感知周围环境变化，并没有实质性地参与交互。在传统 WIMP 界面中应用广泛的设备状态转移模型（Buxton，1990）已经不适合描述视觉手势的交互特征，因为用户无法像操作鼠标或手写笔那样利用额外的按键来完成不同状态的转换。Midas 问题产生的本质就是因为系统无法自动进行手势的时空分割。结合 WOZ 的实验发现，本章将人手作为一种抽象的输入设备，并结合了用户心理模型，提出了一种新的视觉手势交互状态转移模型（图 9.1），用于指导视觉手势交互技术的设计与实现。将认知心理学与手势交互技术相结合，能够从更高层次上有效地描述用户在自然环境下的各种交互行为特征，符合普适人机界面的设计策略（Yue et al.，2004）。

图 9.1 中，状态 1 表示用户的手处于摄像头视野范围之外，此时，用户无论做什么动作都不会对交互产生影响，界面也不提供任何形式的反馈。状态 2 表示用户的手进入摄像头的视野范围之内但尚未被系统识别出来。此时，用户的动作对交互也没有影响，但是界面应提供反馈，例如实时显示摄像头所捕获的手的深度图像，这一反馈能够充分利用用户的前庭感知和运动感知（vestibular and kinesthetic senses）。这两种感知功能主要负责感知手在空间中的位置及位置变化，并通知中枢神经及时调节保持人体平衡，从而有效地促进交互。状态 3 为用户的手被成功检测出来之后的状态，称之为调整状态，此时界面自动产生一个跟踪符号（例如一个手形的图标），该跟踪符号将随着手的移动而实时变化状态（通过不断变换自身的 2D 平面坐标以及缩放比例来可视化人手在 3D 物理空间中的位置及深度信息变化）。我们以条件阈值 T_1 和 D 作为两个不同手势之间的状态转移条件，当用户手的调整时间（每一个手势动作开始之前，用户有一个时间差来调整以得到一个理想的起始位置）$t > T_1$ 并且两帧之间手的移动距离 $d > D$ 时（手在物理空间中的实际移动距离，主要用于除噪和降低误识别率），系统进入状态 4，此时界面除了显示跟踪符号外还显示手势的运动轨迹。从 WOZ 实验结果可以看出，用户所设计的手势大都是较为简单的单笔画手势，通过对 12 名用户的手势运动时间进行统计分析，我们定义了时间阈值 T_2 来设定每个手势的最大运动时间，当满足 $t > T_2$ 并且两帧之间手的运动距离 $d > D$ 时，系统切换到状态 5 进行手势识别。在状态 5 系统一方面将识别结果实时反馈给用户，另一方面自动跳转到状态 3，此时用户可以调整手的空间位置或方向以准备下一个手势动作；反之，如果 $t > T_2$ 但是 $d > D$ 时，系统重新切换至调整阶段，从而减少了无意义的手势识别。

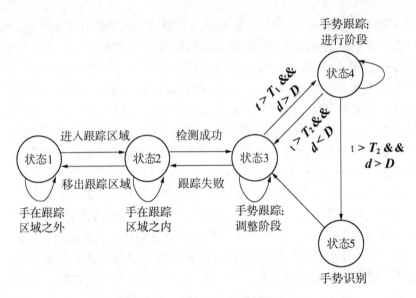

图 9.1　视觉手势状态转移模型

9.3　动态视觉手势识别方法

为了识别表 9.1 中的 3D 动态手势，本章在 Wobbrock 等人（Wobbrock et al.，2007）的基础上提出了一种基于小样本学习的 3D 动态手势识别方法，大大降低了视觉手势的设计开发门槛。

9.3.1　手势模板及手势库

我们基于 Kinect 搭建了一个实验平台，并基于 OpenNI SDK 设计实现了手势识别引擎。利用 Kinect 提供的 SDK 可以获取由 20 个关节所构成的人体骨骼模型，我们在每一帧中直接提取人体左右手的关节点三维空间坐标 P_t（X，Y，Z）作为手的质心位置。记录每个手势动作过程中产生的一个连续的帧序列，并连接每一帧中所包含的手的质心点便形成了一个三维手势运动路径。下面给出 3D 动态手势识别问题的形式化描述：

假定 L 为一个既定的手势类库，$L = \{G_1，G_2，\cdots，G_n\}$，其中，$G_i$（$\forall i \in \{1，\cdots，n\}$）称为一个手势类，它代表一组相似的手势模版，$G_i = \{T_{i1}，T_{i2}，\cdots，T_{im}\}$。每一个手势模板 T_{ij} 都是由一组空间三维轨迹点组成，$T_{ij} = \{P_{x1,y1,z1}，P_{x2,y2,z2}，\cdots，P_{xn,yn,zn}\}$，其中（$x_i$，$y_i$，$z_i$）为空间中某三维轨迹点 P_i 的物理坐标。那么，对一个待识别的手势样本 X（我们同样

定义 X 由一组空间三维轨迹点组成），其分类问题可转化为 X 与已定义模板 T_{ij} 之间的最佳匹配度问题（即两组空间三维轨迹点之间的最佳匹配）。

与传统的 HMM 等方法不同的是，为了满足 WOZ 实验结果中的用户个性化手势设计这一需求，在实际应用时，手势库的建立可根据具体的功能需求以及用户的个性偏好而实时创建和修改，每个用户创建自己的手势库，而非面向所有用户事先创建好一个通用的手势库。一个手势库对应一个用户的个性化设计空间，其中保存用户自己的手势特征参数。在线识别时，由于当前待识别的手势样本是与用户自己库中的训练模板匹配，因此相对于与一个通用的手势库中的模板匹配来讲，能在一定程度上提高识别率。

9.3.2　算法实现

为了消除手势之间的时空差异性，需要先对样本进行一定的预处理，确保手势样本中的轨迹点等数目和等距离分布，并且使其具备平移与旋转不变性，然后对其进行匹配和分类。下面给出具体的算法流程：

步骤 1　重采样，消除时间及速度噪音。由于受不同的视频捕获设备以及用户动作速度等因素的影响，手势运动轨迹的采样率会不尽相同。为了优化分类，需要对待识别手势样本 X_N 进行重采样（N 为重采样前手势路径中轨迹点的个数），从而得到与手势库中模板具有相同采样点数目的新样本 X_n（n 表示重采样后手势路径轨迹点的数目，n 是一个经验值，可通过实验统计方法获得）。采样过程如下：首先计算采样前 X_N 中由 N 个轨迹点构成的路径总长度 L，然后将整个路径划分为 $n-1$ 等份；接下来从路径的起始点开始，以 step $=L/(n-1)$ 为步长，对原始样本 X_N 重采样。采样过程中如果两个点之间的距离超过了步长 step，则使用线性插值法构建一个新的采样点。

步骤 2　消除位置噪音。将 X_n 的质心点平移到空间坐标系原点（0，0，0）（图 9.2），消除不同手势空间位置的差异性。Wobbrock 等人（Wobbrock et al.，2007）将所有手势样本非均匀缩放到一个统一的基准正方形区域中进行了归一化处理，这样处理完之后的手势样本将被严重扭曲，将无法区分依赖于特定的方向角或长宽比等特征信息的手势，例如长方形与正方形、圆与椭圆以及本章 WOZ 实验结果中的 Swipe up 与 Swipe down，Swipe left 与 Swipe right 等手势。因此，本章并不对手势样本进行缩放归一化处理，从而保持了原始手势的长宽比等特征信息。

步骤 3　消除方向噪音。由于交互习惯的不同，动态手势输入过程中存在方向差异性，我们接下来对输入样本 X_n 进行旋转，使其与模板 T 达到最佳拟合角度。Wobbrock等人（Wobbrock et al., 2007）将所有手势样本的方向角（手势路径的质心点到起始点的连线方向）均旋转至 0 度角位置，使其具备方向无关性。而在实际应用中，手势的方向信息可能是有用的（例如 WOZ 实验中的 Swipe up 和 Swipe down 就是两个不同的手势），因此我们令向量 $\vec{V} = \vec{P}_0 - \vec{P}_c$（其中 P_c 为 $\vec{X}_n$ 的质心，P_0 为 $\vec{X}_n$ 的起点），然后分别做如下处理：

（1）如果样本 X_n 是方向无关的，则将它沿着其质心旋转 ω_1 度，使得方向角为 0。ω_1 的计算方法如公式（1）所示：

$$\omega_1 = \arccos \frac{\vec{V} \cdot \vec{i}}{|\vec{V}||\vec{i}|} \tag{1}$$

其中，$\vec{i} = (1, 0, 0)$ 为单位向量。

（2）如果样本 X_n 是方向相关的，则将它沿着其质心旋转一个最小的角度 ω_2，使得 X_n 的方向角与某一基准轴对齐（X 轴正/负向、Y 轴正/负向、Z 轴正/负向），ω_2 的计算方法如式（2）所示：

$$\omega_2 = \arccos \frac{\vec{V} \cdot \vec{P}_m}{|\vec{V}||\vec{P}_m|} \tag{2}$$

其中，$\vec{P}_m$ 为与 $\vec{X}_n$ 方向角对齐的某基准轴的单位向量。

步骤4 计算 X_n 与模板 T 之间的最大相似度 score (X_n, T) 用于实时在线模板匹配：

$$\text{score}(X_n, T) = \cfrac{1}{\arccos \frac{\vec{X}_n \cdot \vec{T}}{|\vec{X}_n||\vec{T}|}} \tag{3}$$

从公式（3）可以看出，相似度的计算只与 n 维特征空间中两个向量的余弦距离有关，而与手势大小无关，因此满足尺度缩放的不变性。

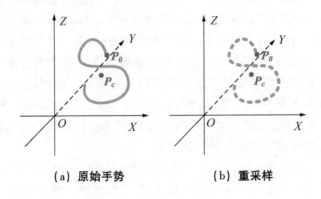

（a）原始手势 　　　（b）重采样

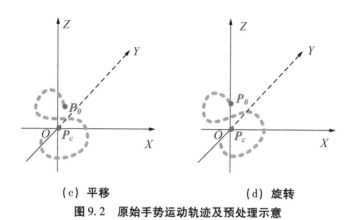

（c）平移　　　　　　　　　　　（d）旋转

图9.2　原始手势运动轨迹及预处理示意

步骤5 Wobbrock 等人（Wobbrock et al.，2007）的方法主要应用在支持手写输入的移动设备中，系统处理的是基于触控界面的精确的 2D 运动轨迹，而本章研究对象是物理空间中基于非接触界面的模糊的 3D 动态视觉手势，其运动轨迹不像 2D 笔手势那样精确和规范，因此我们对每一类手势分别收集 5 个样本作为模板并添加到手势库中。为了降低可能出现的假阳性（false positive）概率，本章并非直接取步骤 4 中计算得到的最大值 score$(X_n，T)_{max}$ 所对应的模板所在的手势类作为输入样本 X_n 的最终识别结果，而是按照得分多少进行二次排序，排序方法如下：

如果某一手势类中的模板 T 与 X_n 的匹配度超过一定的经验阈值 ξ_1，则直接取 T 所在的手势类作为样本 X_n 的识别结果；

否则，在得分最高的三个候选模板中，如果存在两个模板是属于同一手势类，并且得分均超过了经验阈值 ξ_2（$\xi_2 < \xi_1$），则返回这两个模板所属的手势类别；否则，返回手势未被识别的结果。

9.3.3　性能评估

接下来，我们将本章方法与 Wobbrock 等人（Wobbrock et al.，2007）的方法进行了对比。由于 Wobbrock 等人（Wobbrock et al.，2007）的方法只能处理二维平面手势，为了便于二者比较，我们对 Wobbrock 等人（Wobbrock et al.，2007）的方法进行扩展，增加了 Z 轴上的深度信息，使其能够处理三维手势，我们将新的方法称为"扩展的 One Dollar"。接下来使用前面 WOZ 实验结果中的 11 个手势作为测试集。实验配置为一台 2.4G Hz CPU、8GB 内存、2TB 硬盘的主机，实验结果如图 9.3 所示。

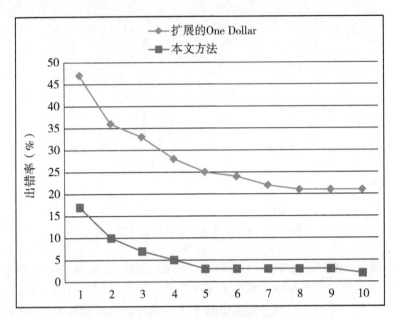

图 9.3　不同方法的出错率对比

从图 9.3 可以看出，随着样本数量的增加，两种方法的出错率都会随之降低。但整体来看，本章的方法要优于扩展的 One Dollar 方法。后者出错率较高的主要原因正是由于我们在上一节所述的那样，它对于所有的样本都统一地、非均匀缩放到一个统一的基准正方形区域中进行了归一化处理使其具备大小不变性，并且把所有样本的方向角都旋转到了 0 度，使其具备方向不变性，而其匹配度计算公式则直接受这两个因素决定，因此无法有效区分 WOZ 实验中的 Swipe left 与 Swipe right，Swipe right 与 Swipe down，以及 Clockwise circular motion 与 Anticlockwise circular motion 这些成对手势。而本章方法则很好地解决了这些问题，从而提高了识别率。另外，从图 9.3 中我们也可以看出，本章方法在模板数量增加到 5 个的时候，就能将出错率控制在 5% 以内，而随着模板数量的继续增加，出错率并没有显著降低，相反增加模板数量则会消耗更多的系统计算资源和计算时间。

9.4　个性化手势开发平台及实验评估

从 WOZ 实验可以看出，不同用户使用手势完成交互任务的个体差异性很大，为了遵循自然人机交互的原则、尊重用户的个性化交互习惯、减少用户的认知负担并提高系统的识别率和可用性，我们设计开发了 3D 动态视觉手势个性化定制工具箱平台（Wu et al., 2011）。图 9.4 所示为用户正在使用该工具箱平台进行手势训练和学习的过程。每个用户在手势训练学习过程中所产生的数据将被系统自动保存下来，生成个性化手势设计空间。由于本章内容主要集中在基于小样本学习的动态手势识别技术方面，因此有关个性化工具箱平台的开发过程将放在第 10 章讨论。

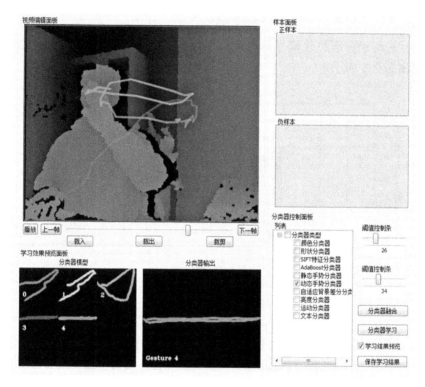

图 9.4 使用个性化工具箱平台进行手势训练和学习

为了满足用户个性化需求，我们在工具箱平台中实现了可视化界面方便用户灵活地建立高层的手势语义映射模型，工具箱平台在后台将自动地根据映射模型而生成基于 XML 的手势–语义映射文件，在系统实时运行时将根据该语义映射文件并结合上下文信息模型完成用户交互意图的自动解析和自动感知。为了完成既定的交互任务，不同用户先使用工具箱平台定制一套符合自己交互习惯的手势模板，然后基于工具箱建立手势–语义映射模型，整个过程不需要用户深入底层进行复杂的程序编码，而只需要利用工具箱提供的可视化界面进行简单的配置就可以了，从而大大降低视觉手势开发门槛、提高了原型开发的效率。

利用该工具箱平台我们开发了一个基于视觉手势的 iDTV 系统原型，并设计了一组对比实验，重新邀请了参与前面 WOZ 实验的 12 名被试分别使用视觉手势（GC，gesture control）和遥控器（RC，remote control）两种不同的交互方式完成事先指定的一组页面导航和节目选取任务。在实验开始前，这 12 名被试首先使用工具箱进行手势训练（根据 9.3.3 的实验结果，我们对每一类手势均收集 5 个样本作为模板）。经过一段时间的训练之后，12 名用户的手势的平均识别率均达到了 93% 以上。接下来，用户利用手势工具箱平台进行手势语义建模并最终完成所规定的任务。两种不同技术的对比结果如图 9.5 所示。

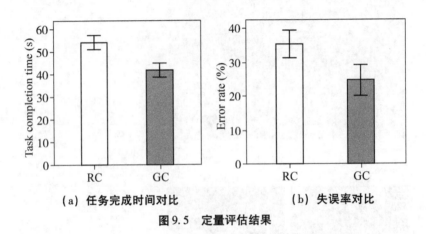

（a）任务完成时间对比   （b）失误率对比

图 9.5　定量评估结果

配对样本 t 检验（matched-pairttest）结果表明两种不同的交互技术存在显著性差异。在平均任务完成时间方面，手势要快于遥控器（$t_{23} = 7.389$，$p < .001$）。主要原因是遥控器属于离散设备，用户经常需要连续多次按键才能控制光标从界面的一端漫游到另一端来切换目录或选取菜单项或激活命令；而手势是连续输入，用户只需要一个简单的直线运动就能控制光标从界面的一端到另一端，从而大大缩短了交互的时间（均值 12.5s）；在失误率方面，手势也低于遥控器（$t_{23} = 3.745$，$p < .001$）。遥控器出错率较高主要是由于交互过程中的手眼分离造成的，尤其是为了完成某些交互任务而需要使用组合按键的时候更容易出错，比如连续快速地多次按箭头键再按确认键会走错目录而不得不再次按返回键回到起点，所以当需要使用组合按键的时候用户不得不经常低下头来看按键；而使用手势则不会产生这一问题，因为手与屏幕都是在视野前方。

接下来，我们从易学习性、易使用性、舒适性和交互性四个方面对这两种交互技术进行主观评估（其中 1 为最坏，7 为最好），结果如图 9.6 所示。

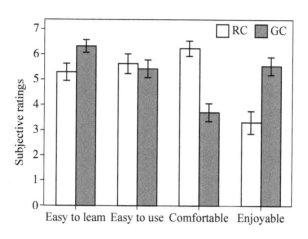

图 9.6　定性评估结果

威氏符号秩检验（Wilcoxon signed ranks test）结果表明用户认为手势比遥控器更容易学习（$Z_{\text{GC vs. RC}} = 3.65$，$p = .0001$），并且更具有互动性（$Z_{\text{GC vs. RC}} = 4.28$，$p < .0001$）。这主要是因为实验所使用的手势是基于 WOZ 实验结果而定义的，并且都是由用户本人个性化定制的，手势的简单性、原始性和易用性对用户的交互起到了关键的作用；但在舒适性方面遥控器则具有显著优势（$Z_{\text{RC vs. GC}} = 4.28$，$p < .0001$）。这是因为交互过程中用户可以一手抓着遥控器进行按键操作，而同时手则可以放到腿上或沙发上，不易产生疲劳；而手势交互过程中所有动作都在空中完成并且需要很多肌肉群组的参与，手势过程中用户无法找到一个支点，长时间操作就很容易产生疲劳。在可用性方面，二者没有显著性差异（$Z_{\text{RC vs. GC}} = 0.7$，$p = .242$），这一结果充分表明了用户对手势交互技术的认可程度。

9.5　总结和展望

视觉手势以其非接触的直接操纵（direct manipulation）方式受到了国内外研究者的青睐，成为目前人机交互的研究热点。本章提出了一种基于小样本学习的 3D 动态视觉手势个性化交互方法。为了验证本章方法的有效性，我们开发了支持用户个性化定制的手势设计工具，并在此基础上构建了一个原型系统并进行了可用性评估。实验结果表明，用户对手势交互给予了较大肯定。本章下一步的工作重点是设计更为详细和深入的实验，研究分析不同手势相互之间的可理解性、可记忆性、可检测性以及可区分性。

9.6 参考文献

BRETZNER L, LAPTEV I, LINDEBERG T. A prototype system for computer vision based human computer interaction [R]. Technical report ISRN KTH/NA/P - 01/09 - SE, 2001.

BUXTON W. A three-state model of graphical input [C]. In: Proceedings of the IFIP TC13 Third International Conference on Human-Computer Interaction (INTERACT'90). Amsterdam: Elsevier Science Publishers B V, 1990: 449 -456.

FREEMAN W T, WEISSMAN C. Television control by hand gestures [C]. In: Proceeding of IEEE International Workshop on Automatic Face and Gesture Recognition, 1995: 1 -5.

HILLIGES O, IZADI S, WILSON A D. Interactions in the air: Adding further depth to interactive tabletops [C]. In: Proceedings of the ACM Symposium of User Interface Software and Technology (UIST'09), 2009: 139 - 148.

HÖYSNIEMI J, HÄMÄLÄINEN P, TURKKI L. Children's intuitive gestures in vision-based action games [J]. Communications of the ACM, 2005, 48 (1): 45 -52.

JACOB R J K. What you look is what you get: eye movement-based interaction techniques [C]. In: Proceedings of the ACM Conference on Human Factors in Computing Systems (CHI'91), 1991: 11 -18.

KÖLSCH M. Vision-based hand gesture interfaces for wearable computing and virtual environments [D]. Doctoral Dissertation. University of California, Santa Barbara, 2004.

MO Z Y, LEWIS J P, NEUMANN U. SmartCanvas: a gesture-driven intelligent drawing desk [C]. In: Proceedings of the 18th Annual ACM Symposium User Interface Software and Technology (IUI'05), 2005: 239 - 243.

MOESLUND T B, HILTON A, KRUGER V. A survey of advances in vision-based human motion capture and analysis [J]. Computer Vision and Image Understanding, 2006 (104): 90 - 126.

PORTA M. Vision-based user interfaces: methods and applications [J]. International Journal of Human-Computer Studies, 2002 (57): 27 -73.

SIDENBLADH H, BLACK M, FLEET D. Stochastic tracking of 3D human figures using 2D image motion [C]. In: Proceedings of the 6th European Conference on Computer Vision (ECCV'00), 2000: 702 -718.

TOLLMAR K, DEMIRDJIAN D, DARRELL T. Navigating in virtual environments using a vision-based interface [C]. In: Proceeding of the 3th Nordic Conference on Human-Computer Interaction, 2004: 113 -120.

WOBBROCK J O, WILSON A D, LI Y. Gestures without libraries, toolkits or training: a $1 recognizer for user interface prototypes [C]. In: Proceedings of the ACM Symposium of User Interface Software and Technology (UIST'07), 2007: 159 -168.

WU H Y, WANG J M, DAI G Z. Personalized interaction techniques of vision-based 3D dynamic gestures based on small sample learning [J]. ACTA ELECTRONICA SINCA, 2013, 41 (11): 2230 -2236.

WREN C, AZARBAYEJANI A, DARRELL T. PFinder: real-time tracking of the human body [J]. IEEE Transactions on Pattern Analysis and Machine Intelligence, 1997, 19 (7): 780 -785.

杜友田, 陈峰, 徐文立等. 基于视觉的人的运动识别综述 [J]. 电子学报, 2007, 35 (1): 84 -90.

任海兵, 祝远新, 徐光佑等. 基于视觉手势识别的研究 - 综述 [J]. 电子学报, 2000, 28 (2): 118 -121.

武汇岳, 张凤军, 刘玉进等. 基于视觉的互动游戏手势界面工具箱 [J]. 软件学报, 2011, 22 (5): 1067 -1081.

武汇岳, 王建民, 戴国忠. 基于小样本学习的三维动态视觉手势个性化交互方法 [J]. 电子学报, 2013, 41 (11): 2230 -2236.

徐一华, 李善青, 贾云得. 一种基于视觉的手指屏幕交互方法 [J]. 电子学报, 2007, 35 (11): 2236 -2240.

岳玮宁, 董士海, 王悦, 等. 普适计算的人机交互框架研究 [J]. 计算机学报, 2004, 27 (12): 1657 -1664.

第四部分
手势开发平台

第 10 章　基于视觉手势的个性化设计
开发平台 IEToolkit

基于视觉的用户界面（VBIs，vision-based interfaces）是 Post-WIMP 时代的一种重要的界面形式，许多计算机系统都将摄像头作为一种输入媒介，目的是使用户能够在真实环境中以更加自然和直观的方式与计算机交互（Turk，1998）。与传统的 WIMP 交互方式相比，VBIs 能够充分利用用户的头、双手、双脚或者身体的其他部位（Maes et al.，1997；Wren et al.，1997a；Wren et al.，1997b；Freeman et al.，1998；Oliver et al.，2000；Betke et al.，2002；Chao et al.，2003；Larssen et al.，2004；Höysniemi et al.，2005；Deng et al.，2007）参与交互，从而提供给用户更大的交互空间、更多的交互自由度和更逼真的交互体验，因此迅速成为国内外研究的热点，并被广泛应用于虚拟/增强现实、普适计算、智能空间，尤其是基于计算机的互动游戏等多个领域。

但是，基于 VBIs 的系统设计是一项十分困难的工作（Fails，2003；Aminzade et al.，2007；Fogarty et al.，2007；Hartmann et al.，2007；Patel et al.，2008），因为此类系统的构造往往涉及复杂的图像处理和机器学习算法等方面的知识，只有 VBIs 研究领域内的专家用户才能掌握，并且常常需要对各种算法进行烦琐、重复地开发，这大大阻碍了 VBIs 的应用。对于非计算机视觉专业的普通游戏开发人员来说，需要通用的 VBIs 开发工具，能够方便、快速地实现特定领域的 VBIs 应用，从而提高设计和开发的效率。在计算机视觉领域，尽管研究者们根据不同的应用需求开发了许多的手势识别工具箱或者专门的手势库，但大多数已有的视觉工具箱或者类库难以直接使用或者与已有的游戏开发工具快速有效地集成，主要原因表现为以下几方面：

（1）基于 VBIs 的游戏开发要求开发人员不仅要具备丰富的游戏设计经验，还要掌握视觉处理以及交互技术方面的经验知识。大多数游戏开发人员虽然熟悉传统的可视化游戏设计工具如 Flash，Photoshop 或者 Maya，3DMax 等，却并不具备开发 VBIs 所必备的图像处理、机器学习以及模式识别等专门的领域知识。

（2）它们主要致力于底层的图像处理算法和手势识别技术，对于高层的手势事件的处理和管理等方面提供的支持非常少，对于复杂的交互设计支持不足，从而把大量的交互设计工作留给了界面开发者。

（3）这些工具箱在开发技术、手势处理和应用领域等方面的个体差异非常明显，因此就其本身来说就很难使用，更难与传统的游戏设计工具有效集成并达到在不同的开发平台之间互相通用的目的。

基于视觉手势的互动游戏目的是给用户提供一种新的交互体验，通常并不包含太过复杂的游戏情节。因此，开发一个基于视觉手势的界面工具的主要目的就是使开发人员不必局限于复杂的图像处理、机器学习等底层的技术细节，从而有效地加速游戏开发过程。本章面向普适娱乐领域给出了一个支持视觉手势交互的界面工具平台（IEToolkit, interactive entertainment toolkit）的设计和实现（Wu et al., 2011），它从底层到高层完全基于视觉手势交互的特征进行设计，能够支持灵活的视觉手势交互信息的处理，支持高层的语义事件的处理和管理，简化基于视觉的手势界面开发过程，从而支持游戏原型系统的快速开发。

10.1　相关研究

目前，已有的视觉手势库如 HandVu（Kölsch et al., 2004）和 GT^2K（Westeyn et al., 2003）等都是由计算机视觉的专业人员设计开发的，而且其面向的用户也基本上是计算机视觉专业人员，普通的游戏开发人员必须深入到底层才能了解其工作机制，因此它们大都不能有效地支持快速开发。Lego Mindstorms Kit（Bagnall, 2002）是使计算机视觉技术逐渐走向普通开发者的先驱工作之一，其可视化的编程界面能够辅助用户迅速地实现他们的设计思想。但是，该工具仅仅利用了颜色或亮度等简单的视觉信息来辅助完成特定领域的任务例如机器人装配，不能识别较为复杂的视觉特征，因而其应用范围比较有限。Cambience（Marino et al., 2006）提供了一个简单的界面，利用用户的手势动作行为来控制不同的音效，例如将用户的动作强度映射为音量的大小。与 Mindstorms Kit 类似的缺陷是，Cambience 仅仅利用了手势运动信息来控制音效，因而其通用性不强。Fails 等人提出了一个基于视觉交互的设计工具 Crayons（Fails et al., 2003），它使用了一种"绘画隐喻（painting metaphor）"方式和"描绘—观察—修正（paint - view - correct）"的逐步求精的视觉处理过程，将传统的机器学习和图像处理算法进行修改和封装，以满足便捷开发的需求。Crayons 的缺点是不支持运动信息的捕获与分析。总的来说，这些工具箱所提供的功能普遍来说都较为简单，缺乏灵活性与可扩展性。因此，它们虽然能够在一定程度上降低开发门槛，但同时也限制了其应用领域，无法支持更为复杂的应用。

与本章所提出的 IEToolkit 目标较为接近的工作是 Aminzade 等人（Aminzade et al.，2007）所设计开发的一个支持快速的视觉交互开发的工具箱 Eyepatch。他们采用了一种基于样本的学习方法（example-based approach）对分类器进行训练，并从视频流中快速提取出有用的数据信息。传统的界面设计者即便不具有任何的计算机视觉专业知识也能容易地将训练结果与其他的原型开发工具如 Flash，d. tools 等有效集成，从而支持不同的视觉交互原型系统的快速开发。但是从交互的角度来看，Eyepatch 缺乏好的交互机制，并没有考虑一些基本的视觉交互特征，缺少高层的语义事件处理策略，暴露出对于复杂交互的设计支持不足的问题。与此对比的是，我们设计开发的 IEToolkit 在支持颜色、形状、特征、运动等多种视觉交互信息的灵活处理的同时，围绕着视觉交互的主要特征提供了对于高层的语义交互事件的处理和管理机制，以及提供了各种常用的视觉交互技术统一支持机制，并且其可扩展的体系结构能够支持无处不在计算环境下面向互动娱乐的各类应用的便捷式开发。

10.2 IEToolkit 的设计目标

基于前面的分析，本章给出了 IEToolkit 的设计目标，主要包括以下几方面：

（1）一个有效的视觉界面工具应该支持开发人员迅速地从视频流中提取出 VBIs 通常所关注的有用信息。传统的视觉工具箱已经在这方面进行了一些探索（Kato et al.，1999；Westeyn et al.，2003；Kölsch et al.，2004），但这类工具箱主要面向的是计算机视觉领域的专家级用户，对普通开发人员来说门槛过高。

（2）支持快速有效的原型系统开发。视觉工具箱应该提供可视化的设计界面，从而降低对于普通游戏开发者在视觉方面的技能要求。只要他们熟悉类似于 Visual Basic 这样的可视化工具，并不需要深入了解太多底层的图像处理、机器学习等算法，就能够迅速掌握并熟练使用这个软件系统，从而将开发注意力集中在游戏设计任务本身。前人开发的一些工具箱（Bagnall，2002；Fails et al.，2003；Marino et al.，2006）虽然能够在一定程度上降低开发门槛，但同时却也限制了其应用领域的范围。

（3）提供灵活的交互机制，支持高层的视觉交互事件处理和交互技术管理机制。主要表现在两方面：一方面，VBIs 是通过视觉事件驱动的（Turk，1998），目前许多的工具箱系统仅仅停留在底层的视觉信息处理层次上，普遍缺乏高层的语义事件抽象；另一方面，传统的 GUIs 是接触型和离散交互为主的方式，而 VBIs 是非接触型的连续交互方式，二者的交互机制有很大的不同。Eyepatch 能够支持开发不同类型的应用（Aminzade et al.，2007），但它没有从本质上分析视觉交互的特征，缺乏对各种通用的视觉交互技术的统一管理。我们提出的 IEToolkit 将力求提供一个面向视觉交互特征的高级事件处理模型，并使用一种可重用的模式来管理各种通用的视觉交互技术。

（4）软件架构的可扩展性。VBIs 的研究已受到了越来越多人的关注，大量的新技术和交互设备层出不穷，IEToolkit 必须提供一种方便的机制，使得新的交互技术、视觉处理算法或者交互设备可以方便容易地加入。

10.3　视觉手势交互机制

10.3.1　手势事件模型

VBIs 主要是通过视觉事件驱动的，一个设计良好的手势界面工具箱首先应该具备好的手势事件模型。手势事件是形成交互的最终数据形态，事件的语义信息由界面设计人员定义，通常与任务直接相关。下面给出一个有效的视觉手势事件模型。

定义　手势事件是由用户通过摄像头所引发的交互活动的信息承载体。一个静态手势事件（static gesture event，简称 SGE）的结构模型可以形式化表示为如下的元组形式：

SGE $=\langle ID, Type, "posture", t, r, x, y, s, a, TimeStamp\rangle$

其中，ID 是事件的唯一标识符；

$Type$ 指定该事件的类别；

$posture$ 是字符串，标识事件的语义信息。如果为空则为不带语义信息的手势事件，例如位置的移动、速度的改变等；如果不为空则为带语义信息的手势事件，例如"挥手"表示关闭一个文档；

t 为标志位，如果目标正在被跟踪则为"1"，否则为"0"；

r 为标志位，如果手势识别成功则为"1"，否则为"0"；

x, y 通常为图像坐标系中跟踪对象的质心位置，其中，图像的原点在左上方；

s，a 分别表示缩放系数（scale）和旋转角度（angle）；

TimeStamp 表示从检测到目标对象的第一帧起总的持续时间，单位为秒。

由于 XML 具有平台无关性、自描述性、易于标准化等特点，因此本章选择 XML 语言来表达视觉交互应用中的各种事件。用户引发的各种手势事件被封装成 XML 节，每一个 XML 节表示一个单一的事件，游戏平台端通过解析 XML 字符流还原事件，然后根据会话标志符和事件参数将事件发送给上层的逻辑处理模块。

10.3.2 交互模型

（1）状态转移模型。

在 HCI 中，几乎所有的交互技术都是依赖于特定的交互设备而设计的。因此，设备抽象是很多用户界面的标准需求。一个被广泛应用于 GUIs 的成功的例子是 Buxton 基于人类运动/感知系统提出的设备状态转移模型（Buxton et al. ，1990），如图 10.1（a）所示。其中：

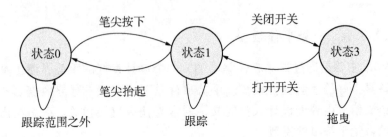

（a）Buxton 提出的交互模型

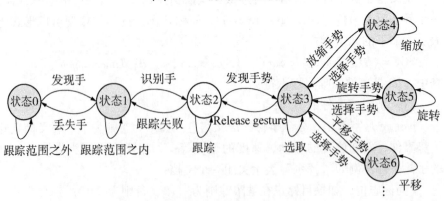

（b）本章提出的交互模型

图 10.1　状态转移模型

State 0 状态表示输入设备不在其物理跟踪范围之内。

State 1 状态表示跟踪设备进入了跟踪范围之内，因此在移动设备的同时会引起屏幕跟踪符号（光标）相应的移动。

State 2 状态表示正在利用输入设备对界面对象进行操作。其中，State 1 与 State 2 之间的转换是利用额外的设备按键切换来完成的；当用户释放额外的按键时，系统自动完成从 State 2 到 State 1 之间的切换。VBIs 的输入设备为摄像头，但它只是用来捕获人体动作及感知周围环境的变化，并没有实质性地参与交互。因此在交互的过程中，用户无法像操作鼠标或者手写笔等设备那样利用额外的按键切换来完成 State 1 与 State 2 之间的状态转换。因此，Buxton 所提出的基于接触型设备的状态转移模型并不适合于描述具有非接触型特征的 VBIs 的交互状态。而迄今为止，从公开发表的文献来看，尚没有一种适合于描述非接触型交互设备的状态模型。

本章将手作为一种抽象的输入设备，通过人手的移动模仿鼠标/笔的移动控制屏幕光标的移动，通过用户做出的各种手势事件模仿鼠标/笔的各种按键行为触发不同的系统命令，以此来模仿鼠标/笔对于界面对象的控制及操作过程。因此，在 Buxton 模型的基础上提出了一种可扩展的视觉手势交互状态转移模型，如图 10.1（b）所示，用来指导交互手势的设计。图 10.1（b）中，State 0 ～ State 6 均表示人手这一抽象的"输入设备"在某一系统时刻下的状态。其中：

State 0 状态表示用户的手处于摄像头视野范围之外时的 OOR 状态。此时，手无论如何移动都不会对交互产生影响，界面也没有任何反馈。

State 1 为当用户的手移入到摄像头的视野范围但尚未被系统识别的状态。此时，手的移动对交互也没有什么影响，但是界面上应当有所反馈，例如实时显示摄像头所捕获的手的图像。这一反馈能够充分利用用户的前庭感知和运动感知，从而有效地促进交互。

State 2 为用户的手被检测出来以后的状态。此时，界面跟踪符号将随着手的移动而移动；当某一特定的手势类型（拾取手势）被识别成功或者根据上下文环境判断满足了一定的拾取条件之后，系统自动转入 State 3 状态。

一旦获取了对象的控制权，就可以从 State 3 衍生出许多扩展状态。例如，当检测到 Zoom，Rotate 或 Move 等手势事件后，系统跳转到对界面对象的缩放、旋转、平移状态等。与此相反的过程不再赘述。

一个可扩展的状态转移模型具有以下结构特征：

● 一个有限的离散状态集合 S_0，S_1，S_2，$\cdots$，S_n，其中，S_0 为一个初始状态。

● 对应于每一个状态 S_i，定义一套属性和一个函数 F_i 用于处理所接收的数据流。

● 对于每一个状态 S_i，定义一套状态转移规则 G_{ij}，其中，$j=0$，$\cdots$，m $<=n$，用于产生不同状态之间的切换。

本章提出的 IEToolkit 内部实现了以 XML 为主的应用语义管理机制，我们将应用程序的内部特征如应用语义处理的相关内容在图 10.1（b）的状态转移模型中加以实现。设计者可以在各个状态节点上设置语义处理函数，或者通过动态配置状态转移模型来体现应用相关的特征。对于应用系统内部语义的管理，则通过对各个状态节点的属性动态配置而实现。

基于图 10.1（b）的可扩展的状态转移模型，我们设计并实现了几类通用的视觉交互技术，这些交互技术大都基于一些基本的交互隐喻实现。例如，基于 "stretch and squeeze" 隐喻（Hinckley et al.，1998）的对象放缩技术（Wu et al.，2008），基于驾驶隐喻的场景漫游技术（Bowman et al.，2004）和基于斜率的速度控制技术等（如图 10.2 所示）。每一种隐喻形成一种交互技术的基础心理模型，即使用这种技术用户可以做什么、不能做什么的直观表现，特定的交互技术可以看作这些基本隐喻的不同实现。为了交互的方便，系统将这些常用的视觉交互技术封装为一系列的界面组件库，主要包括：

● 对象操作器（ObjManipulator）。提供了操纵场景对象的通用的接口，封装了一系列的子操作器分别实现不同的功能和操作。目前，IEToolkit 提供了 ObjSelectControl（对象拾取器）、ObjRotateControl（对象旋转器）、ObjZoomControl（对象缩放器）、ObjMoveControl（对象平移器）等基本组件。

● 漫游控制器（NavCtlManipulator）。提供了操作场景视点的通用接口，它提供了 ViewTransferControl（视点平移器）、ViewTurnControl（视点旋转器）、ViewPushPullControl（视点拉近/拉远）等子操作器。

● 角色动画控制器（RolCtlManipulator）。主要用来控制场景角色的动作，将用户的肢体动作映射为一系列场景角色的相关动作。它充分利用了游戏引擎的事件机制，手势事件被用来触发播放头在不同的帧之间跳转，从而促使游戏角色完成一定的动画情节。

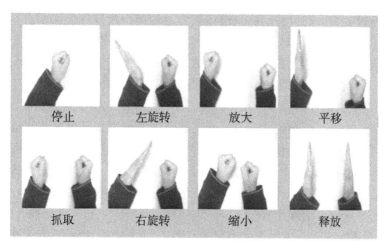

（a）自然的对象操纵手势

（b）自然的漫游手势

图 10.2　自然的交互手势

（2）交互意图推理机制。

指点和选取是用户界面中最通用的交互技术，同时也是其他交互技术的基础。对于传统的接触型设备来说，可以通过额外的按键消息或者压力感知等交互技术实现选取，而视觉交互却无法将按键消息或压力感知等技术集成到系统中来。目前主要有两种解决办法：一是通过设计显性的"抓取"手势模仿鼠标/笔的按键消息。该方法的缺点是，由于受各种干扰，手势识别率无法保证 100%准确，因此会出现无法有效完成拾取任务的情况；另一类是隐性的方法，通过判断手势所控制的光标在某对象上的停留时间与系统事先设定的时间阈值 τ 之间的大小关系来确定对象是否被选中。该方法的缺点是：如果 τ 设定过小，会使系统自动选取了用户本无意选择的对象；

如果τ设置过大，则过长的时间潜伏期容易使用户对操作失去耐心。本章结合了上下文感知技术对上述两种方法进行了融合，提出了一种基于规则的时间推理机制来推断用户的交互意图，从而实现图 10.1（b）中 State 2 ～ State 3 ～ State 2 的转换。下面给出规则推理机制的具体描述：

给定规则条件集合 C：$\{c_i \mid c_1 = $ "不识别状态，即手势识别不成功无返回结果"；$c_2 = $ "误识别状态，即系统返回的手势识别结果并非当前所预期的手势"；$c_3 = $ "正确识别状态，即手势识别成功并且是当前所预期的手势"；$c_4 = $ "识别时间 $t < \tau$"；$c_5 = $ "识别时间 $t > \tau$"；$c_6 = $ "光标指向界面对象"；$c_7 = $ "光标不指向界面对象"$\}$ 和规则结论集合 R：$\{r_i \mid r_1 = $ "选中对象"；$r_2 = $ "继续识别"；$r_3 = $ "继续其他操作"；$r_4 = $ "无操作"；$r_5 = $ "×"；其中："×" 表示不会出现的状态；"无操作" 表示系统无法猜测用户的交互意图，因此界面不提供任何反馈；"继续其他操作" 表示系统将根据上下文环境，响应用户当前的手势，比如漫游等$\}$，我们给出以下的规则集合：

G：$\{g_{ij} \mid g_{11} = c_1 \wedge c_5 \wedge c_6 \Rightarrow r_1$；$g_{12} = c_2 \wedge c_5 \wedge c_6 \Rightarrow r_1$；$g_{13} = c_3 \wedge c_4 \wedge c_6 \Rightarrow r_1$；$g_{21} = c_1 \wedge c_4 \wedge c_6 \Rightarrow r_2$；$g_{22} = c_2 \wedge c_4 \wedge c_6 \Rightarrow r_2$；$g_{31} = c_2 \wedge c_4 \wedge c_7 \Rightarrow r_3$；$g_{32} = c_2 \wedge c_5 \wedge c_7 \Rightarrow r_3$；$g_{41} = c_1 \wedge c_4 \wedge c_7 \Rightarrow r_4$；$g_{42} = c_1 \wedge c_5 \wedge c_7 \Rightarrow r_4$；$g_{43} = c_3 \wedge c_4 \wedge c_7 \Rightarrow r_4$；$g_{44} = c_3 \wedge c_5 \wedge c_7 \Rightarrow r_4$；$g_{51} = c_3 \wedge c_5 \wedge c_6 \Rightarrow r_5\}$。

本章在实践过程中对该推理机制进行了验证，结果表明，它能够保证交互任务的顺利完成并达到了很好的效果。该策略具有动态可配置性，即拾取策略和条件可以在系统运行时确定，并可以在任何时候改变策略。例如可以通过改变时间阈值的大小来调整时间分配机制，适应不同用户的交互习惯。VBIs 的隐式交互特征决定了交互任务的生成过程往往伴随着大量的识别技术和上下文感知等技术，为了保证任务完成万无一失，系统将交互意图解析器设计为一个多输入端口节点，方便各种用户干预/修正技术的加入，即当识别技术和上下文感知技术都失效时，用户还能够使用键盘、鼠标或者语音通道对当前产生的交互结果进行修正。

10.4 工具箱设计

Marr 理论将视觉信息系统看作一组相对独立的功能模块（Marr，1982），心理学研究也表明，人类使用多种线索或从它们的组合来获得各种视觉信息（Jeremy et al.，2008）。这启示计算机视觉系统也应该包括许多模块，每个模块获取某一特定的视觉线索进行一定的加工，从而可以根据环

境上下文用不同的权系数组合不同的模块来最终完成视觉任务。在 Marr 理
论基础上并结合视觉手势交互机制，本章设计并实现了一个视觉手势界面
工具 IEToolkit，如图 10.3 所示。

　　传统的 GUIs 中，系统接收和处理的是键盘/鼠标的离散输入信息，而
VBIs 下跟踪系统输入的是连续的数据流。因此，本章采用数据流图的方法
（Reitmayr et al.，2001）建立了支持连续信息输入的数据流模型来表达视觉
信息的处理流程，目的是将整体的数据加工过程划分为许多单独的操作步
骤并建立起一个有向无环图，用来描述不同操作步骤之间的相互联系。从
图 10.3 可以看出，整个视觉信息的处理过程划分为 4 个不同的处理阶段，
每个处理阶段都由一类特定的数据流节点负责完成，它们分别为源节点、
过滤器节点、分类器节点和用户界面节点。每一类数据节点又分为许多子
节点，每个子节点负责对某一特定的视觉信息进行加工。在数据传输过程
中，每一次的变换都可以通过数据流图中的一个节点进行描述。每个节点
都有一个输出端口但有一个或者多个输入端口，这种设计方法能够有效解
决多元数据处理问题。每个端口都有一条有向边与之相连，节点之间的有
向边表示数据的流向，其起始节点称为子节点，终止节点称为父节点。节
点一旦通过其某一个输入端口接收到新的数据后立即进行自我更新，并将
更新结果通过输出端口发送至父节点。下面对工具箱的各个组成部分进行
描述。

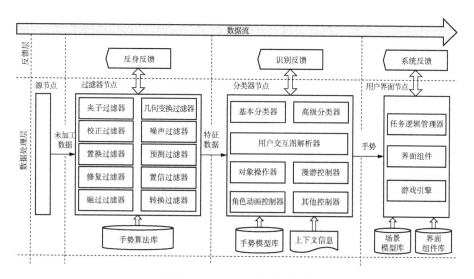

图 10.3　IEToolkit 的体系结构

10.4.1　数据源节点

源节点是数据流图中的叶子节点，主要负责从外部设备接收数据，可以分为 3 类：第 1 类负责对常见的视频捕获设备驱动进行封装；第 2 类为一些类似于 ARToolkit 之类的自包含系统提供一个桥连接，以方便多种多样的新的识别算法或图像处理技术能够容易地加入；第 3 类预留了鼠标键盘接口，能够接收鼠标/键盘等传统设备的消息，从而使得工具箱能够与传统的 GUIs 有效集成。源节点允许用户使用属性页的方法来设置或指定摄像头的驱动、视频捕获图像的尺寸、帧率、相机校正文件的位置等系统配置参数。鉴于视频处理算法的复杂性，为了提高系统的性能，源节点通常以多线程的方式来实现。

10.4.2　过滤器节点

过滤器节点负责对从数据源节点中接收的数据进行过滤，并实时更新自身的状态，然后将计算结果发送给分类器节点。系统提供了可扩展的接口，用户可以方便地添加各种过滤器，并对各个过滤器进行统一的管理和调度。这些过滤器可以支持不同的图像处理集合，整个图像处理的过程就是这些过滤器的并集，而它们在系统流程中的顺序则说明了它们在数据流处理过程中的优先权。通过调整优先权、禁止或者开启某一过滤器，可以做到数据表示与处理的动态绑定。目前，系统提供的过滤器节点包括夹子过滤器、几何变换过滤器、校正过滤器、噪声过滤器、置换过滤器、预测过滤器、修复过滤器、置信过滤器、融合过滤器、转换过滤器等等。

10.4.3　分类器节点

分类器节点负责对特征数据进行识别和高层的处理与管理，并将处理结果发送给用户界面节点完成交互任务。系统采用了一种可视化的基于小样本学习的分类方法供非计算机视觉用户学习不同种类的分类器。整个分类器的设计思想是基于一种 "paint-view-correct"（Fails et al.，2003）的交互式学习方法。

用户首先在系统提供的具有回放功能的视频编辑窗口中对一段视频帧序列进行操作，提取出感兴趣的学习样本，然后从分类器列表中指定本次学习所使用的分类器。对于一些简单的对象识别，系统提供了颜色分类器、形状分类器、亮度分类器等基本分类器；对于一些较为复杂的特征识别例如人脸识别，可以使用 Adaboost，SIFT，Motion 等高级分类器。鉴于目前大多数的互动游戏都从用户的双手中提取重要的交互输入信息，单纯的颜色等基本分类器不能得到满意的效果。因此，系统专门提供了一类手势分类器。手势分类器中封装了前几章所介绍的静态和动态手势识别算法，能够满足大多数的应用需求。在选取了分类器和合适的样本之后，用户就可以对当前的分类器进行训练，并通过拖动视频编辑窗口中的滑动条来实时查看训练结果。如果不满意，用户可以返回编辑状态提取更多的样本用来学习，或者选择其他的分类器或者使用不同的分类器的组合来获取更好的效果。通过这种快速的迭代方式，用户能够在短时间内训练出有效的分类器，并手工标定需要输出的信息，例如被检测对象的数目、对象的最小包围盒、对象的质心位置、对象的倾斜角度等，以及数据的保存形式例如通过 TCP 向外部输出 XML 文件并传递给具体的应用。

与传统的工具箱 GT^{2}K（Westeyn et al.，2003）和 HandVu（Kölsch et al.，2004）等相比，系统屏蔽了具体的图像处理、机器学习算法等技术细节，用户所关心的仅仅是如何通过实时的效果验证和迭代式的方法来选取能够解决当前问题的最优分类器或者分类器的组合。在实现上，系统借鉴了 Media Player 的插件思想（plug-in architecture），提供了可扩展的接口，方便开发人员加入新的分类器。系统本身实现了对不同分类器的统一管理，用户可以对这些分类器进行动态地配置，例如禁止或者开启某一分类器，用于完成不同的识别任务。

10.4.4　用户界面节点

基于视觉的互动游戏最近几年有了飞速的发展，并出现了不少成功的商业系统，例如 Sony Eyetoy[①] 等。纵观大多数的视觉游戏界面节点不外乎分为两大类：一类是类似于传统 GUIs 的一组预定义的界面节点，我们称之为热点或者热区（hotspot）。用户可以通过身体的运动触发这些热区从而得到一系列的反馈，常见的如拳击游戏、跳舞游戏、体育运动游戏和棋盘类游戏等；另一类是场景节点，我们称之为化身（avatar）。系统可以将用户身体动作直接映射为化身的一系列动作，例如通过身体移动驱动化身走路、跳跃、飞行等。基于 GUIs 的游戏界面中，用户主要通过鼠标、键盘等接触型输入设备来显性地点击这些界面节点获得反馈。而 VBIs 中，用户无法通过显性的点击操作来完成交互任务。在 IEToolkit 中，充分运用了前面所讨论的基于 VBIs 的视觉交互机制来支持各种不同的交互任务的有效完成。

---

① http：//www.eyetoy.com

任务逻辑管理器是分类器节点与界面节点之间的桥梁，它根据具体的任务模型（Wu et al.，2008）为分类器节点所输出的手势事件与交互任务之间建立起了多种逻辑映射关系，包括一对一映射、一对多映射、多对一映射、多对多映射四种情况。建立了任务映射之后，avatar 在自身逻辑里处理各种事件。每个 avatar 自身保存一定数量的任务体和一定数量的任务变量。每个 avatar 可以开启哪些任务以及开启任务的条件，需要事先编辑到场景数据文件中。当特定的交互事件发生时，首先查询场景数据文件看是否开启一个新的任务，然后通知现有任务的脚本，由脚本来执行各自独立的任务逻辑。目前，大多数的游戏引擎都支持通过配置文件来处理问题，这种数据驱动方式不但使得编辑逻辑更加简单，并能使得游戏引擎与工具箱之间通过定义好的配置文件进行有效集成。

10.4.5　IEToolkit 的反馈机制

界面反馈是 HCI 的重要环节（Dong et al.，1999），它是指传递给用户、帮助用户理解系统状态的有效信息，它使得人机交互的输入和输出之间形成一个不断循环的交互闭系统。VBIs 是一种非接触型的连续交互界面，传统 GUIs 的反馈机制已不再适合于 VBIs。因此，设计良好的适合 VBIs 特征的界面反馈机制显得尤为重要，它将直接影响到交互的成功与否，并有助于不断提高交互的效率。本章针对视觉数据流的 3 个不同的处理阶段设计了 3 种不同的界面反馈形式：

反身反馈（reflexive feedback）是 VBIs 的初级界面反馈形式，系统将交互过程中的被跟踪对象绘制出来，为用户提供一种对象自跟踪的视觉呈现机制。它能够提供给用户其自身运动信息的可视化表现，有助于用户获取摄像头交互区域的空间感知。反身反馈通常用来提供一些预识别的信息，根据不同的交互环境（上下文）有不同的实现方法，例如向用户实时展示背景差分后的手部分割结果。

识别反馈（recognition feedback）主要发生于图像处理的后期阶段，用于给用户提供一种机制来表明究竟哪个手势被识别成功的信息，类似于传统 GUIs 下弹出式窗口向用户确认一个命令的执行情况。

系统反馈（response feedback）是一种高级的反馈形式，它是指交互操作的最终响应情况。VBIs 是一种非接触型交互，用户虽然获得了更大的交互空间，但同时也失去了重要的实物感知线索。因此，在 IEToolkit 中除了视觉反馈外本章还增加了声音反馈机制，例如将跟踪对象的方向和速度映射为一定的音量、音阶、音色等来丰富用户的前庭感知和运动感知。

10.5 开发过程及应用实例

10.5.1 基于 IEToolkit 的开发过程

IEToolkit 的目标是提供一个便利的视觉工具箱能够很容易地集成到互动娱乐游戏设计应用中，方便游戏开发人员迅速地将他们的设计转换为游戏作品。图 10.4 给出了一个基于 IEToolkit 的游戏开发实现过程，图中纵向上分为两层，下层为 IEToolkit 的用户训练过程（training process），上层为应用 IEToolkit 时的系统实际运行过程（run-time process）。

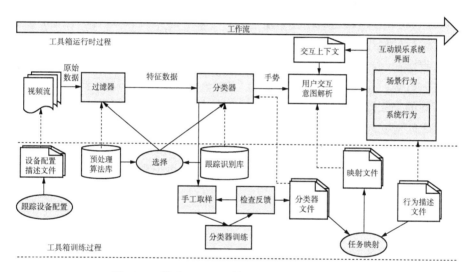

图 10.4 基于 IEToolkit 的互动娱乐系统开发过程

下面给出一个通用的基于视觉手势交互的软件系统开发步骤：

步骤 1 跟踪设备的配置。根据具体应用的功能以及界面需求，确定摄像头的驱动、视频捕获图像的尺寸、帧率、相机校正文件的位置等系统配置参数，生成基于 XML 的跟踪配置描述文件。

步骤 2 原始数据预处理。根据步骤 1 生成的跟踪设备配置描述以及具体的应用需求，选取适当的过滤器或过滤器集合用来对从设备驱动中所读取的原始数据进行预处理。

步骤 3 分类器学习。打开一段已存的视频帧序列，或者通过摄像头现场录制一段视频，从中手工标定出待识别对象比如人脸或人手等并生成学习样本。使用不同的分类器将需要生成不同种类的样本，比如仅仅使用一般的颜色分类器或者亮度分类器则只需要生成正样本，而如果使用特征分类器例如 Adaboost 则同时需要生成一定数量的正样本以及负样本。用户可以通过实时检查训练学习结果来决定是否结束分类器学习过程，如果对学习结果不满意可以重新选取新的样本加入到样本集合，或者尝试其他的分类器甚至使用多个分类器一起工作。以上学习过程是一个迭代渐进的过程，通过对当前反馈结果的实时修正，可以使用户在短时间内迅速掌握选取与应用领域最为相关的样本以及最为合适的分类器组合策略等技巧。通过这种学习策略，有助于用户迅速了解哪些分类器最适合于哪些应用领域，从而帮助他们建立起一种本能的直觉，从而在以后的开发过程中大大缩减训练时间，提高开发效率（Aminzade et al., 2007; Patel et al., 2008）。这一步骤的训练结束后，系统将自动生成学习结果库文件，该库文件将在系统实际运行过程与分类器一起作为视频跟踪或识别的重要依据。

步骤4 交互任务关联。在步骤3的基础上用户根据前面提出的交互任务映射机制，并根据交互任务模型（Wu et al., 2008）适当选取前面提出的不同的交互操作器，在其中为手势事件与场景对象、场景行为或者系统行为之间建立起有效的映射关系。系统为这一步的映射结果生成基于 XML 的关联文件，在系统实际运行时，用户意图解析器将根据该关联文件并结合上下文反馈信息完成用户交互意图的解析或自动感知，从而完成一系列交互任务。

10.5.2 应用实例与评估

我们的目的是将 IEToolkit 应用于互动娱乐领域，使开发人员能够快速构建基于视觉手势交互的互动娱乐原型系统。互动娱乐环境具有虚实叠加交互、多显示设备并存等特点，工具箱平台必须能够为不同的系统配置提供统一的支持。图 10.5（a）是基于 IEToolkit 开发的一个基于视觉手势的虚拟家居展示系统，相比于键盘、鼠标等其他的交互方式，视频手势交互技术使得用户的操作自由度更大，其自然、直接、高效的特点很适合于家居展示。

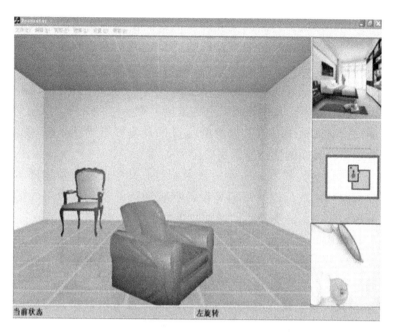

（a）基于视觉手势的虚拟家居展示系统

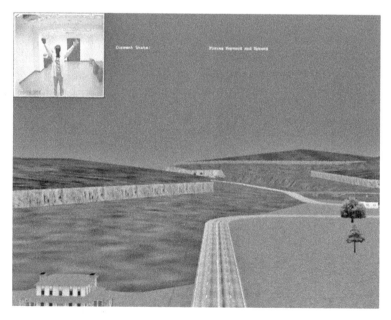

（b）基于体手势的大场景漫游系统

图 10.5　基于 IEToolkit 开发的原型系统

　　为了给用户提供一种新的交互体验，我们使用了普通网络摄像头来实时捕获用户的手部动作。然后，系统通过一定的交互机制映射为不同的交互行为与场景互动从而完成场景漫游和家具操作等不同的交互任务。该实例的开发过程完全是基于前面所描述的软件开发流程完成的。图 10.6 为 IEToolkit 的运行界面，其中界面最上方提供了菜单栏，用户可以在弹出的跟踪配置属性页对话框中完成数据源的配置以及各种不同预处理过滤器的选择与配置工作。界面的主操作区主要分为 3 部分：

　　（1）左侧面板为样本编辑及效果预览区。其中，左上角为样本编辑窗口，用户可以利用鼠标或手写笔等设备在视频流的帧间选取不同的手势样本；左下角为应用了分类器后的识别效果预览。

　　（2）界面中间面板为用户学习区。其中上半部分显示用户收集的样本缩略图，下半部分为系统提供的分类器列表。用户可以根据不同的需求选择不同的分类器，或者利用不同的分类器组合更好地完成训练任务。

　　（3）界面右侧面板为应用配置区，开发人员可以根据具体的应用任务需求对分类器的输出结果进行配置，并且根据应用上下文添加各种约束条件以及为手势添加高层的交互语义，从而为手势与场景/系统行为之间建立起一定的映射关系。

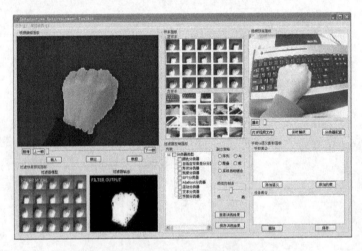

图 10.6　IEToolkit 运行界面

　　下面简单介绍该应用实例的开发流程：

　　步骤 1　首先是对跟踪设备的配置，设计开发人员利用 IEToolkit 提供的属性页来对跟踪设备进行设置，例如定制实时视频捕获相机的参数（驱动、大小、帧率、相机校正的数据文件）、应用是否需要使用 marker 跟踪等。图 10.7（a）给出了一个工具箱属性页配置界面。

（a）跟踪配置

（b）分类器配置

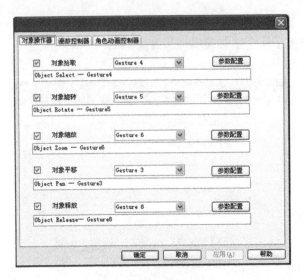

（c）交互任务影射

图 10.7　系统配置界面

步骤 2　其次是原始数据预处理过程。颜色跟踪是一种简单有效的跟踪方式，它能够根据一定的色度信息（肤色信息）来过滤图像，并且快速、精确地提取图像中与该色度相匹配的部分（手部区域）。但是，颜色过滤受光照条件的影响比较大，一旦环境光照剧烈变化，其过滤性能将大大降低。形状过滤能够有效地提取出独立于颜色信息的轮廓、大小、范围等信息，并且形状过滤不易受环境光照的影响。但是形状过滤通常夹杂着很多噪声，因此导致过滤结果精度不高。为了得到更稳定的结果，我们使用置信过滤器对颜色与形状两类数据信息的有效性进行启发式的估计，然后使用融合过滤器依据上述估计结果运用先验概率将形状过滤和颜色过滤这两类数据结果进行融合。图 10.8 给出了颜色与轮廓进行数据流融合的示意图。

步骤 3　然后是分类器训练学习过程，在系统中，我们定义了两大类共10 种手势，包括 5 种漫游类手势和 5 种家具操作类手势。用户需要对 10 种手势使用分类器学习训练，然后结合训练结果对这 10 种手势进行在线识别。使用静态手势分类器对 10 种手势的平均识别率达到了 94% 以上。

步骤 4　最后是交互任务映射过程，我们利用步骤 3 的训练结果对分类器输出结果进行配置［见图 10.7（b）］，将带有质心位置、放缩系数、旋转角度、时间戳等参数的手势与两类家居展示任务建立关联，图 10.7（c）给出了完成交互任务映射的操作器界面。

利用 IEToolkit，我们还开发构建了各种其他的基于视觉的互动娱乐应用

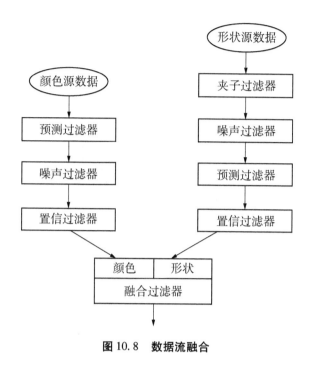

图 10.8　数据流融合

系统。例如，在 OSG（open scene graph）平台上构造了基于视觉的体姿态城市漫游系统［图 10.5（b）］，基于 Flash 平台构造了基于视觉手势的吞食鱼游戏、七巧板游戏等视觉游戏套件。

　　我们就不同的开发方案进行了初步的用户评估，如图 10.9 所示。可以看出，评估者对不同开发方案的易学性、易用性及交互方式的偏好等可用性评测结果有很大的差异，达到了显著性水平。使用 IEToolkit，用户开发的大部分工作量都集中在了系统界面以及游戏情节设计上，视觉开发工作量所占总的开发工作量的比重不足 20%，极大地提高了基于视觉界面的互动娱乐原型系统开发的效率，加快了原型开发和评估过程的迭代速度。

　　系统开发实例与评估结果表明，IEToolkit 实现了对于视频数据的统一处理，如数据提取、数据过滤、特征分析与识别，并且提供了良好的交互机制。它使用了基于 XML 的软件工程方法，带有可视化图形用户界面的 XML 编辑器，可以使得游戏开发人员不必掌握复杂的语法结构和内部实现，就能够方便灵活地使用通用的 XML 工具进行软件开发、文档撰写、系统集成和功能配置等工作。上述特点使得 IEToolkit 有效地降低了基于视觉界面的交互系统开发门槛，普通开发者在利用 IEToolkit 工具箱开发构建互动娱乐领域的各种应用时，不需要关注各种图像处理和机器学习等技术的实现细节，不需要具备计算机视觉领域的专家经验，因而可以为非专家用户开发领域应用提供一种统一的解决方案。

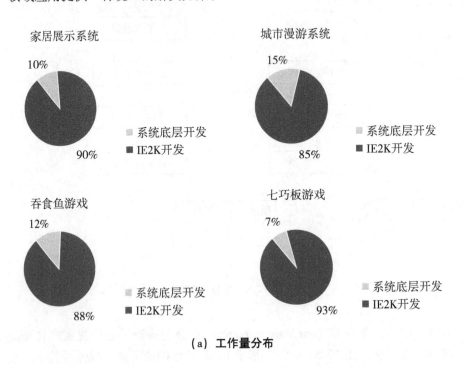

（a）工作量分布

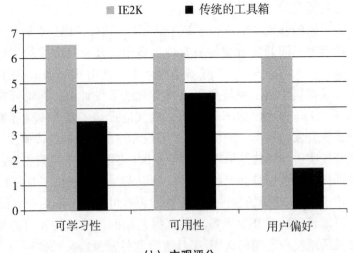

（b）主观评分

图 10.9 实验结果

10.6　总结和展望

　　VBIs 提供给用户更加自然的交互方式，但是基于 VBIs 的系统的构造是一项非常困难的工作。本章总结了目前存在的各种开发工具箱的优缺点，针对目前存在的大多数视觉工具箱复杂难用的普遍问题，针对视觉交互的特点，面向互动娱乐领域设计开发了一个简单、易用、可扩展的工具箱系统 IEToolkit。它包含了构造一个基于 VBIs 的交互系统所需要的方方面面，尝试了各种新的技术，力求为界面开发者提供有力的支持。基于这个工具箱，系统开发者可以构建不同的视觉娱乐游戏应用。本章从事件模型、交互模型、数据流模型等几个方面对工具箱的组成结构进行了描述，并给出了一个通用的基于 IEToolkit 的原型系统开发流程。开发人员可以将更多的精力集中在具体的高层逻辑语义处理上，而不需要过多考虑底层的技术细节与支撑结构。本章最后的应用实例及评估结果表明，IEToolkit 能够较好地支持基于视觉交互的应用系统的快速构造。下一步的工作是通过更加严格深入的用户评估实验和迭代式的原型开发过程，在实践中进一步检验和完善 IEToolkit 的功能。

10.7　参考文献

　　AMINZADE M D, WINOGRAD T, IGARASHI T. Eyepatch: prototyping camera-based interaction through examples [C]. In: Proceedings of the ACM Symposium of User Interface Software and Technology (UIST'07), 2007: 33 – 42.

　　BAGNALL B. Core Lego mindstorms programming [M]. London: Prentice Hall, 2002: 1 – 560.

　　BETKE M, GIPS J, FLEMING P. The camera mouse: visual tracking of body features to provide computer access for people with severe disabilities [J]. IEEE Transactions on Neural and Rehabilitation Engineering, 2002, 10 (1): 1 – 10.

　　BOWMAN D A, KRUIJFF E, LAVIOLA J J, POUPYREV I. 3D user interfaces: theory and practice [M]. Boston: Addison-Wesley Professional, 2004: 111 – 134.

　　BUXTON W. A three-state model of graphical input [C]. In: Proceedings of the IFIP TC13 Third International Conference on Human-Computer Interaction

(INTERACT'90). Amsterdam: Elsevier Science Publishers B. V., 1990: 449 -456.

CHAO H, MENG M Q, LIU P X, XIANG W. Visual gesture recognition for human-machine interface of robot teleoperation [C]. In: IEEE/RSJ International Conference on Intelligent Robots & Systems (ICIRS'03), 2003: 1560 - 1565.

FAILS J, OLSEN D. A design tool for camera-based interaction [C]. In: Proceedings of the ACM Conference on Human Factors in Computing Systems (CHI'03), 2003: 449 -456.

FOGARTY J, HUDSON S E. Toolkit support for developing and deploying sensor-based statistical models of human situations [C]. In: Proceedings of the ACM Conference on Human Factors in Computing Systems (CHI'07), 2007: 135 -144.

FREEMAN W T, ANDERSON D B, BEARDSLEY P A, DODGE C N, ROTH M, WEISSMAN C D, YERAZUNIS W S, KAGE H, KYUMA K, MIYAKE Y, TANAKA K. Computer vision for interactive computer graphics [J]. IEEE Computer Graphics and Applications, 1998, 18 (3): 42 -53.

HARTMANN B, ABDULLA L, MITTAL M, KLEMMER S R. Authoring sensor-based interactions by demonstration with direct manipulation and pattern recognition [C]. In: Proceedings of the ACM Conference on Human Factors in Computing Systems (CHI'07), 2007: 145 -154.

HINCKLEY K, CZERWINSKI M, SINCLAIR M. Interaction and modeling techniques for desktop two-handed input [C]. In: Proceedings of the ACM Symposium of User Interface Software and Technology (UIST'98), 1998: 49 -58.

HÖYSNIEMI J, HÄMÄLÄINEN P, TURKKI L, ROUVI T. Children's intuitive gestures in vision based action games [J]. Communications of the ACM, 2005, 48 (1): 45 -52.

JEREMY M W, KEITH R K, DENNIS M L, LINDA M B, RACHEL S H, ROBERTA L K, SUSAN J L, DANIEL M M. Sensation and perception [M]. Sunderland: Sinauer Associateds, 2008: 1 -415 (2nd edition.).

KATO H, BILLINGHURST M. Marker tracking and HMD calibration for a video-based augmented reality conferencing system [C]. In: Proceeding of the 2nd IEEE and ACM International Workshop on Augmented Reality (IWAR). Washington: IEEE Computer Society, 1999: 85 -94.

KÖLSCH M, TURK M, HOLLERER T. Vision-based interfaces for mobility

[C]. In: Mobile and Ubiquitous Systems: Networking and Services (MOBIQUITOUS'04), 2004: 86 – 94.

LARSSEN A T, LOKE L, ROBERTSON T, EDWARDS J. Understanding movement as input for interaction—a study of two EyeToy? games [C]. In: Proceedings of the Australian Conference on Human-Computer Interaction (OZCHI'04), 2004: 1 – 10.

MAES P, BLUMBERG B, DARRELL T, PENTLAND A. The alive system: full-body interaction with animated autonomous agents [J]. ACM Multimedia Systems, 1997, 5 (2): 105 – 112.

MARINO D R, GREENBERG S. CAMBIENCE: a video-driven sonic ecology for media spaces [C]. In: Proceedings of ACM Conference on Computer Supported Cooperative Work (CSCW'06), 2006, Duration 3: 52.

MARR D. Vision: A computational investigation into the human representation and processing of visual information [M]. San Francisco: W. H. Freeman, 1982: 1 – 397.

OLIVER N, PENTLAND A, BERARD F. LAFTER: a real-time face and lips tracker with facial expression recognition [J]. Pattern Recognition, 2000, 33 (8): 1369 – 1382.

PATEL K, FOGARTY J, LANDAY J A, HARRISON B. Investigating statistical machine learning as a tool for software development [C]. In: Proceedings of the ACM Conference on Human Factors in Computing Systems (CHI'08), 2008: 667 – 676.

REITMAYR G, SCHMALSTIEG D. An open software architecture for virtual reality interaction [C]. In: Proceedings of the ACM symposium on Virtual reality software and technology (VRST'01), 2001: 47 – 54.

TURK M. Moving from GUIs to PUIs [R]. Technical Report, MSR – TR – 98 – 69, Redmond: Microsoft Corporation, 1998: 1 – 7.

WESTEYN T, BRASHEAR H, ATRASH A, STARNER T. Georgia Tech gesture toolkit: supporting experiments in gesture recognition [C]. In: Proceedings of the 5th international conference on Multimodal interfaces (ICMI'03), 2003, 85 – 92.

WREN C, AZARBAYEJANI A, DARREL T, PENTLAND A. Pfinder: real-time tracking of the human body [J]. IEEE Trans. on Pattern Analysis and Machine Intelligence, 1997a, 19 (7): 780 – 785.

WREN C, SPARACINO F, AZARBAYEJANI A, DARRELL T, STARNER T. Perceptive spaces for performance and entertainment: untethered interaction using computer vision and audition [J]. Applied Artificial Intelligence, 1997b, 11 (4): 267 – 284.

WU H Y, ZHANG F J, LIU Y J, HU Y H, DAI G Z. Vision-based gesture interfaces toolkit for interactive games [J]. Journal of Software, 2011, 22 (5): 1067 – 1081.

邓宇，李振波，李华. 基于视频的三维人体运动跟踪系统的设计与实现 [J]. 计算机辅助设计与图形学学报, 2007, 19 (6): 769 – 780.

董士海，王坚，戴国忠. 人机交互和多通道用户界面 [M]. 北京: 科学出版社, 1999: 145 – 159.

王西颖，戴国忠，张习文，张凤军. 基于 HMM – FNN 的复杂动态手势识别 [J]. 软件学报, 2008, 18 (9): 2302 – 2312.

武汇岳，张凤军，戴国忠. UIDT：一种基于摄像头的用户界面模型 [J]. 计算机辅助设计与图形学学报, 2008, 20 (6): 781 – 786.

武汇岳，张凤军，刘玉进，胡银焕，戴国忠. 基于视觉的互动游戏手势界面工具 [J]. 软件学报, 2011, 22 (5): 1067 – 1081.

朱继玉，王西颖，王威信，戴国忠. 基于结构分析的手势识别 [J]. 计算机学报, 2006, 29 (12): 2130 – 2137.

第11章 综合应用实例：基于视觉手势的
交互式数字电视系统设计与开发

自然人机交互技术的不断发展使得在很多应用领域里使用视觉手势成为可能，比如虚拟现实、增强现实、普适计算和智能家居等。现有的一些应用系统虽然支持视觉手势交互，但并不清楚其中采用何种视觉手势设计方法，而目前视觉手势设计领域尚缺乏统一的设计指导。我们认为，一个清晰的、系统化的设计流程有利于提高基于视觉手势的交互系统的可用性。在本章的研究中，我们提出了一套以用户为中心的视觉手势设计方法并基于此展开了深入研究（Wu et al.，2016），该方法包括需求分析、功能定义、手势启发式设计研究、手势开发及系统可用性评估关键模块。研究结果表明，在视觉手势设计开发过程中必须综合考虑到以上问题。在视觉手势设计过程中邀请系统的潜在目标用户参与手势设计，尤其是在用户使用目标系统的真实情境下进行手势设计，能够大大提高用户体验和用户满意度。最后，我们强调了这项工作对所有基于手势交互的应用系统设计开发的意义。

11.1 引言

在现实的物理世界中，人类喜欢使用双手从事各种活动。在人机交互上下文中，人类双手的运动技能也能很容易被训练，去完成由计算机提供的信息世界的不同的交互任务。最近，手势作为一种自然的输入方式变得越来越重要。基于手势的设计将用户在物理世界中的操作模式和在信息世界中的操作模式无缝联系起来（Feng et al.，2011；Song et al.，2012；Colaco et al.，2013；Kulshreshth et al.，2014；Hayashi et al.，2014）。在计算机视觉等相关技术的支持下，我们可以识别并利用用户的自然手势进行交互。因此，目前出现了大量基于视觉手势的交互系统并应用在很多不同领域，包括移动计算环境（Wobbrock et al.，2009；Ruiz et al.，2011）、沉浸式环境（Höysniemi et al.，2005；Colaco et al.，2013）、普适计算环境（Mujibiya et al.，2010；Pfeil et al.，2013）等。

手势交互的重要应用场景之一是智能家居环境。当下，电视成为一种终端能够支持许多的应用系统，比如在线购物。相比于传统的电视控制任务，例如音量控制和换台等，这些应用软件往往包含了更加复杂的交互任务。比如说，要在电视上选择一部想看的 Netflix 的电影，用户必须浏览不同页面的各种属性和导航信息。另外，在看电视的时候，用户一般在一定距离之外，处于一种比较放松的姿势下去控制电视，并没有固定的操作空间。传统的用遥控器来控制电视的技术有一定的缺陷，例如，用户必须要在操控器面板和电视屏幕之间不断地切换视线，这种问题也被称为"手眼分离（eye-hand seperation）"问题。随着越来越多的基于电视的交互应用程序和越来越复杂的遥控器的不断发展，传统电视交互中因为这种手眼分离而产生的可用性问题变得越来越严重。基于手势的电视交互可以解决这个问题。使用基于手势的命令，用户可以保持注意力一直在电视屏幕上，而不用在显示器和遥控器的控制面板之间不断地切换视线。

最新的科技进步使得手势交互应用更加方便（Erol et al.，2007；Wachs et al.，2011；Rautaray et al.，2012）。比如新的传感器技术、生物控制技术以及无标记运动追踪技术都可以被应用于现实世界的交互系统中。这些科技进步也促使了一些商用系统得到了迅速发展，比如索尼的 PlayStation Eye-toy、微软的 Xbox 360 和 ION 的 Educational Gaming System。然而，这些系统中的手势都是为了特定的目标应用而设计的（例如游戏），配有专用的硬件设备和软件套装，并且我们无法确定这些系统中的手势是如何设计的。要设计满足更一般的需求的手势，比如电视交互，我们需要一套更系统科学的方法，去处理手势设计过程中的不同的问题，尤其是涉及终端用户在手势设计中的不同的角色时，比如：

- 目标用户应该怎么参与到手势设计的不同阶段中？
- 手势设计中应该考虑用户的哪些属性？
- 目标用户参与设计会如何影响手势设计过程和最终设计结果？

为了解决这些问题，我们进行了一个以用户为中心的手势设计实验研究，并将我们所设计的手势集成功地应用在电视交互系统中。

本研究的主要贡献是提出了一个四阶段的、基于视觉手势交互的用户参与式设计开发过程。该设计开发过程遵循"由粗到精（coarse-to-fine）"的设计策略，为广大视觉手势界面设计人员提供了一个可参考的设计开发框架，可用来设计可用性更高的用户自定义手势集或帮助设计人员筛选针对目标系统的最佳手势集。

文章的组织结构如下。我们首先回顾了相关研究，然后提出了以用户为中心的视觉手势设计开发流程。接下来，我们阐述了我们的四阶段手势设计开发流程。在讨论了本次研究的意义和局限性后，我们最后总结了未来的研究方向。

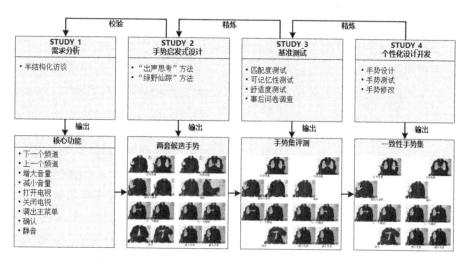

图 11.1 以用户为中心的手势交互系统设计开发流程

11.2 相关研究

本章内容主要涉及基于视觉手势的人机交互系统应用、用户自定义手势设计、以及支持个性化手势设计的工具箱等相关的研究。所以，本节将集中阐述这几个方面的相关工作。

11.2.1 基于手势的人机交互系统应用

手是我们身体最敏捷的身体部位，手势则是最富有表达力的交流方式，所以手势被人机交互研究人员广泛地应用在不同的领域来完成各种交互任务，包括指点和勾画（Mo et al.，2005；Wilson，2006；Colaco et al.，2013），操纵虚拟物体（Hilliges et al.，2009；Mujibiya et al.，2010；Pan et al.，2010；Song et al.，2012，Feng et al.，2013），以及与大的显示设备进行交互（Tollmar et al.，2004；Walter et al.，2013；Rovelo et al.，2014）。

除了基于 PC 的应用系统之外，手势还被应用在一些特殊的领域，比如控制家用电器设备（例如电视、CD 播放器等）。例如，Vatavu 等人（Vatavu et al.，2012）通过设计一系列的手势命令来完成基本的电视控制任务，并提供了基于手势的交互式电视的设计指导。最近，深度传感技术的飞速发展，使得在真实情景中识别手势变得更加容易，也进一步带动了个人消费产品的发展。比如，三星已经在它的智能电视系统中集成了一套手势集，包括 9 个单手手势和 4 个双手手势。但是，这些手势大多由系统开发者设计，而终端用户很少有机会根据自己的喜好和习惯来设计个性化手势，这主要是因为基于视觉的手势开发是很困难的，所要求的专业知识超过了普通用户的能力范围。而最近的一些研究表明，用户自定义的手势对于普通用户来说更容易记忆也更受用户欢迎（Morris et al.，2010；Nacenta et al.，2013）。

以上所述的基于手势交互的应用大多集中在目标系统的主要任务（primary task）上。除此之外，研究人员在面向系统的次级任务（secondary tasks）中也做了一些努力。比如，Alpern 等人（Alpern et al.，2003）研究了驾驶情境下手势在控制次级任务中的应用，结果发现基于手势的交互技术是完成汽车次级驾驶任务的可行的替代方式。类似地，Karam 等人（Karam et al.，2005）研究了在多任务场景下符号类手势的应用，结果表明对于次级任务来说，手势要显著优于物理按键。

11.2.2 用户自定义手势设计相关研究

尽管手势作为一种直观自然的交互技术得到了迅速的发展，但到现在为止仍然没有建立统一的设计规范，在手势设计过程中还存在着许多悬而未决的问题，设计人员对于手势设计空间的理解仍然比较模糊，比如，针对不同的交互任务用户更喜欢使用什么样的手势？在实际应用中我们应该怎样设计这类手势？

为了解决这些问题，一些以人为中心的方法被广泛用来研究目标用户的行为。比如，有的研究人员使用了"绿野仙踪（WOZ，Wizard-of-Oz）"的方法，让被试以为他们正在使用手势和系统交互，而实际上被试的交互意图是由坐在后面的实验员（Wizard）解释并执行了他们的手势，利用普通的设备比如遥控器或者鼠标来实现相应的系统控制，从而完成被试想实现的操作。Voida 等人（Voida et al.，2005）使用了绿野仙踪的方法，让被试设计手势来移动一些给定的 2D 目标对象。基于实验结果，他们分析了用户的偏好和虚拟环境下操纵虚拟目标的影响因素。类似地，Höysniemi 等人（Höysniemi et al.，2005）研究了在不同游戏情境下孩子们偏好的运动方式，并讨论了这些发现怎么影响游戏设计。Epps 等人（Epps et al.，2006）的研究从以用户为中心的视角，探讨了在各种常用界面任务中不同手的形状使用的情况。

另外，还有一些研究使用了猜想式研究（guessability study）方法，让目标用户自己设计手势。在这个方法中，被试首先看到手势要达到的任务效果，然后做出能够完成这个操作效果的手势。基于这个方法，Wobbrock 等人（Wobbrock et al., 2009）面向可触控计算环境设计了一套用户自定义手势集。相似地，Ruiz 等人（Ruiz et al., 2011）设计了一套面向移动手机交互的用户自定义手势集。最近，Rovelo 等人（Rovelo et al., 2014）针对全景视频播放器（ODV, omni-directional video）设计了一套用户自定义手势集。

总的来说，Wobbrock、Ruiz 和 Vatavu 等人的研究都采用了基于过程的手势设计方法，该方法包含了系统的需求分析和用户启发式手势设计等过程，但这些研究大多停留在特定领域的手势定义阶段，缺少对用户偏好、系统交互性能、在实际应用时的手势识别率等方面的深入研究和讨论。与此不同的是，Nielsen 等人（Nielsen et al., 2003）提出了以用户为中心的手势设计方法，开发更直观并符合人机工效学的手势集。在 Nielsen 等人的基础之上，Locken 等人（Locken et al., 2011）提出了一套更完善的设计开发流程，在设计的不同阶段不断分析用户反馈并对手势设计方案进行改进，最终他们利用这种方法开发了一套控制音乐播放的手势集。受 Nielsen 和 Locken 等人的研究启发，本章在手势设计和开发周期的各个阶段都应用以用户为中心的思想，包括手势定义、手势的实现，可用性评估以及设计决策过程等全程邀请目标用户参与，而每个阶段的设计结果都会在下一阶段中被确认和重新评估。实验结果表明，这种方法不仅能够提高系统的识别结果和可用性，也能够使用户真正感受到系统是他们自己亲手设计开发的，从而提高用户满意度。

11.2.3　支持用户个性化设计的工具箱

基于视觉的手势用户界面越来越受欢迎，但手势的设计和实现仍然属于非常有挑战的工作，因为其不仅要求研究人员掌握复杂的图像识别及深度学习的算法，还要有丰富的计算机编码经验，这大大超出了许多普通研究人员的能力范围。因此，许多现有的手势系统都是由计算机视觉的专家设计的，而一旦手势集被事先定义好，普通用户就很难去根据自己的偏好对其进行个性化设计。

为了解决这个问题，目前出现了一些工具箱用以辅助普通用户进行手势的个性化定制。比如 Crayons 的工具箱（Fails et al., 2003），采用了

"paint-view-correct"的交互式迭代设计过程，让非专家用户参与手势设计过程。受 Crayons 的启发，Aminzade 等人（Aminzade et al.，2007）开发了 Eyepatch，该系统支持新手用户进行创建、测试和改善他们自己的手势分类器，在整个过程中用户不必了解每个分类器背后的算法技术原理。Papier-Mâché（Klemmer et al.，2009）是一个图形化工具箱，用户在不需要掌握编程技能的基础上就能自由使用计算机图形、电子标签以及条形码或日常物体等跟系统进行交互。DejaVu（Kato et al.，2012）是一个支持程序员有效管理基于视觉的交互系统编程工作流的应用系统。类似地，EventHurdle（Kim et al.，2013）提供了一个手势创作效果可视化的工具箱，普通用户可以应用这个工具箱进行原型系统的设计。虽然这些系统在一定程度上屏蔽了一些计算机视觉方面的技术细节，但它们的目标用户还是专业的程序员，而非没有任何编程知识的普通用户，比如本章所讨论的普通的电视观众。

与上述支持静态手势设计开发的工具箱不同的是，还有一些工具箱则专门支持动态手势的跟踪和识别。比如 MAGIC 工具箱（Ashbrook et al.，2010），是一个用于开发和设计动态手势的交互系统。与 Klemmer 等人（Klemmer et al.，2000）提出的"设计—测试—分析"的三个阶段工作流程类似，MAGIC 的设计流程包括手势创作、手势测试和识别率测试。GestureStudio（Lü et al.，2013）是另一个支持多点触控手势设计开发的工具箱，它能通过学习开发者所提供的示例代码来自动生成可供开发者二次修改的代码。

以上提到的工具箱都有一个共同的特点，即降低了学习门槛，简化了基于计算机视觉的应用系统设计开发过程，帮助非专业用户参与到手势设计和实现的过程中。我们后面的研究中关于个性化自定义手势设计开发的许多想法都是受以上研究工作启发而进行的。

11.2.4 超越手势：多通道和脑机交互

尽管手势作为一种更直接、更自然的用户交互方法，被广泛地应用在各个不同领域中。但基于手势的交互技术面临着"点石成金"（Midas Touch）问题，即用户所有的手势动作都有可能被当作计算机命令进行识别。为了解决这个问题，一些研究人员尝试将手势和其他输入通道相结合，比如语音命令。这种多通道的输入技术可以融合用户的多种输入信息，有效地减少用户输入方面的交互歧义性。比如 Carrino 等人（Carrino et al.，2011）提出了在智能环境下结合指示类手势（deictic gesture）和符号类手势（symbolic gesture）两种手势以及另一个通道的语音命令的多通道交互方法。Hoste 等人（Hoste et al.，2012）则开发了一个使用手势和语音两种通道进行媒体控制的 SpeeG 系统。

然而，这些多通道的交互技术在实际应用中也面临着一些挑战。第一，对于没有专业知识的用户来说，要掌握这些专业技术非常困难。第二，如果加入声音命令，那么嘈杂的环境势必会降低语音的识别率，尤其是在客厅里观看电视的使用场景下更是如此。最后，多个输入通道的集成和多特征的融合一直是多通道交互的难题。如果这些问题能被解决，那多通道的交互技术在观看电视的使用环境下将会成为一种可用性很高的解决方案。

最近，无创的脑机交互（BCI，brain-computer interface）被不断用来作为一种新的用户界面交互方法而应用在不同领域中。比如，Park 等人（Park et al.，2010）基于 Markov 决策过程提出了一种针对脑机界面的新式交互方法。Poli 等人（Poli et al.，2013）探索了使用脑机交互技术操作飞行模拟器的可行性。Lampe 等人（Lampe et al.，2014）开发了一个脑机界面系统用来控制智能机器人。但是，相比于本章所讨论的交互式数字电视中所涉及的复杂交互任务，这些系统能够支持的用户任务过于简单，在实际应用中的实用性不高。

总结来说，要设计更自然和用户友好的手势用户界面，我们需要考虑怎么让用户更多地参与到手势的设计开发当中。我们本次研究的目的就是探索基于手势交互的用户参与式设计开发过程。与以前的工作相比，我们强调用户全程参与到整个手势设计开发过程，并与专业的设计开发人员协同工作创建可用性更高的手势集。

11.3　以用户为中心的手势设计开发流程

目前出现了很多基于视觉手势的交互系统。但是，这些研究大多集中于具体的图像处理和模式识别的算法，很少有研究关注手势设计的最佳实践方案。

本章，我们的研究关注于手势设计实践过程。我们的四阶段设计开发过程自始至终强调专业的系统设计开发人员和普通的目标用户协同工作。图 11.2 所示阐述了我们提出的四阶段手势设计开发过程。

如图 11.2 所示，以用户为中心的设计开发流程包含需求分析和功能定义、手势启发式设计、手势集的基准测试以及系统的开发和可用性评估关键模块。这四个阶段共同构成了一个循环，每个阶段接收上个阶段的输出结果，而每个阶段的输出结果将在下个阶段进行重新评估和验证。在每个阶段内部又形成一个小的循环，通过迭代式的设计开发过程不断地改善设

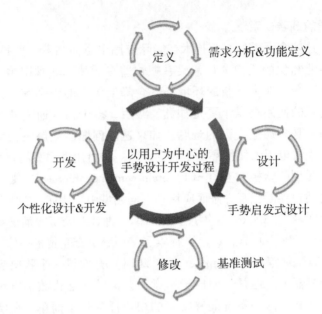

图 11.2   以用户为中心的手势设计开发流程

计结果。

（1）需求分析和功能定义。

这个阶段的主要任务是从用户的视角提炼出系统的功能和手势使用上下文。在基于手势的系统被正式开发前，对所设计的系统的使用情境和交互上下文有个清晰的了解是很有必要的。比如，明确哪些人会使用这个系统、将会在什么情境下使用、将用它来干什么。另外，定义功能需求和系统需要满足用户的哪些目标也是十分重要的。我们主要目的是开发一个效率更高的交互系统而非一个更加通用的交互系统（Nielsen et al.，2003）。我们相信目标用户的参与式设计可以能够帮助设计师有效理解用户对最终系统的期待，保证系统在使用情境下更贴合它的目标用户。为了让普通的非专家用户更好地参与手势设计，这个阶段最好提前准备好实验脚本并进行一对一或一对多的用户访谈。

（2）启发式手势设计。

第二阶段的主要任务是收集用户自定义的手势。根据系统的目标任务，用户的手势可以通过以下方式来收集：①给被试展示指定的目标任务（比如打开电视）；②要求被试设计能够完成该任务的手势。这样做的目的是发掘实现相应功能的最合适的手势，所以在这个阶段中不能给被试提供任何启发或诱导信息。这种方法能够有效避免技术壁垒，例如用户的设计受限于当前手势识别精度的影响而畏首畏尾无法自由选择，从而从用户那里收集到最自然和直接的手势。在这个阶段的研究中比较合适的一种方法是"绿野仙踪（WOZ，Wizard of Oz）"（Kelley，1984）。因为这个阶段经常会产生多个待选的手势集，因此需要在后面的阶段中对这些候选手势集在真实情景中的可用性进一步验证。

（3）手势集的基准测试。

前两个阶段产生的设计结果，包括系统功能需求分析中某些不可预见的局限性，或初始阶段设计过程中的用户特殊偏好，都会在第三个阶段进行重新评估和精炼。目前，基准测试（benchmark test）（Nielsen et al.，2003）是用于比较多个候选手势集的通用方法。本阶段中，我们使用基准测试方法，主要目的是评估前两个阶段导出的手势集，主要评估指标包括匹配度（matching degree），即用户能多大程度将手势和其相应的命令联系起来；可记忆性（memorability），即对于指定命令用户记住一个关联手势的难易程度；舒适性（comfort），即用户完成一个手势的疲劳程度。基于手势的界面设计并不总是一帆风顺的，在不同阶段设计过程中会给用户造成困惑和模糊感。所以我们使用了"由粗到细（coarse-to-fine）"的策略来逐步筛选出系统最优的手势集。

（4）系统开发及可用性评估。

在第四阶段，邀请目标用户参与到最后手势集的开发和评估。由于手势的设计和开发需要复杂的图像处理和机器学习等专业知识，这超出了一般的电视观众的能力范围，所以我们在本阶段开发了一个面向普通非专业用户的便携式手势开发工具箱，实现快速的原型设计开发并支持用户个性化定制新的手势，而不需要了解手势识别和图像处理等底层的技术细节。针对某一个电视功能，用户可以尝试使用不同的手势类型并在对比可用性效果的基础上选择最优方案（Ashbrook et al.，2010），用户还可以调整不同的参数以获得不同的手势识别效果，通过实验的方法来让用户充分理解手势设计空间，最终获得满意的效果。当手势集设定后，我们进行了一个事后评估实验（post-hoc test），从有效性、效率和用户满意度等方面评估用户自定义手势的可用性。

11.4　用户参与式设计和系统实现

应用上面所提出的以用户为中心的设计开发流程，我们进行了四个阶段的实验研究，并开发了一套针对交互式数字电视的用户自定义手势集。

这四个阶段分别对应了图 11.2 所示的四个过程。在第一阶段，我们收集了目标用户的实际需求和对手势交互电视系统的期望，最终确定了基于视觉手势交互的电视系统的核心功能集。基于这套核心功能集，第二阶段我们导出了一套用户自定义手势集。接着在第三阶段中，我们对第二阶段所导出的候选手势集进行了基准测试和可用性评估。最后，我们开发了一个原型系统并检视了用户参与式手势设计的每一个阶段和具体的方法步骤，以此得出了用户参与式设计是如何影响到最终系统的性能和用户满意度的。

11.4.1 需求分析和功能定义

（1）实验方法：半结构化访谈。

我们首先在被试的家里进行了一对一、面对面的半结构化访谈（semi-structured interview）。我们之所以选择在被试的家里这种非正式的实验环境进行半结构访谈，是因为我们相信相比于在正式的实验室环境，被试在他们自己的家里会更加自然，因而所得出的结果将更加真实有效。在访谈中，研究人员随身携带了录音器、笔记本和钢笔等设备用来记录访谈内容。我们也使用了一套简单的手势识别设备去帮助被试对所要设计的手势交互系统有一个初步了解，这样做的目的是希望让用户从一开始就觉得这套系统是他们亲自设计开发的，从而对整个手势交互系统有一种很强的责任感，这往往能提高用户的满意度并促使系统无缝地应用到日常家居环境中（Rogers et al.，2011）。实验过程中，每个被试持续时间为 10～20 分钟。

在访谈中，我们问了被试以下问题：

● 被试如何看待使用现有的遥控器与电视交互的优缺点。

● 什么时候觉得使用遥控器不方便。

● 在什么情况下他们会更喜欢使用视觉手势而不是传统的遥控器来控制电视。

● 在给定的交互上下文情境下他们想以一种什么方式与系统交互。

● 目标系统应提供什么样的功能才能满足日常的需求。

通过本次访谈，我们希望能收集用户的实际需求和对目标系统的心理预期等相关数据，并发现基于视觉手势交互的电视系统中最基本的核心功能和交互上下文。

（2）被试和实验设置。

我们在大学里招募了 24 位被试，包括 12 位男性和 12 位女性。他们的年龄在 16～40 岁之间（均值 27）。我们选择这些被试主要基于两个原因：一是在大学里我们能找到超过这个年龄范围的被试的能力有限；二是我们期望被试能比较容易地接受及学习新技术。被试的专业和教育背景跨度很大，包括计算机科学、传播学、心理学、数学、生物工程和旅游管理。为了避免遗留偏见所带来的影响，我们只招募在实验前没有手势交互经验的被试者。

（3）数据分析。

通过半结构化访谈我们了解到，看电视对所有的被试来说都是日常生活中的一项常规活动。有时，当用户只看电视而不做其他事情时，看电视会变成主要任务；其他时候，当用户在做其他事情时偶尔看一下电视（比如正在吃饭，或者做家务），看电视会被当作第二任务。在很多情况下，遥控器是一种便捷的交互设备，而有些时候遥控器也会有缺点，比如遥控器电池没电了、需要的时候发现遥控器不在身旁、吃饭时用了遥控器又得去洗一下手，或被试在执行其他的主要任务时手头没办法操作遥控器等，在这些情况发生时手势交互是更有应用前景的输入技术。就像一些被试所说的那样：

● "当看电视是一种主要任务时我需要一直盯着屏幕上的精彩内容。手势能够让我不必在电视屏幕和遥控器之间不断地切换视线，用遥控器就不是这种情况了，比如我想增大音量时我得低头看看遥控器上的按钮才能操作。"

● "我不用担心在吃饭或者做家务时手里还得拿着遥控器换台了。"

● "手势交互在导航任务中比遥控器上的按键更加直观和有效，有时候用遥控器还得记住不同按钮的组合才能实现所对应的功能操作。"

● "手势比传统的遥控器更加卫生、环保。"

除了以上对于手势交互技术的积极评价之外，通过半结构化访谈，我们还收集了手势交互系统中用户所期待的核心功能。很多被试提出的功能都和他们使用遥控器操作的任务有关，比如开关电视、换台和控制音量等。但是，一些被试在知道手势识别系统的性能之后，还提出了更高级的任务需求，比如想通过手势在空中直接写数字的方式来表示直接切换到对应的电视频道。

（4）核心功能集。

虽然手势本质上具有丰富的语义和交互自由度，能够给用户带来更多的自主权，但这种技术无疑也增加了系统识别算法的复杂程度。考虑到我们的目标是推导出系统最需要的核心功能集，因此我们只考虑那些最受欢迎的交互任务，包括：

● 下一个频道（24，100％）。

● 上一个频道（24，100％）。
● 增大音量（24，100％）。
● 减少音量（24，100％）。
● 打开电视（20，83％）。
● 关掉电视（20，83％）。
● 打开菜单（14，58％）。
● 确认（14，58％）。
● 静音（12，50％）。
● 返回（4，17％）。
● 退出（2，8％）。
● AV/TV（2，8％）。

括号中的数字表示有多少被试选择了相应的功能以及在所有被试中所占的比例。

如上所示，被试认为返回、退出和 AV/TV 这三个功能并非手势交互系统的核心功能。同时，考虑到人类大脑处理信息的短期记忆能力和"7±2"原则（Miller，1956），我们决定保留前 9 个功能并排除最后三个，以便用户能够容易地记住所有基于手势的命令。

（5）功能集的讨论。

在本研究中，我们要求被试基于所要设计的手势交互电视系统说出使用场景和最核心的功能集。结果显示用户更喜欢简单和更有趣的交互技术。在某种程度上，手势交互可以弥补传统遥控器的很多不足。很多被试相信，在未来的数字家庭应用中，手势交互是最有前景的一种输入技术。正如事先所预料的一样，被试控制电视的核心功能包括开关电视、切换到上/下一个频道、增大/减小音量、调出主菜单、确认和静音。在实验过程中，虽然一些语义丰富的手势（比如用手在空中直接书写一个频道的数字，或用语音加手势的多通道方式作为文本信息进行输入）也被被试提及，但这些技术要求复杂的识别算法，并不是我们此次研究的主要目的。这个实验的结果告诉我们在基于手势的电视应用中哪些功能是最需要的，这些信息为我们接下来的第二个实验奠定了基础。

11.4.2 手势启发式设计研究

在这个阶段实验里，我们收集了与核心功能及使用场景相关的信息，并进一步验证了上一阶段的研究结果。我们要求被试为每个核心功能设计一个手势。这个研究的重点是了解不同交互情境下用户喜爱的自然手势，并将我们的发现应用到手势用户界面设计中。

（1）实验方法：绿野仙踪。

在实验中，被试坐在沙发上和电视进行交互，针对上一阶段所导出的 9 个核心功能分别做出对应的手势动作。我们采用了"出声思考（think-a-loud）"法，即被试需要对所有手势的设计原理进行口头解释。

我们采用了"绿野仙踪（WOZ，Wizard-Of-Oz）"（Höysniemi et al.，2005）的方法来实现相应的手势交互效果。当被试提出并设计一个手势时，实验人员（Wizard）秘密地用遥控器实现电视上对应的操作效果。为了研究被试的心智模型和最直观自然的手势交互模式，我们没有给被试提供任何的可用手势方面的提示。被试设计的手势由事先安装在 5 个不同角度的摄像头拍摄下来，并在后期使用视频标注技术来分析被试的手势行为。

（2）被试和实验设置。

为了保持一致性，这次实验招募了和前面实验同样的 24 位被试。实验模拟了在一个客厅看电视的场景。实验环境包括一台 42 英寸的液晶电视、一台电脑、一台安装在电视机顶部的深度摄像头，以及固定在距电视机 2 米远的一个三人座沙发。跟前面的实验 1 类似，我们在不同位置和角度装了监控摄像头，以记录用户的手势行为和声音。

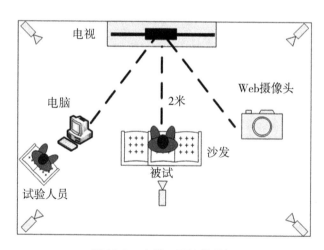

图 11.3　实验 2 环境的顶视

（3）手势收集和分析。

表 11.1 显示了实验过程中收集的最常见的手势类型。表 11.1 中，手势是根据实验中其被使用的频率进行排序的。每个功能对应的前 2 个手势在后续有更深入的探讨。

表 11.1 派生的手势候选

功能	手势描述	类型	频次
打开电视	双手从中间滑向两侧	动态	7
	食指长指 5 秒钟以上	静态	6
	张开拳头	动态	4
	拍手	动态	2
	打响指	动态	2
	做一个"OK"的手形	静态	2
	单手向前推	动态	1
关闭电视	双手从两侧滑向中间	动态	7
	食指长点 5 秒钟以上	静态	6
	握拳	动态	3
	拍手	动态	2
	空中画一个叉号	动态	2
	打响指	动态	2
	单手向前推	动态	1
	做一个"OK"的手形	静态	1
下一个频道	向右挥手	动态	12
	向左挥手	动态	11
	大拇指向上	静态	1
上一个频道	向左挥手	动态	12
	向右挥手	动态	11
	大拇指向下	静态	1
增大音量	向上挥手	动态	21
	大拇指指向右侧	静态	2
	双手从中间滑向两侧	动态	1
减少音量	向下挥手	动态	21
	大拇指指向左侧	静态	2
	双手从两侧滑向中间	动态	1

续表 11.1

功能	手势描述	类型	频次
调出主菜单	张开五指	静态	5
	打响指	动态	5
	右手从左侧滑向右侧	动态	2
	抓取	动态	2
	单手向前推	动态	2
	双手从中间滑向两侧	动态	2
	逆时针画圈	动态	2
	拳头	静态	1
	食指双击	动态	1
	右手从上面滑到下面	动态	1
	向下拽	动态	1
确认	做一个"OK"的手形	静态	8
	单手向前推	动态	7
	空中画一个勾	动态	4
	两个拳头相碰	动态	1
	单手握拳轻扣两下	动态	1
	拳头	静态	1
	大拇指向上指	静态	1
	抓取	动态	1
静音	双手交叉比划一个"T"的形状	静态	9
	双手做一个祈祷的动作	静态	5
	单手左右挥手	动态	3
	单手向前推	动态	2
	空中画一个叉号	动态	2
	空中画一个反斜杠	动态	1
	拍手	动态	1
	抓取	动态	1

　　为了进一步了解每个核心功能所对应手势的一致程度，我们计算了每个功能的一致性分数。不同用户之间的一致性是基于 Wobbrock 等人（Wobrock et al.，2009）提出的一致性公式计算的。一个功能的一致性得分越高，用户为该功能选择相同手势的可能性越大。

比如，对于"增大音量"这个功能，用户设计了三组不同的手势，包括 21 个动态的"向上挥手"的手势，2 个静态的"大拇指指向右侧"的手势，以及 1 个动态的"双手从中间滑向两侧"的手势。那"增大音量"这个功能所对应的一致性得分为：

$$A_{increase\ volume} = \left(\frac{21}{24}\right)^2 + \left(\frac{2}{24}\right)^2 + \left(\frac{1}{24}\right)^2 = 0.77$$

类似地，"下一个频道"的功能也有三组手势，包括 12 个动态的"向右挥手"的手势，11 个动态的"向左挥手"的手势和 1 个静态的"大拇指向上"的手势，那它的一致性得分为：

$$A_{turn\ to\ next\ channel} = \left(\frac{12}{24}\right)^2 + \left(\frac{11}{24}\right)^2 + \left(\frac{1}{24}\right)^2 = 0.46$$

虽然这两个功能都有 3 组手势，但"增大音量"有更高的一致性得分，这表示相比于"下一个频道"，设计师更容易给这个功能选择一个大家认可度较高的手势。

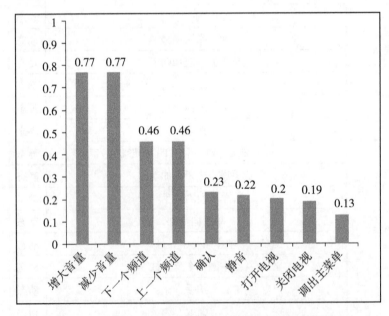

图 11.4　9 个核心任务的一致性分数排序（按降序排列）

图 11.4 显示了 9 个功能的一致性得分，按由高到低的顺序排序。如图 11.4 所示，除了增大/减少音量之外，其他 7 个功能的一致性得分都小于

0.5。由于不同组之间的手势没有显著性的差异，我们不应该简单地将大多数被试选择的手势分配给相应的功能。在按一致性得分高低顺序排序后，我们根据以下规则确定了用户自定义手势集：

如果一个任务的一致性得分≥0.5，则将用户选择最多的手势（top gesture）赋值给此功能。这个手势对应于表 11.1 中每个任务的第一个手势；否则，对该功能选定用户选择最多的前两名手势，即每个功能里的前两组手势。

（4）用户自定义手势集。

在将所收集到的手势进行规整之后，我们定义了两套一致性较高的手势集（见图 11.5）。第一套手势集由表 11.1 中每个功能排名第一的手势组成，第二套手势集由表 11.1 中排名第二的手势组成。这两套手势集中的手势都是由第一个阶段的实验研究中的被试自由设计的。

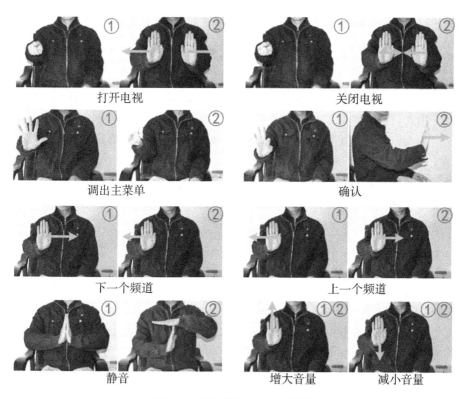

图 11.5　两套用户自定义手势集

（5）用户自定义手势集讨论。

虽然我们要求被试自由设计手势且不给他们提供任何提示，但为了排除不规范的手势设计，我们还是向他们说明了一些基本的设计原则。比如，他们应该避免所谓的"点石成金"的问题（Jacob，1993）。这个问题是指在视觉手势交互中的每一个手势动作，即使是无意的，都有可能被系统识别为一个交互命令。因此，被试在设计手势时需要确保这些手势动作在日常生活中不会被下意识地激活。如表 11.1 所示，被试为开/关电视所设计的"食指长指 5 秒钟以上"的手势就是为了与日常生活中的随意一指的动作区分开来。

基于一致性分析结果，我们还是不能确定对所有功能都一致的最佳手势。因此，对一致性得分进行排序后，我们保留了一些有潜质的手势，并在接下来的设计周期中选用了两套候选手势进行进一步的评估验证。启发式设计的研究结果表明了用户在基于视觉手势交互的电视系统中倾向于使用什么样的手势，这些研究结果为接下来的设计奠定了基础。

11.4.3 手势集基准测试

前两个实验研究帮助我们确定了基于视觉手势交互的电视系统中最核心的功能集以及这些功能所对应的最受欢迎的手势。但是，由于启发式设计的开放性，我们依然不清楚这些手势是否能在实际应用中很好地发挥作用。因此，我们对用户自定义手势进行了基准测试。

本次研究使用了前面两个实验研究所产生的两套手势集。研究的目的是比较这两套手势的可用性，研究这些手势是否直观、有趣且易于学习。为了避免在实验中比较两套手势时由于疲劳度、对手势的熟悉度以及延滞效应等带来的负面影响，我们采用了组间对比（between-subject design）的方法进行本次研究。

（1）实验方法：比较手势的匹配度、记忆性和舒适性。

本项研究分为 3 个阶段。我们的目的是从匹配度、记忆性和舒适性三个方面，评估前两个研究中所生成的候选手势集。实验过程持续 60 ～ 80 分钟。

第一阶段是测试用户自定义手势集的匹配度。即被试多大程度上可以将手势和相应的功能进行匹配。首先，我们在纸上给被试展示了 9 个功能名称。然后，在电脑屏幕上播放我们提前准备的手势的视频片段。要求被试猜出该视频片段对应的功能名称。如果被试给出了一个错误的功能名称，则被记一次错误。

第二阶段是测试手势的记忆性，即手势是否容易记忆。我们在屏幕上给被试展示了 9 个功能名称的幻灯片，要求被试立即做出该功能相应的手势。如果被试做错了手势，我们会给他们再看一次对的手势的视频，并重新开始播放幻灯片，直到用户能够完全正确地完成整个过程。我们将幻灯片重复播放次数作为可记忆性的测量指标。

第三阶段是测量手势的舒适性，即操作手势时用户的舒适程度。我们给用户再次展示了 9 个功能名称的幻灯片，但这次是要求被试对每个命令所对应的手势都重复做 20 次。为了平衡 9 个手势可能带来的顺序效应，我们应用了拉丁方（Latin square）来对重平衡（counterbalance）每次实验里手势动作出现的顺序。在被试完成实验任务后，我们要求他们对所操作的手势疲劳度在 5 点李克特量表问卷（5 – point Likert-scale）上打分（1 = 舒适，2 = 轻度疲劳，3 = 累，4 = 非常累，5 = 无法忍受）

（2）被试和实验设置。

本次实验我们招募了 24 个被试（12 位男性，12 位女性）。他们来自不同的专业背景，年龄介于 18 ~ 32 岁（均值 23）之间。没有一个被试参与过前两次实验。我们将被试随机分成了两组：组 1 和组 2。组 1 选用一致性得分最高的手势集（手势集 1），组 2 选用每个功能排名第 2 的手势组成的手势集（手势集 2）。

（3）基准测试得分分析。

图 11.6 展示了两套手势集的基准测试得分。

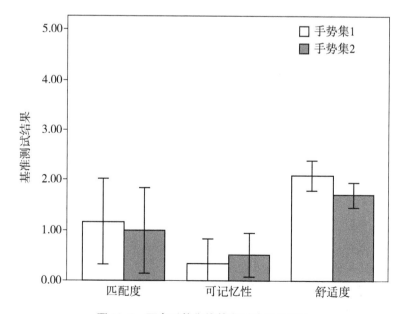

图 11.6　两套手势集的基准测试得分情况

在第一阶段，手势集 1 和手势集 2 的匹配度的平均得分分别是 1.17（标准差 1.34）和 1.00（标准差 1.35）。利用配对样本 t 检验，我们发现两个手势集之间没有显著性差异（$t_{11} = 0.266$，$p = .795$）。实验过程中，容易匹配出错的主要地方在于用户会将"下一个频道"和"上一个频道"这两个手势混淆。组 1 中，有 5 个被试将"向左挥手"的手势匹配为"上一个频道"的功能，同时将"向右挥手"的手势匹配为"下一个频道"的功能。通过进一步的访谈得知，这 5 位被试长期观看有线电视，深受传统遥控器的影响，设计手势时将遥控器上的左右箭头按键的心智模型直接映射为"上一个频道"和"下一个频道"的功能。与此不同的是在组 2 中，有 4 个被试将"向左挥手"的手势匹配为"下一个频道"的功能，而将"向右挥手"的手势匹配为"上一个频道"的功能。通过进一步的访谈得知，这 4 个被试是苹果手机的忠实用户，深受触屏交互范式的影响，设计手势时将左滑和右滑的心智模型直接映射为"下一个频道"和"上一个频道"的功能。除此之外，另一个在组 2 中出现的错误是有一个被试混淆了音量控制和切换频道的手势。

在第二阶段，手势集 1 和手势集 2 在可记忆性上的平均得分分别是 0.33（标准差 0.78）和 0.50（标准差 0.67）。两个手势集之间没有显著性差异（$t_{11} = 0.484$，$p = .638$）。在这个实验中，对于"上一个频道"和"下一个频道"，组 1 中有 2 个被试重复播放幻灯片两次才做成功，组 2 中有 4 个被试重复播放了一次幻灯片，有 1 个被试重复播放了两次。

在第三阶段，手势集 1 和手势集 2 在舒适性上的平均得分分别是 2.09（标准差 0.47）和 1.71（标准差 0.40）。大多数被试认为手势属于轻度疲劳的范畴。两个手势集之间没有显著性差异（$t_{11} = 2.467$，$p = .031$）。详细的实验结果如图 11.7 所示。

对于"打开电视"的功能，两套对应手势的平均得分分别为 2.83（标准差 0.58）和 1.58（标准差 0.67），对于"关闭电视"的功能也一样。利用配对样本 t 检验，发现两者之间有显著性差异（$t_{11} = 5.000$，$p < .001$）。实际上，手势集 1 中"食指长指 5 秒钟以上"的手势的匹配程度和记忆性的得分并不低，但这个手势执行起来用户感觉更疲劳，因为需要用户在空中保持胳膊静止 5 秒钟以上。因此，本阶段我们将"食指长指 5 秒钟以上"这个手势从手势集 1 中去除。

对于"调出主菜单"的功能，"张开五指"这个手势的评分是 2.00（标准差 0.60），"打响指"的手势评分是 1.25（标准差 0.45）。两个手势之间没有显著性差异（$t_{11} = 5.000$，$p = .002$）。

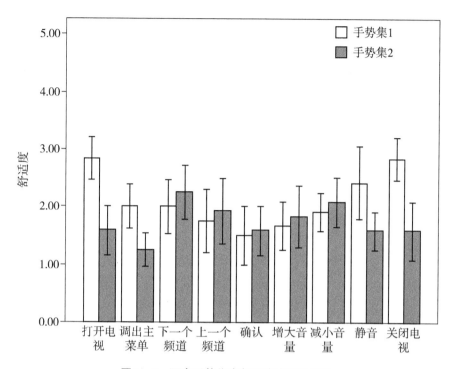

图 11.7　两套手势集在舒适度方面的评分

对于"下一个频道"的功能，"向左挥手"和"向右挥手"的两个手势评分分别是 2.00（标准差 0.74）和 2.25（标准差 0.75）。两个手势没有显著性差异（$t_{11}=0.897$，$p=0.389$）。类似地，对于"上一个频道"的功能，两个手势之间也没有显著性差异（$t_{11}=0.518$，$p=0.615$）。

对于"确认"功能，静态的"OK"手势的评分是 1.50（标准差 0.80），动态的"单手向前推"的手势的评分是 1.58（标准差 0.67）。两个手势之间没有显著性差异（$t_{11}=0.290$，$p=0.777$）。

如图 11.7 所示，"减少音量"的手势的舒适度平均得分比"增大音量"的手势更高。"增大音量"在手势集 1 和手势集 2 的平均得分分别是 1.67（标准差 0.65）和 1.83（标准差 0.83）。相比之下，"减少音量"在手势集 1 和手势集 2 的平均得分分别是 1.92（标准差 0.51）和 2.08（标准差 0.67）。"减少音量"的评分较低的主要原因可能来自于保持手掌朝前的同时还需要将前臂进行内旋。

对于"静音"的功能，手势集 1 中所对应的一个"双手做一个祈祷的动作"的手势和手势集 2 中所对应的一个"双手交叉比划一个'T'的形状"的手势的平均得分分别是 2.42（标准差 0.99）和 1.58（标准差

0.51）。两者之间没有显著性的差异（$t_{11} = 2.803$，$p = 0.017$）。

（4）手势集精炼。

在这项研究中，我们在控制实验条件下比较了两套候选的手势集。总体来说，两套手势集在匹配度、可记忆性和舒适性方面没有显著性的差异。虽然很多候选的手势都有较高的基准测试得分，但有一些手势的情况并不乐观。比如，在手势匹配度测试阶段，被试们能够立即猜到大部分候选手势，然而，当涉及"确认""静音"和"菜单"这三个功能时，他们很难将三个抽象的候选手势与其联系起来。由于不确定每个手势到底代表什么意思，一些被试采用了排除法，他们先将一些难猜的手势放到一边，将容易猜的手势和命令匹配完之后再考虑还没匹配的手势，最后再统一检查一下并最终决定哪些命令和手势相匹配。

为了更深入了解这三组候选手势间的差异，我们要求所有的被试在实验完成之后，回答一份7级李克特量表的问卷（1是非常糟糕，7是非常好），评估两套手势集中这三组候选手势的匹配度的得分。结果表明，对"确认"这个功能，被试更喜欢静态的"OK"手势；对"静音"这个功能，被试更喜欢静态的"双手交叉比划一个'T'的形状"手势；对"菜单"这个功能，手势集1中的"张开五指"的手势和手势集2中的"打响指"的手势并没有显著性的差异。（$Z_{\text{Group1 vs. Group2}} = 0.7$，$p = .242$）。

在以上实验结果的基础上，考虑到匹配度这个指标，我们排除了"确认"功能中的"单手向前推"的动态手势候选、"静音"功能中的"双手做一个祈祷的动作"的静态手势候选；考虑舒适性这个指标，我们则排除了"打开电视"和"关闭电视"功能中"食指长指5秒钟以上"的手势。

（5）对于基准测试的讨论。

在基于手势的用户界面设计中，手势命令并不总是直观的，有时系统所提供的手势对用户来说是模糊而令人困惑的。在本实验中，我们用基准测试的方法，从匹配度、可记忆性和舒适度三个方面比较了两套候选手势集的可用性。结果表明，两套手势集总体来说没有显著性的差异。但深入研究我们却发现，两套手势集中针对某些具体功能的不同手势候选之间却存在显著性差异。因此，我们通过事后测试（post-hoc test）的方法对候选手势集进行了重新评估并排除了一些可用性不高的手势。但是评估之后，仍存在一些难以选择模棱两可的手势（比如，手势集1中"张开五指"的手势或手势集2中"打响指"的手势都可以表示"调出主菜单"的功能）。为了进一步解决这个问题，我们做了第四个实验研究，让目标用户来参与手势的实际开发和技术实现过程并进一步评估候选手势集。

11.4.4　个性化手势设计开发工具箱

在此前的研究中，我们发现了用户对手势偏好的规律。在此基础上，可以基于这些手势设计开发一个手势识别系统并内置一些标准的模板用来识别这些手势。这种方法在基于手势交互的系统中已经得到了应用（Westeyn et al.，2003；Kölsch et al.，2004）。

然而，不同于传统的鼠标和键盘输入技术，基于视觉的手势输入是非常灵活的。对于同样的任务，不同的用户可能使用不同的手势。即使对同样的手势，不同的用户也会产生不同的参数特征，比如手势形状、运动方向和角度等。系统内置一套标准的模板可能不能兼容多样化的手势需求。

一个可行的解决办法是开发一个可以支持用户个性化手势设计开发的工具箱系统，理想的情况是能让所有的用户对每一个功能都能个性化定义他们的手势。但是，让用户从零开始自学专业的编程知识来对每一个手势进行个性化设计开发是不太现实的，这样的系统对用户来说学习掌握起来也是一个挑战。而目前，现有的手势设计系统较少考虑用户参与式设计方案。相比之下，我们的研究采取了一种折中的办法，即系统内置一套预先设定的标准手势集（根据前面得到的用户自定义手势集进行模板训练和设置）供用户选择，如果用户满意这套预定义手势集则可以直接使用，如果用户不满意，则可以在此基础之上进行重新训练和个性化定义。这种方法在设计上既给了用户一定的自由度，又减轻了那些根本不想设计新手势的用户的负担。

基于这样的设计思想，我们实现了一个可以让目标用户来定义最终手势集的工具箱系统。因为本研究的主要目的是说明如何设计系统，所以文中没有给出具体的技术实现细节，技术相关的讨论详见前几章的内容。在本研究中，我们首先介绍了构建用户个性化手势模板的开发过程。然后，我们比较了基于个性化模板构建的手势系统和基于标准模板构建的手势系统二者之间在手势识别率方面的差异。

（1）"设计—测试—修改"范式。

我们的系统通过一个三阶段的"设计—测试—修改"的迭代式交互学习过程，可以构建个性化手势模板。这个过程类似于 Klemmer 等人（Klemmer et al.，2000）提出的方法，但我们的系统中增加了可视化手势设计工具，能够帮助用户更好地理解不同手势设计效果并改善了他们的设计方案。

第一个阶段为手势设计。在这个阶段中，用户将一个手势重复做几次，系统将捕获用户的训练样本并输入到对应的手势分类器中进行训练。手势分类器用来记录手势的参数，比如用户的肤色、手的形状、倾斜角度、运动轨迹和手势起止时间等特征信息。一旦一个手势类别被创建，就可以用来操作系统所支持的功能（比如打开电视）。用户在手势设计过程中，由视频摄像头拍摄用户所创建的手势并存储成一个个的视频文件，用户可以通过滑动条控制视频的播放和回放等，准确地定位到一个高质量的关键帧，然后在关键帧里用鼠标或其他设备（例如手写笔）勾画出手势的目标区域来训练手势分类器。

第二个阶段为手势测试。在这个阶段，用户可以检验手势分类器的识别性能。用户可以选择或调整某个分类器所提供的不同的功能参数，看看分类器对同一个待识别手势的识别效果。在我们的系统中，用户可以通过工具箱界面上的滑动条来调整分类参数，根据所设定的参数系统可以自动提供识别结果，因此用户可以交互式地看到手势分类结果并评估分类器的识别算法的性能。

第三个阶段为手势修改。如果使用当前分类器进行手势识别的结果不能满足用户的需求，用户可以尝试系统提供的不同的分类器甚至对多个已有的分类器进行组合来检验分类效果；如果还是不满意用户则可以返回第一阶段，即手势设计阶段重新生成一个质量更高的手势样本，然后重复以上步骤直到生成分类效果满意的分类器。

这种"设计—测试—修改"设计范式的优点是，用户可以加深对整个手势设计过程的理解，了解哪种分类器（实际上不同的分类器对应了不同的手势识别算法）以及如何调整分类器参数才能训练出最好的识别结果，以此来培养专业的手势设计技能。如果识别结果不满足要求，用户可以通过快速地尝试不同的分类器或者调整分类器的阈值参数，甚至提供更多的手势样本来达到最佳分类结果。

图 11.8 所示为手势集 1 中一个"张开五指"的手势训练过程，详细展示了"设计—测试—修改"的手势设计范式。

图 11.8 中，状态 0 是用户在设计手势时用摄像头录制的一个关键帧。这个关键帧可用来当作一个手势样本训练对应的手势分类器。在选取关键帧时，用户可以使用视频滑动条滑动视频并在其中选择质量最好的关键帧，然后用鼠标或手写笔等输入设备在关键帧上标定出包含了手势信息的目标区域。

状态 1 是用户第一次尝试选择颜色分类器后的识别结果。用户查看识别结果并尝试不同的参数，但结果并不好。所以，用户第二次尝试使用形状分类器替代了原来的颜色分类，并在状态 2 中即时查看新的分类器的识别

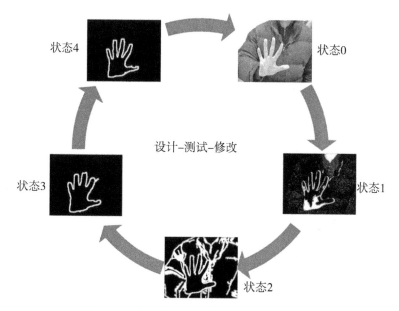

图 11.8 "设计—测试—修改" 手势设计范式

结果。

在测试了形状分类器的不同的参数后，用户发现识别效果依然不能满足要求。因此，用户尝试了分类器融合的策略，结合了颜色和形状两种分类策略。在调整相关参数后，用户看到了一个比较满意的结果，如状态 3 所示。通过进一步调整参数，用户可以看到改善后的分类器的识别性能，如状态 4 所示。

经过 4 个阶段的不同分类器的尝试以及每个分类器不同分类参数的调试，如果用户对当前识别结果较为满意，则可以保存当前分类器文件以结束整个过程，当前 "张开五指" 的这个动作就可以被识别为一个手势命令。如果用户对识别结果仍然不满足，则可以回到状态 0，尝试使用不同的关键帧作为新的手势输入样本，并重复以上设计过程直到训练得到满意的分类器为止。

我们的手势识别引擎是基于 OpenCV 构建的。除了能够提供某种特定类型的手势识别算法之外，我们的系统还支持各种分类策略的融合，帮助用户尝试不同的分类方法和更深入地了解个性化手势设计空间。由于本章的重点是介绍手势的设计过程，所以对文中提到的具体手势分割和识别的技术细节我们不做具体讨论。

（2）系统评估。

我们相信，这种个性化的手势模板能够提高识别率。因此，我们设计了一个实验，比较个性化模板和标准模板的识别率。为此，我们开发了一个提供标准手势模板的系统。这个系统与个性化手势模板的系统开发过程几乎完全相同，只是里面的手势模板是根据之前大量收集的用户自定义手势样本训练而成的。这些模板通用性很强，适用于大多数用户。

①实验方法。

这个实验是一个组间实验（between-subject design）。实验有两种处理方法，一种实验处理是基于个性化模板的手势识别技术（我们称之为个性化系统，personalized system），另一种是基于标准模板的手势识别技术（我们称之为标准系统，standard system）。

在本实验中，我们要求每个被试使用之前导出的 9 个用户自定义手势完成预先设置的电视交互任务。使用个性化系统的被试则需要为每个手势类别提供 15 个样本。我们选择了前 5 个手势样本作为手势类的训练数据集，剩下的 10 个作为测试集。手势识别过程是针对每个用户单独进行的，即每个用户的训练集与自己训练的模板集进行匹配，实现每个用户的手势单独识别。相比之下，使用标准系统的被试需要为每个手势类提供 10 个训练样本，这 10 个样本将用于和系统提供的标准模板进行匹配。

对于使用个性化系统的被试，"设计—测试—修改"的手势设计过程持续了 30 ～ 40 分钟。在使用我们提供的手势工具箱进行手势训练识别的时候被试发现，前面手势启发式设计阶段为"调用主菜单"这一功能所设计的"打响指"的这一手势其实是很难被系统识别的，因为基于当前的视觉手势识别技术，无法精确捕获到打响指过程中被遮挡住的手指部分，大大影响了手势的识别性能。所以，这个手势在本阶段中被排除出手势集 2。总的来说，基于本次实验结果，我们对候选手势集又一次进行了精炼，得出了一套一致性比较高的手势集，如下所示：

- 打开电视：双手从中间滑向两侧。
- 关闭电视：双手从两侧滑向中间。
- 调出主菜单：张开五指。
- 确认：做一个"OK"的手形。
- 下一个频道：向右或向左挥手，取决于用户的个人偏好。
- 上一个频道：向左或向右挥手，取决于用户的个人偏好。
- 静音：双手交叉比划一个"T"的形状。
- 增大音量：向上挥手。

● 减少音量：向下挥手。

②被试和实验设置。

此次实验我们一共招募了 24 个被试（14 位女性，10 位男性），年龄在 18～40 岁之间（均值 29）。没有被试曾参与过前面的启发式手势设计实验。其中有些被试曾经使用过基于触摸屏的设备（例如手机），但没有人有使用视觉手势与数字电视进行交互的经验。我们将被试随机分成了两组，每组 12 人。其中，一组使用个性化手势系统，一组使用标准手势系统。

两种实验处理下的测试的环境都是使用了与前面实验相同的可用性实验室。测试环境中配备一台电脑，以及一个与电脑连接的网络摄像头，其中电脑上事先安装了我们开发的便携式手势设计开发工具箱，能够处理实时的手势输入，并将结果传到另外一台数字电视上控制电视命令。实验所用电脑的配置为 2.4GHz CPU、4GB 内存和 2TB 硬盘。

③识别率分析。

图 11.9 所示为两个实验处理组的识别效果。如图 11.9 所示，个性化手势系统的识别率高于标准手势系统的识别率（$t_8 = 12.952$，$p < .001$）。我们分析，个性化手势系统的高识别率可能是因为所测试的手势样本是由被试在启发式研究中所设计导出的自然手势，对于用户来说，这些手势在和数字电视交互时更加直观和方便。并且，被试所设计的手势没有复杂而奇怪

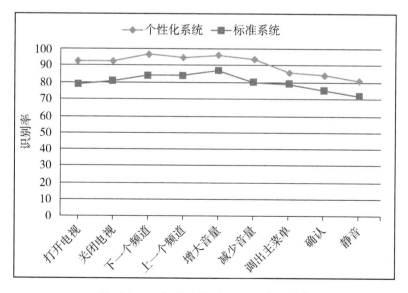

图 11.9 两个不同系统的平均手势识别率

的形状或者动作，在"设计—测试—修改"的迭代式参与设计过程中，被试还有机会训练自己喜欢的个性化手势模板并且自定义手势设计空间。所以整体来说，更简单、更容易、可灵活自由地个性化定制自己喜欢的手势、以及使用手势来控制电视的这种新的交互技术等，都是提高用户对系统的偏好程度的重要因素。

为了加深我们对用户交互偏好的理解，我们要求被试在手势工具箱的控制面板上手工地为 9 个手势和对应的命令之间建立映射关系。实验结果表明，在为"下一个频道"功能进行手势选择时不同用户之间仍然存在分歧，有的人喜欢使用"向左挥手"的手势，有的人喜欢"向右挥手"的手势。这一实验结果与我们之前的实验发现是一致的。

（3）对个性化手势设计和评估的讨论。

在本次研究中，我们探索了支持个性化手势设计开发的研究方法，并对支持个性化设计的手势工具箱系统的实际识别率进行了实验评估。用户基于该工具箱可以构建一套自定义手势模板以便和他们自己喜欢的手势更加兼容。我们的研究结果发现，提供用户自定义手势模板的系统比提供标准手势模板的系统具有更高的识别率。

我们的研究还提出了一种基于手势的交互设计的新方法，即让用户更深入地参与到整个手势设计开发中。实验结果表明，被试对手势设计开发工具箱都持有非常积极的态度，就像他们在访谈问卷里所描述的那样：

● "这确保了这些手势能完成我在看电视时想完成的功能。"

● "我知道在每个阶段都有什么样的预期和实际效果，也会促使我觉得自己的想法和创意在整个过程中被充分考虑和实现。"

● "我觉得自己就像一个专业设计师，我居然可以在不懂计算机视觉等专业知识下独立地完成设计、测试和完善我自己的手势分类器。"

● "我不喜欢随大流，使用系统提供的标准工具箱，而这个个性化的系统能让我创建我自己喜欢的手势集并自定义手势设计空间。"

● "在经过了'设计—测试—修改'的迭代式设计过程之后，我学习并养成了专业的洞察力，我能像专家一样快速地选择合适的分类器并调整到最佳参数来识别当前的手势集。"

11.4.5 总体讨论

这四个阶段的实验研究结果表明，我们所提出的设计方法有利于提高手势交互的质量。由于参与式设计的开放性，基于手势的设计方案在早期阶段并不总是直观而清晰的，有时会给用户造成困惑和模糊。通过让用户参与到基于手势的系统设计开发过程中，尤其是在一个他们将要使用这套手势的真实环境（例如本章所讨论的看电视的环境）之下来设计手势，能够明显提高系统的性能和用户满意度。在设计开发阶段使用基准测试方法对手势进行可用性评估是有益的，可以用来完善不同设计阶段所产生的不确定性手势候选集。

当多个利益相关者比如实际的目标用户和专业的系统设计人员共同参与手势设计时，可能会发生冲突。我们建议的方法是，在专业的手势系统中提供让终端用户可以根据自己的需求个性化调整和设置的用户界面或可视化的软件工具，这样用户的个性化需求就能被满足。在我们的研究中，通过三个步骤的交互式手势设计过程，即"设计—测试—修改"的过程，用户可以积极地参与到个性化手势交互系统的设计和实现中，这样开发而成的系统对用户手势输入样本的识别率要比传统的标准系统的识别率高很多。

本文的主要贡献在于我们提出的四阶段用户参与式手势设计开发过程。这种方法的优点主要体现在两方面：一是从目标用户的角度出发，在迭代式设计过程中，他们可以更好地了解要设计和实现的目标系统。这能帮助他们更明确这样一个基于视觉手势的交互系统能做什么，能获取什么样的手势特征信息，也有助于了解系统实际的工作原理和不同的手势识别技术/算法是如何影响手势识别率的。因此，可以大大降低用户的学习成本和学习周期，从而提高用户满意度。二是从设计师的角度来说，他们可以充分了解目标用户在使用系统时的实际需求和对系统的预期，有效地协调和解决设计中存在的用户与设计师之间的冲突和矛盾。总的来说，使得整个系统的性能更高，更高效和安全。

虽然本章讨论的是交互式数字电视应用中以用户为中心的手势设计方法，但这个方法也可以被推广到其他智能家居应用领域（如音乐播放器、智能空调等），和基于 PC 的交互系统（如电脑游戏、虚拟/增强现实系统等），以及机器人等不同的应用领域。我们的方法包含了需求分析、功能定义、手势启发式设计以及系统设计开发等四个关键模块，可以作为基于手势交互的界面设计开发人员的参考框架。我们强调，终端用户要从一开始就参与到这四个阶段的设计开发过程中。不失一般性，我们还提供了一个便携式手势个性化设计开发工具箱，系统设计人员可以基于此工具箱开展类似的基于视觉手势的应用程序的开发和研究。

需要指出的是，我们为基于视觉手势的用户界面设计开发提供了一个通用的参考框架。前面在每个阶段中所提到的方法都是这个框架中的一个具象化的案例。在具体实施过程中，其他的以用户为中心的设计方法（Norman，1986），比如需求分析、UI设计和可用性评估方法也可以作为替代的方法集成到这个框架中。

我们的研究还存在一定的局限性。首先，对于手势工具箱中所需要的个性化手势模板，用户需要投入一定的时间去学习和训练。在我们的实验中，每个用户花了30～40分钟。这个相对较长的学习训练过程可能会减少用户进行个性化设计的积极性。其次，我们目前的实验研究中所招募的对象都是在校大学生，相较于普通大众，大学生们都有更强的学习能力及更高的专业技术知识，学习个性化手势设计工具对他们来说较为容易，因此我们的研究也许忽略了普通电视观众在使用这样的个性化设计工具时可能遇到的问题。

11.5 总结和展望

在当今的信息技术高度发展的时代，基于视觉手势的交互是一种可行且有益的人机交互方式。尽管近年来出现了一些基于手势的应用和系统，但我们并不清楚这些系统所采用的设计流程。本文提出了一种四阶段的用户参与式手势设计开发方法，强调系统的目标用户需要参与到整个手势设计开发周期中。我们致力于探索以下可用性问题：①目标用户参与到整个设计开发流程的可行性；②不同利益相关者的需求及冲突消解和利益平衡；③满足不同用户个性化需求的手势设计策略。实验结果表明，我们所提出的研究方法可以提高手势识别的准确率和用户满意度。

如上文提到的，Wobbrock等人（Wobbrock et al.，2009）和Vatavu等人（Vatavu et al.，2012）的研究尽管提出了一种用户自定义手势设计的方法，但缺少对于系统性能和用户偏好的更深入的实验研究和评估。作为对比，我们强调了目标用户在手势设计与迭代式开发整个过程中的全程参与。我们将整个手势开发流程分为四个相互影响的阶段。第一阶段，从目标用户那里收集基于手势交互的数字电视的核心功能集，这些功能是第二阶段手势启发式设计的目标。第二阶段除了进一步验证第一阶段所导出的核心功能集之外，还邀请目标用户为这些功能集自由设计手势。这两个阶段的方法和Nielsen等人（Nielsen et al.，2003）所使用设计方法的前两步类似。但是，他们的方法只生成一套单一的手势集，因此可能错过一些可用性更高的手势候选，与他们的方法相比，我们的方法在手势设计的早期阶段保留了多套候选手势集，以便在接下来的几个阶段中进一步深入筛选和评估。

接下来，在第三和第四阶段中我们根据基准测试排除了一些不合理的手势。最后，在第四个阶段的实际开发过程中，候选手势集被再度筛选和进一步评估完善，从而生成一致性更高、可用性更高的手势集。

下一步的工作可以向几个不同的方向拓展。首先，我们将在不同的应用领域里（比如基于 PC 的需要更多样化和更精准的手势集的应用领域）和不同的用户场景（比如多人并发手势场景）中进一步验证和完善我们的设计方法。第二，我们将继续提升我们在个性化手势开发步骤里的"设计—测试—修改"的设计范式，让其更有效、更容易学习。第三，我们将致力于开发一种电视观看情境下的，将语音和手势相结合的多通道融合的交互机制，利用麦克风作为手势交互的互补，提高手势交互的准确率。此外，我们还将研究交互环境中的空间参数（比如电视的位置和高度以及用户和电视之间的距离等）如何影响用户自定义手势的设计和选择。

11.6　参考文献

ALPERN M, MINARDO K. Developing a car gesture interface for use as a secondary task [C]. In: Proceedings of the ACM Conference on Human Factors in Computing Systems (CHI'03), 2003: 932 – 933.

AMINZADE D M, WINOGRAD T, IGARASHI T. Eyepatch: prototyping camera-based interaction through examples [C]. In: Proceedings of the ACM Symposium of User Interface Software and Technology (UIST' 07), 2007: 33 – 42.

ASHBROOK D, STARNER T. MAGIC: a motion gesture design tool [C]. In: Proceedings of the ACM Conference on Human Factors in Computing Systems (CHI'10), 2010: 2159 – 2168.

CARRINO S, PéCLAT A, MUGELLINI E, KHALED O A, INGOLD R. Humans and smart environments: a novel multimodal interaction approach [C]. In: 13th ACM International Conference on Multimodal Interaction, 2011: 105 – 112.

COLACO A, KIRMANI A, YANG H S, GONG N W, SCHMANDT C, GOYAL V K. Mime: compact, low-power 3D gesture sensing for interaction with head-mounted displays [C]. In: Proceedings of the ACM Symposium of User Interface Software and Technology (UIST' 13), 2013: 227 – 236.

EPPS J, LICHMAN S, WU M. A study of hand shape use in tabletop gesture interaction [C]. In: Proceedings of the ACM Conference on Human Factors in

Computing Systems (CHI' 06), 2006: 748 - 753.

EROL A, BEBIS G, NICOLESCU M, BOYLE R D, TWOMBLY X. Vision-based hand pose estimation: a review [J]. Computer Vision and Image Under-standing, 2007, 18: 52 - 73.

FAILS J, OLSEN D. A design tool for camera-based interaction [C]. In: Proceedings of the ACM Conference on Human Factors in Computing Systems (CHI' 03), 2003: 449 - 456.

FENG Z Q, YANG B, CHEN Y H, ZHENG Y W, XU T, LI Y, XU T, ZHU D L. Features extraction from hand images based on new detection operators [J]. Pattern Recognition, 2011, 44: 1089 - 1105.

FENG Z Q, YANG B, ZHENG Y W, ZHAO X Y, YIN J Q, MENG Q F. Real-time oriented behavior-driven 3D freehand tracking for direct interaction [J]. Pattern Recognition, 2013, 46: 590 - 608.

HAYASHI E, MAAS M, HONG J I. Wave to me: user identification using body lengths and natural gestures [C]. In: Proceedings of the ACM Conference on Human Factors in Computing Systems (CHI'14), 2014: 3453 - 3462.

HILLIGES O, IZADI S, WILSON A D, HODGES S, MENDOZA A G, BUTZ A. Interactions in the air: adding further depth to interactive tabletops [C]. In: Proceedings of the ACM Symposium of User Interface Software and Technology (UIST' 09), 2009: 139 - 148.

HOSTE L, DUMAS B, SIGNER B. SpeeG: a multimodal speech- and ges-ture-based text input solution [C]. In: Proceedings of the International Working Conference on Advanced Visual Interfaces, 2012: 156 - 163.

HÖYSNIEMI J, HÄMÄLÄINEN P, TURKKI L, ROUVI T. Children's intui-tive gestures in vision-based action games [J]. Communications of the ACM, 2005, 48 (1): 45 - 52.

JACOB R J K. What you look is what you get [J]. Computer, 1993, 26 (7): 65 - 66.

KARAM M, SCHRAEFEL M C. A study on the use of semaphoric gestures to support secondary task interactions [C]. In: Proceedings of the ACM Conference on Human Factors in Computing Systems (CHI'05), 2005: 1961 - 1964.

KATO J, MCDIRMID S, CAO X. DejaVu: integrated support for developing interactive camera-based programs [C]. In: Proceedings of the ACM Symposium of User Interface Software and Technology (UIST'12), 2012: 189 - 196.

KELLEY J. An iterative design methodology for user-friendly natural language office information applications [J]. ACM Transactions on Information System, 1984, 2 (1): 26 –41.

KIM H W, NAM T J. EventHurdle: supporting designers' exploratory interaction prototyping with gesture-based sensors [C]. In: Proceedings of the ACM Conference on Human Factors in Computing Systems (CHI'13), 2013: 267 –276.

KLEMMER S R, SINHA A K, CHEN J, LANDAY J A, ABOOBAKER N, WANG A. Suede: a wizard of OZ prototyping tool for speech user interface [C]. In: Proceedings of the ACM Symposium of User Interface Software and Technology (UIST' 00), 2000: 1 –10.

KLEMMER S R, LANDAY J A. Toolkit support for integrating physical and digital interactions [J]. Human-Computer Interactions, 2009, 24: 315 –366.

KÖLSCH M, TURK M, HOLLERER T. Vision-based interfaces for mobility [C]. In: Mobile and Ubiquitous Systems: Networking and Services (Mobiquitous'04), 2004: 86 –94.

KULSHRESHTH A, LAVIOLA JR J J. Exploring the usefulness of finger-based 3D gesture menu selection [C]. In: Proceedings of the ACM Conference on Human Factors in Computing Systems (CHI'14), 2014: 1093 –1112.

LAMPE T, FIEDERER L D J, VOELKER M, KNORR A, RIEDMILLER M, BALL T. A brain-computer interface for high-level remote control of an autonomous, reinforcement-learning-based robotic system for reaching and grasping [C]. In: Proceedings of the 27th Annual ACM Symposium User Interface Software and Technology (IUI'14), 2014: 83 –88.

LOCKEN A, HESSELMANN T, PIELOT M, HENZE N, BOLL S. User-centered process for the definition of free-hand gestures applied to controlling music playback [J]. Multimedia Systems, 2011, 18 (1): 15 –31.

LÜ H, LI Y. Gesture studio: authoring multi-touch interactions through demonstration and declaration [C]. In: Proceedings of the ACM Conference on Human Factors in Computing Systems (CHI'13), 2013: 257 –266.

MILLER G A. The magical number seven, plus or minus two: some limits on our capacity for processing information [J]. Psychological Review, 1955, 101 (2): 343 –352.

MO Z Y, LEWIS J P, NEUMANN U. SmartCanvas: a gesture-driven intelligent drawing desk [C]. In: Proceedings of the ACM Symposium of User Interface Software and Technology (UIST'05), 2005: 239 – 243.

MORRIS M R, WOBBROCK J O, WILSON A D. Understanding user' preferences for surface gestures [C]. In: Proceedings of Graphics Interface (GI'10), 2010: 261 – 268.

MUJIBIYA A, MIYAKI T, REKIMOTO J. Anywhere touchtyping: text input on arbitrary surface using depth sensing [C]. In: Proceedings of the ACM Symposium of User Interface Software and Technology (UIST'10), 2010: 443 – 444.

NACENTA M A, KAMBER Y, QIANG Y Z, KRISTENSSON P O. Memorability of pre-designed & user-defined gesture sets [C]. In: Proceedings of the ACM Conference on Human Factors in Computing Systems (CHI'13), 2013: 1099 – 1108.

NIELSEN J, STORRING M, MOESLUND T B, ERIK G A. Procedure for developing intuitive and ergonomic gesture interfaces for HCI [C]. In: The 5th International Workshop on Gesture and Sign Language based Human-Computer Interaction (GW'03), 2003: 409 – 420.

NORMAN D A, DRAPER S W. User-centered system design: new perspectives on human-computer interaction [M]. Hillsdale: Lawrence Erlbaum Associates, 1986.

PAN Z G, LI Y, ZHANG M M, SUN C, GUO K D, TANG X, ZHOU S Z Y. A real-time multi-cue hand tracking algorithm based on computer vision [C]. In: Proceedings of the 2010 IEEE Virtual Reality Conference, 2010: 219 – 222.

PARK J, KIM K E, JO, S H. A POMDP approach to P300 – based brain-computer interfaces [C]. In: Proceedings of the 23th Annual ACM Symposium User Interface Software and Technology (IUI'10), 2010: 1 – 10.

PFEIL K P, KOH S L, LAVIOLA JR J J. Exploring 3D gesture metaphors for interaction with unmanned aerial vehicles [C]. In: Proceedings of the 26th Annual ACM Symposium User Interface Software and Technology (IUI'13), 2013: 257 – 266.

POLI R, CINEL C, FERNANDEZ A M, SEPULVEDA F, STOICA A. Towards cooperative brain-computer interfaces for space navigation [C]. In: Proceedings of the 26th Annual ACM Symposium User Interface Software and Technology (IUI'13), 2013: 149 – 159.

RAUTARAY S S, AGRAWAL A. Vision based hand gesture recognition for human computer interaction: a survey [J]. Artificial Intelligence Review, 2015, 43: 1 –54.

ROGERS Y, PREECE J, SHARP H. Interaction design: beyond human-computer interaction (3rd Edition) [M]. New York: John Wiley & Sons, 2011.

ROVELO G, VANACKEN D, LUYTEN K, ABAD F, CAMAHORT E. Multi-viewer gesture-based interaction for omni-directional video [C]. In: Proceedings of the ACM Conference on Human Factors in Computing Systems (CHI'14), 2014: 4077 –4086.

RUIZ J, LI Y, LANK E. User-defined motion gestures for mobile interaction [C]. In: Proceedings of the ACM Conference on Human Factors in Computing Systems (CHI'11), 2011: 197 –206.

SONG P, GOH W B, HUTAMA W, FU C W, LIU X P. A handle bar metaphor for virtual object manipulation with mid-air interaction [C]. In: Proceedings of the ACM Conference on Human Factors in Computing Systems (CHI'12), 2012: 1297 –1306.

TOLLMAR K, DEMIRDJIAN D, DARRELL T. Navigating in virtual environments using a vision-based interface [C]. In: Proceedings of Proceedings of the third Nordic conference on Human-computer interaction (NordiCHI'04), 2004: 113 –120.

VATAVU R D. User-defined gestures for free-hand TV control [C]. In: Proceedings of the 10th European Conference on Interactive TV and Video (EuroITV'12), 2012: 45 –48.

VOIDA S, PODLASECK M, KJELDSEN R, PINHANEZ C. A study on the manipulation of 2D objects in a projector/camera- based augmented reality environment [C]. In: Proceedings of the ACM Conference on Human Factors in Computing Systems (CHI'05), 2005: 611 –620.

WACHS J P, KÖLSCH M, STERN H, EDAN Y. Vision-based hand-gesture applications [J]. Communication of the ACM, 2011, 54 (3): 60 –71.

WALTER R, BAILLY G, MULLER J. StrikeAPose: revealing mid-air gestures on public displays [C]. In: Proceedings of the ACM Conference on Human Factors in Computing Systems (CHI'13), 2013: 841 –850.

WESTEYN T, BRASHEAR H, ATRASH A, STARNER T. Georgia Tech gesture toolkit: supporting experiments in gesture recognition [C]. In: Proceedings of the 5th International Conference on Multimodal Interfaces (ICMI'03),

2003: 85 – 92.

WILSON A D. Robust Computer vision-based detection of pinching for one and two-handed gesture input [C]. In: Proceedings of the ACM Symposium of User Interface Software and Technology (UIST' 06), 2006: 255 – 258.

WOBBROCK J O, MORRIS M R, WILSON A D. User-defined gestures for surface computing [C]. In: Proceedings of the ACM Conference on Human Factors in Computing Systems (CHI' 09), 2009: 1083 – 1092.

WU H Y, ZHANG F J, LIU Y J, DAI G Z. Research on key issues of vision-based gesture interfaces [J]. Chinese Journal of Computers, 2009, 32 (10): 2030 – 2041.

WU H Y, ZHANG F J, LIU Y J, HU Y H, DAI G Z. Vision-based gesture interfaces toolkit for interactive games [J]. Journal of Software, 2011, 22 (5): 1067 – 1081.

WU H Y, WANG J M, ZHANG X L. User-centered gesture development in TV viewing environment [J]. Multimedia Tools and Applications, 2016, 75 (2): 733 – 760.